# TU MENTE TE ENGAÑA

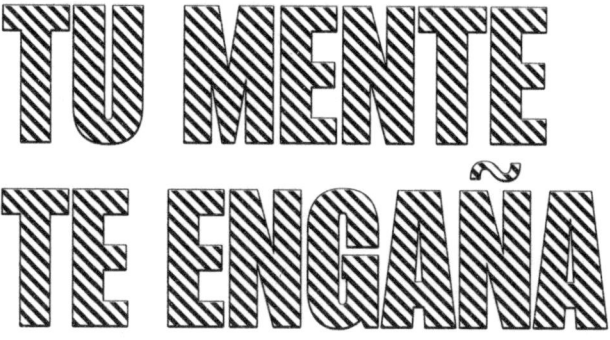

# TU MENTE TE ENGAÑA

CÓMO EL
CEREBRO
INVENTA TU
REALIDAD

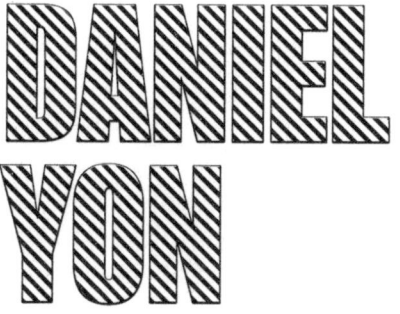

# DANIEL YON

Traducción de Vanesa Fusco

## TENDENCIAS

Argentina – Chile – Colombia – España
Estados Unidos – México – Perú – Uruguay

Título original: *A Trick of the Mind*
Editor original: Cornerstone Press, un sello de Penguin Random House
Traductor: Vanesa Fusco

1.ª edición: marzo 2026

ISBN: 978-84-92917-41-9
E-ISBN: 979-13-87750-56-5
Depósito legal: M-1.881-2026

Fotocomposición: Urano World Spain, S.A.U.

Impreso por: Rodesa, S.A. – Polígono Industrial San Miguel
Parcelas E7-E8 – 31132 Villatuerta (Navarra)

Impreso en España – *Printed in Spain*

*Para Rosa*

# Índice

# Introducción

Es como estar dentro de un ataúd ruidoso.

Si vienes a participar en uno de nuestros experimentos, te daremos una cálida bienvenida en la recepción para luego meterte en las entrañas del edificio donde reside la máquina. Después te haremos unas preguntas. Revisaremos que no lleves reloj, cinturón, anillos ni joyería. Nos fijaremos en que no tengas un marcapasos en el pecho ni varas metálicas que te sostengan las extremidades. Ninguna esquirla de alguna explosión, ningún empaste reciente en algún diente, ni ortodoncia. Ningún tatuaje de países poco estrictos en los que algunos tatuadores mezclen la tinta con plomo. Revisaremos que no estés cursando un embarazo y que tu implante anticonceptivo, si tienes uno, no sea de esos que se recalientan al exponerlos a un campo magnético fuerte. Y volveremos a confirmar que no te moleste que te dejen dentro de espacios estrechos y cerrados.

Cuando ya se te haya despojado de hasta el último gramo de metal, te dejaremos entrar.

Lo primero que oirás es el repiqueteo sordo de las bombas de helio líquido que mantienen las tripas de la máquina a una temperatura extremadamente fría. Mientras nos dirigimos a la fuente de ese distante tambor de guerra, aparece el escáner: un enorme bloque blanco atravesado por un agujero cilíndrico. Ese agujero es donde te meteremos. Te acostaremos sobre una camilla y te rodearemos la cabeza con espuma para que no se mueva. Luego te pondremos una jaula sobre la cara y te sujetaremos una alarma al pecho para que la aprietes si quieres que detengamos todo. Cuando hayamos terminado de prepararte, te meteremos poco a poco, de cabeza, en la boca abierta de la máquina y nos marcharemos a la sala de control que está al lado.

Ahí es donde empieza el experimento. El escáner cobra vida con un zumbido y comienza a emitir una cacofonía de crujidos y silbidos, lo que sería una sinfonía para un robot. Esos sonidos en realidad son los ruidos producidos por las bobinas, que te lanzan pulsos magnéticos a la cabeza y capturan los ecos para generar una imagen de lo que sucede dentro. Mientras te recuestas en la camilla, te haremos ver imágenes y oír sonidos. Te pediremos que pienses. Que decidas. Que sientas. Y cada vez que veas, oigas, pienses o sientas algo, el fuego cruzado de pulsos magnéticos que te atraviesan la cabeza creará una imagen del interior del cerebro, el que está generando los contenidos de tu mente en tiempo real.

Cuando se está sentado en la sala de control, observando al escáner crear una imagen del cerebro dentro de tu cabeza, uno termina haciendo reflexiones muy curiosas. Todos y cada uno de los pensamientos que hayas tenido, cada decisión que hayas tomado, todo lo que hayas sentido, en resumen, tu *mente*, se deben pura y exclusivamente a unos riachuelos de sal, proteína y grasa que forman pliegues dentro de tu cráneo.

En mi papel como neurocientífico cognitivo, me dedico a correr la cortina y revelar el truco más extraño de la naturaleza: busco comprender cómo, en un universo frío y oscuro, esta disposición particular de la materia en nuestra cabeza permite que ocurra una mente. Y también intento explicar cómo los picos y las depresiones de la carne que se pliega dentro de nuestro cráneo conforman los bordes y contornos de la mente que crean.

Ya es bastante loco estar viendo *tu* cerebro, pero la cosa se pone aún más rara si pienso que está pasando lo mismo dentro de *mi* cabeza. Dentro de la sala de control, mientras uso el escáner para espiar el interior de tu cráneo, un cerebro contempla a un cerebro, una mente a una mente. Todas las ideas que se me ocurren para dar sentido a lo que sucede dentro de tu cabeza dependen de los procesos y patrones que se desarrollan en la mía. Si bien la ciencia está repleta de curiosas maravillas, hay algo particularmente peculiar en mi campo, donde el objeto y el instrumento de investigación son lo mismo. Quizá hacer que ocurra una mente es el truco más extraño de la naturaleza, porque la mente es la única manera en que la materia puede contemplarse a sí misma. Y tal vez la extrañeza de esa idea explique por qué, aunque yo me haya escaneado el cerebro decenas de veces, nunca me haya atrevido a mirar las imágenes.

La relación con nuestro cerebro es complicada. Eso se debe a que la mente parece llevar una doble vida, una fuente de orgullo y vergüenza a la vez. Por un lado, el cerebro alberga maravillas espectaculares: es el órgano que descubrió la penicilina, que inventó la democracia, el derecho, la literatura y el arte; el que domó la tierra, los mares y el cielo; el que se llevó a sí mismo a la Luna. Pero por otro lado, la mente humana es muy frágil. Es este mismo cerebro el que nos deja a muchos presa de supersticiones, prejuicios y sesgos; al servicio de movimientos políticos marginales o teorías conspirativas absurdas; o —de forma igual de insidiosa— en prisiones personales, con sentimientos, pensamientos y experiencias que hacen de nuestra mente un lugar deprimente, amenazante o inquietante.

Los científicos como yo luchamos por encontrar una idea, una teoría, una historia que dé sentido al cerebro y a esta aparente dualidad. La aparente doble vida del cerebro nos ha llevado a muchos a pensar que nuestras teorías sobre él también necesitan dos vertientes, una que capte lo que hace tan impresionante a nuestra mente y otra que explique cómo surgen las debilidades y fragilidades. En esas teorías, suele representarse la mente como un ensamble biológico, una especie de superordenador biológico diseñado por la evolución, un soldado con instintos irracionales que funcionan con un hardware heredado que la naturaleza había seleccionado para otra cosa.

En esta imagen dicotómica, que nuestra mente triunfe o se equivoque solo depende de cuál de las dos mitades de la mente tenga la sartén por el mango.

Parcelar la mente de este modo genera cierto atractivo. A la parte de nosotros que se nutre de cuentos de hadas le gusta la idea de los buenos y los malos, del blanco y el negro. Pero esta imagen del cerebro que nos parece tan intuitiva por dentro no coincide con la imagen del cerebro que los científicos pueden ver desde fuera. Cuando estoy sentado en la sala de control, ampliando tu cerebro en mi monitor, tu materia gris no se divide nítidamente en blanco y negro. No veo los bordes de dos mentes distintas injertadas, ni las partes oscuras de la corteza forcejeando con los ángeles más hábiles de tu cerebro.

Lo que vemos en realidad son comunidades de circuitos enredados, que intercambian información por todos lados, haces de células que consumen combustible metabólico y colaboran entre sí para que ocurra tu mente. Más allá de cómo surjan los triunfos y las tribulaciones de nuestra mente humana, es ese único proceso el que les da origen. Pero si el cerebro no lleva una doble vida, ¿cuál es la mejor manera de describir su única ocupación?

En los últimos años, una nueva idea ha empezado a transformar la forma de pensar de científicos como yo. La ciencia ha cerrado el círculo. En su afán por encontrar una idea que dé sentido al cerebro, los científicos han empezado a pensar que, en realidad, el cerebro podría ser igual que ellos. El cerebro no es más que una sola cosa: un *científico*. Y esto lo digo como insulto y también como halago.

El cometido del científico es intentar comprender la realidad desde cierta distancia. La naturaleza no revela sus secretos con facilidad. Un físico no puede hablar con las partículas subatómicas para saber cómo funcionan, y un biólogo no puede interrogar a una célula para conseguir que muestre todos sus organelos. Toda comprensión que los científicos tengan de la realidad, la alcanzan a través de sus *teorías*. Sí, hacemos experimentos, tomamos medidas, observamos, pero para convertir la paja de los datos en el oro de la ciencia, necesitamos formular una teoría que dé sentido a lo que significa nuestra evidencia.

Puede que la ciencia sea el mejor método que la humanidad haya ideado para dar sentido al mundo que nos rodea, pero no por eso es perfecta. Al fin y al cabo, la historia de la ciencia es una historia de fracasos. Una infinidad de mentes brillantes han funcionado bajo paradigmas falsos y han visto su mundo a través de la lente de hipótesis erróneas. Astrónomos minuciosos que tomaban mediciones a conciencia igualmente se han dejado engañar pensando que el Sol giraba alrededor de la Tierra.

Al reflexionar sobre sus hipótesis, los científicos pueden dar sentido a la realidad misteriosa que habitamos. Pero incluso nuestras mejores teorías pueden estar equivocadas, y no tendremos ni idea de que hemos estado mirando el mundo a través de la lente equivocada hasta que llega un nuevo paradigma para arrasarlo todo.

Resulta que esto no es solo una metáfora bonita. La misma neurociencia, mediante los experimentos en mi laboratorio y los estudios de muchos otros, está empezando a revelar que de verdad se desarrolla algo parecido a la ciencia dentro de nuestro cerebro. Así como los científicos tomamos mediciones del mundo que nos rodea y elaboramos teorías para explicarlas, también tu cerebro toma muestras del entorno y piensa teorías para dar sentido a lo que significan sus mediciones. Esas teorías luego se convierten en el paradigma de tu cerebro: el filtro a través del cual se comprende todo lo demás.

Si pensar es como la ciencia, empezaremos a ver cómo nuestra mente termina con los mismos vicios y virtudes que el científico. Los logros extraordinarios de la mente se vuelven un poco más inteligibles. La capacidad del cerebro para detectar los patrones y las regularidades en el mar de datos en el que se encuentra nos permite construir modelos detallados de cómo es nuestro mundo y de cómo somos nosotros. A través de esos modelos, el órgano que está sellado dentro de nuestro cráneo entra en contacto con la realidad exterior.

Pero ver el mundo de esta manera no está exento de riesgos. Cuando el cerebro ha formado teorías erróneas sobre el mundo o sobre nosotros mismos, nos volvemos propensos a percibir y entender mal. Nuestro dominio de la realidad se vuelve endeble.

Desde luego, la realidad no es una sola cosa. El filósofo Karl Popper pensaba que en realidad vivimos en tres mundos a la vez.[1] El primero era el mundo de la *materia*: el mundo de los tejidos, los átomos y las moléculas. El segundo era el mundo de las *mentes*: el mundo de otras personas y sus estados mentales. Y luego estaba el mundo de las *ideas*: los productos que esas mentes generan, como lenguajes, matemáticas, religiones, mitos, paradigmas y conceptos que son más grandes que cualquier ser humano por separado, pero no menos reales que la materia o las mentes que los hacen posibles.

Estar «en contacto» con la realidad significa estar en contacto con esos tres mundos en simultáneo. Y en este libro revelaremos cómo el científico que es tu cerebro te conecta con los tres pero también te desconecta de ellos.

Empezamos en la primera parte con el mundo material, la materia física en bruto que nos rodea. Al igual que los científicos, nuestro cuerpo y el cerebro están equipados con sondas y sensores para medir el mundo físico, pero también como los científicos, nuestras mediciones de la realidad no tienen sentido sin una teoría que las explique. Veremos cómo incluso el mero acto de ver, oír o hacer requiere que el cerebro, tras bastidores, construya su propia teoría inconsciente del mundo extracraneal. Las teorías elaboradas por el cerebro nos permiten percibir lo que en verdad está ahí... y alucinar lo que no está.

En la segunda parte subimos de nivel y nos adentramos en el mundo mental: el mundo de las personas, las mentes y los estados mentales ocultos. Para dar sentido a la realidad, muchas veces los científicos tienen que ir más allá de lo que se ve a primera vista y teorizar sobre fuerzas como la evolución o la gravedad, que animan y dan forma a nuestro entorno, pero que no pueden observarse directamente. De la misma manera, nuestro cerebro debe dar sentido a otras mentes —las creencias, las intenciones y los deseos de otros—, aunque estas ideas y sentimientos nunca puedan observarse de forma directa. Veremos cómo, al igual que los científicos, el cerebro va más allá de lo que se ve a primera vista y genera hipótesis sobre lo que no puede ver; es decir, lo que sucede en la cabeza de otras personas. Pero ese mismo instinto de elaboración de hipótesis también se vuelve hacia dentro. Elaboramos una teoría introspectiva de nuestra propia mente y de quiénes somos, que puede darnos una imagen precisa, o no, de nosotros mismos.

Por último, en la tercera parte nos concentramos en ese último plano de la realidad, el mundo de las ideas. Al igual que los científicos pueden pensar sobre sus propias teorías, el cerebro también puede hacer modelos de sus propios modelos. Aquí veremos cómo este entra en contacto con ese mundo del pensamiento y la posibilidad. Exploraremos cómo fue que bestias brutas de carne y hueso como nosotros terminamos con un impulso tan profundo e inútil como lo es la curiosidad. También veremos cómo es posible que los procesos de formación de hipótesis del cerebro, que recicla datos del pasado para formar teorías sobre el presente, nos permitan generar ideas que son en verdad nuevas.

Al final, desentrañaremos cómo el cerebro decide cuándo deben cambiar sus teorías. Así como los científicos deben estar atentos a si empiezan a cambiar los paradigmas, el cerebro también debe prestar atención a si está cambiando la marea y si hace falta reemplazar las ideas anteriores con nuevas. Pero si bien queremos que cambien los paradigmas del cerebro cuando empieza a moverse el terreno a nuestro alrededor, el descarte prematuro de las teorías sobre nuestro entorno y nosotros mismos puede dejar nuestra mente en un estado vulnerable, de ansiedad, y a la deriva en un mundo inestable e incierto.

La idea de que el cerebro es un científico está transformando la manera de pensar de los neurocientíficos. Y esa idea también puede transformar cómo piensas tú. Al conocer al científico que tienes dentro del cráneo, empezarás a pensar como uno. Empezarás a ver tu mente y tu cerebro desde fuera hacia dentro. Desde este nuevo punto de vista, todo se ve muy distinto. Algunas de las cosas aparentemente más simples que logra tu mente resultan ser las más extrañas. Y al mismo tiempo, experiencias y creencias que al principio parecen raras pueden empezar a cobrar sentido cuando te das cuenta de que tu mente es la mejor teoría que pudo elaborar tu cerebro y en la que simplemente te toca vivir.

Así que sal de ti y mírate con más detenimiento.

# PRIMERA PARTE

# El mundo material

# 1
## Medir la realidad

### Oír dioses y ver demonios

Durante una fiesta en una casa de la campiña inglesa en la década de 1930, unos miembros del grupo de artistas aristócratas Bright Young Things jugaban al ping-pong cuando la pelota terminó aplastada por un paso en falso. Al revolver los armarios de Southgate House en busca de un reemplazo, descubrieron un botín escondido de libros encuadernados en cuero. Entre ellos había un manuscrito medieval que se pensaba desaparecido, considerado por algunos la primera autobiografía escrita en inglés: el *Libro de Margery Kempe*.[1]

Margery Kempe nació en Inglaterra en el siglo XIV, y en su libro relata las pruebas y tribulaciones que debió enfrentar en su vida como mística cristiana. Al principio, Kempe parece haber llevado una vida medieval de clase media bastante normal. Era hija de un comerciante de Bishop's Lynn, y alrededor de los veinte años se casó con el «honorable burgués» John Kempe. Sin embargo, mientras estaba embarazada de su primer hijo, enfermó y le dio fiebre. Luego de un parto complicado, sintió miedo por su vida y pidió un sacerdote, ya que había experimentado algo inusual: había oído al diablo en su cabeza, quien le advirtió que sería condenada por no confesar sus pecados.

El sacerdote acudió a oír la confesión de Kempe, quien no consiguió la absolución que esperaba. Durante meses, la torturaron visiones de demonios con llamas en la boca, que la arañaban, le gritaban y le lanzaban amenazas. Estaba tan atormentada que intentó quitarse la vida: se mordía la mano hasta sangrar y se clavaba las uñas en su propia piel, hasta que finalmente tuvieron que contenerla.

Luego Kempe fue rescatada. Se exorcizaron los demonios y la tortura mental amainó. Ahora en sus visiones la visitaba el mismísimo Jesucristo, hermoso, vestido de seda morada, sentado a los pies de su cama, para decirle que no la había abandonado.

El episodio tuvo un profundo impacto en Kempe. Decidió dedicar su vida a Dios, tras interpretar las visiones como una señal de que debía vivir una vida casta y santa. De hecho, le comentó a su marido que las visitas de Cristo podrían ser una señal de que debían abstenerse de «la lujuria de sus cuerpos» para no contrariar a Dios. Si bien John Kempe parecía, en general, apoyar la transformación espiritual de su esposa, no le entusiasmaba tanto la idea del celibato. Le dijo que él también debería esperar una señal de Dios, por las dudas, antes de dar ese paso.

Sin embargo, parece que Margery ganó la discusión, para desgracia de John. En un capítulo posterior, ella relata una conversación con su marido una víspera de San Juan:

—Margery, si viniera un hombre con una espada y quisiera cortarme la cabeza a menos que tuviera relaciones sexuales contigo como antes, dime la verdad desde tu conciencia [...] ¿Permitirías que me cortaran la cabeza, o me permitirías acostarme contigo como antes?

—Ay... ¿Por qué sacas este tema? ¿No hemos sido castos estas ocho semanas?

—Porque quiero conocer lo que piensas de verdad.

—La verdad es que prefiero que te maten. [2]

Quizá no deberías hacer preguntas si no puedes afrontar las respuestas.

En el resto del libro, Kempe relata sus recorridos por Inglaterra y la cristiandad, siguiendo la misión espiritual inspirada por sus experiencias místicas. De hecho, a lo largo de su vida continuó percibiendo lo sobrenatural, por ejemplo, oía música celestial enviada desde el Cielo o de nuevo a Dios hablar en momentos oportunos durante sus viajes.

Las extrañas experiencias de Kempe la convencieron de que iba por el buen camino, y otros en su entorno se persuadieron de que en verdad había sido tocada por una mano divina. Pero los lectores más recientes del libro de Kempe no se han mostrado tan convencidos.

Los académicos del siglo xx más bien supusieron que las experiencias de Kempe reflejaban un claro caso de locura histórica. Aunque es prácticamente imposible lograr un diagnóstico retrospectivo preciso, algunos autores han afirmado que las experiencias de Margery tienen todas las características de una enfermedad psicótica, quizá psicosis posparto poco después de dar a luz.[3] Según este razonamiento, está claro que Margery no era un conducto para la voz de Dios. Simplemente estaba *alucinando*.

Según el razonamiento tradicional, las alucinaciones representan una línea clara entre una mente sana y una enferma. Hay un motivo por el cual pensamos que ver visiones u oír voces es señal de enfermedad mental. En las alucinaciones, perdemos el contacto con la realidad, un contraste marcado con nuestras experiencias perceptivas típicas, que creemos que nos ponen directamente en contacto con el entorno.

Pero ¿es *correcto* este razonamiento? ¿Nuestras percepciones siempre nos ponen directamente en contacto con la realidad fuera de nuestra cabeza? ¿O al final el límite entre alucinación y percepción es más difuso de lo que parece? ¿Hasta qué punto está el cerebro en verdadero contacto con lo que pasa en el mundo fuera de nuestra cabeza?

### ¿Un cerebro en una cubeta?

Precisamente ese tipo de preocupaciones sigue inquietando a la gente siglos después de lo ocurrido con Kempe. Por ejemplo, en 1973,

Gilbert Harman reflexionó sobre la posibilidad muy real de que el mundo exterior que él podía ver, saborear y tocar quizá no existiera de verdad.

Harman pensaba que era posible que, en realidad, tal vez no fuera más que un cerebro flotando en una cubeta.[4] Había razonado que lo único que hace nuestro cerebro es captar señales del mundo exterior y convertirlas en señales que viajan a través de circuitos de neuronas dentro de la cabeza. Si eso fuera cierto, entonces quizá un científico loco podría haberle extirpado el cerebro a Harman, podría haberlo conectado a una serie de electrodos y estimulado de una manera particular para *engañarlo* y hacerle creer que el mundo exterior que él conocía estaba de verdad ahí. La ilusión parecería igual a la vida real, pero en realidad Harman estaría flotando en un frasco en la estantería de algún genio malévolo, sin ser consciente de ello.

Si un desconocido en el autobús te revelara esta teoría como quien no quiere la cosa, quizá te preocuparías por su estado mental. Como mínimo, es probable que te cambies de asiento. Pero como Harman era filósofo, escribir sobre este tipo de cosas fue suficiente para que consiguiera un cargo de profesor titular en Princeton.*

---

* En realidad, no está muy claro a quién hay que atribuir el mérito del experimento mental del «cerebro en una cubeta». El filósofo Hilary Putnam describe la idea con gran expresividad en un artículo titulado «Cerebros en una cubeta», incluido en su libro *Razón, verdad e historia* de 1981. Sin embargo, en este caso, he atribuido la autoría a Harman porque menciona una idea similar en su libro *Thought* de 1973. Puede ser que la idea de un científico entrometido que interfiere en nuestro cerebro haya circulado entre círculos filosóficos durante esos años sin que nadie la plasmara por escrito y la publicara. Si nos ponemos puristas, podríamos decir que la idea en realidad se originó con el experimento mental del «genio maligno» de René Descartes, realizado en 1641, en el que el filósofo postulaba que no sabemos si vivimos en el mundo real o en una elaborada ilusión construida por un genio astuto y todopoderoso que pretende engañarnos. Para bien o para mal, los genios y demonios han caído en gran medida en desuso como recursos explicativos en la psicología moderna.

Ahora bien, puede que tú no seas un cerebro flotando en una cubeta. Pero hay un elemento en verdad importante detrás de la inquietud de Harman. En un sentido muy real, accedemos al mundo que nos rodea de forma indirecta, no porque el cerebro esté suspendido en gelatina en una estantería de algún laboratorio extraño, sino porque está atascado en otro sitio: *dentro de nuestra cabeza.*

Durante toda tu vida, el cerebro permanece firmemente sellado dentro del cráneo, aislado del resto del mundo material. Sin embargo, de alguna manera tiene que generar una imagen de lo que está pasando fuera.

Por suerte para ti, este cerebro tuyo no está desconectado por completo del mundo exterior. Está equipado con una serie de herramientas e instrumentos que lo ayudan a percibir y medir las señales que emanan de su entorno: dos ojos que pueden captar esas ondas electromagnéticas que llamamos luz, los oídos, la piel y las superficies porosas que recubren la parte superior de la lengua y el interior de la nariz, es decir, el gusto y el olfato. Todos esos órganos intrincados toman medidas de las vibraciones en el aire, la presión ejercida sobre nuestro cuerpo, la gravedad y los gradientes químicos que se difunden dentro y alrededor de nosotros.

Todas esas mediciones se envían al laboratorio del científico que tienes en el cráneo, listo para comenzar el proceso de interpretación y análisis que llamamos percepción.

Como científico que es, tu cerebro está en contacto con la realidad física, pero a la distancia: el acceso llega solo a través del velo de sus mediciones. Y el problema de ver el mundo a través de mediciones es que estas pueden ser ambiguas.

## Proyectar sombras sobre nuestros sentidos

Tomemos la visión, por ejemplo. Imagina mirar algo conocido, como la cara de un amigo muy querido. Cuando le echas un vistazo, construyes una imagen de cómo es a partir de la luz que rebota en sus facciones: la línea de la mandíbula, el arco de la ceja, quizá alguna que otra arruga. La luz que se irradia desde él es toda la información que reciben tus ojos, la materia prima que tus órganos sensoriales recogen para esbozar esta imagen de cómo es.

Pero incluso en este ejemplo inofensivo, hay un problema espinoso. La cara de tu amigo es un objeto tridimensional, pero la superficie de la retina de tu ojo —la parte que captura la luz— es bidimensional. Es plana. Eso significa que cuando miras con cariño a tu amigo, no lo ves directamente: ves la sombra bidimensional que proyecta su cara sobre la superficie de tus ojos. Y estas sombras son ambiguas en su esencia.

Piensa en cuando juegas a las sombras chinescas con un niño: retuerces las manos delante de la luz para crear la ilusión de un lobo aullando o un pájaro revoloteando, proyectada sobre una pared. Cuando las sombras chinescas funcionan bien, esto ocurre debido al *potencial para causar confusión.* Un titiritero puede hacer que parezca que la sombra de un animal salvaje se desliza por la pared, aunque en realidad la sombra la esté proyectando una disposición ingeniosa de los dedos.

El mismo tipo de potencial para causar confusión aflige también a tu cerebro. Nunca puedes ver la verdadera fuente detrás de las señales que captas, como los dedos sobre la pantalla de la lámpara. Todo lo que puedes ver son las sombras. Y el cerebro tiene que hacer lo que puede, solo con esas sombras, para averiguar cuáles eran las fuentes en realidad.

El problema de ver a través de sombras como estas es que es imposible llegar con certeza absoluta desde la imagen empobrecida que percibe el ojo hasta la fuente que la creó. La visión es lo que los ingenieros llaman un «problema inverso mal planteado». Hay infinidad de objetos físicos que pueden proyectar la misma sombra exacta en nuestros sentidos. Esa correspondencia de muchos a uno significa que no podemos saber solo por la sombra cómo es el objeto real.

Por ejemplo, si la cara de tu amigo se duplicara de tamaño, pero él estuviera al doble de distancia de ti, a tus ojos llegaría la misma imagen exacta de su cara normal. Lo mismo ocurriría si se le hubiera encogido la cabeza de repente pero él se hubiera acercado un poco, y así con cualquier otra combinación de distancias, tamaños y ángulos que se te ocurra.

Si bien, en rigor, la sombra de la cara de tu amigo percibida por tus ojos es sumamente ambigua, el cerebro sí parece capaz de resolver ese problema inverso. Al mirar a tu amigo durante la cena, no te da la sensación de que la cabeza le cambie rápidamente de forma y tamaño, mientras tu cerebro prueba varias interpretaciones de esa imagen visual ambigua. Cuando lo miras, ves la misma cara cada vez, no una de las infinitas posibilidades distorsionadas que proyectarían la misma sombra en tus sentidos. Entonces, ¿cómo hace tu cerebro para escoger la interpretación correcta entre la ilimitada cantidad de contendientes? ¿Cómo da sentido a las mediciones que está tomando?

## Observar como un científico

Los científicos —y las personas que piensan sobre la ciencia— han sabido durante mucho tiempo que las mediciones sin procesar pueden ser imposibles de decodificar por sí solas. Para ver la señal a través del ruido, necesitamos aprender a percibir lo que significan las mediciones.

Thomas Kuhn argumentó que los científicos solo son capaces de dar sentido a lo que significan sus mediciones porque les han inculcado un paradigma que les dice lo que significan. [5] Aprender la correspondencia entre las señales y sus fuentes es una parte clave de cómo vemos como un científico. O, como lo expresó Kuhn:

Al observar un mapa de curvas de nivel, el estudiante ve líneas en el papel, pero el cartógrafo ve la imagen de un terreno. Al observar una fotografía tomada por una cámara de detección de partículas cargadas, el estudiante ve líneas confusas y quebradas, pero el físico ve un registro de eventos subnucleares que ya conoce. Solo después de una serie de tales transformaciones de la visión el estudiante pasa a habitar el mundo del científico, viendo lo que ve el científico y respondiendo como responde el científico.

Tu cerebro trata de la misma manera las líneas confusas y quebradas de sus propias mediciones. Puede llegar a ver las fuentes que se encuentran detrás de las sombras sensoriales mediante la formación de su propio paradigma y sus propias teorías sobre cómo cree que es el mundo.

### Inferencia inconsciente

La idea de que la percepción funciona de esta manera existe al menos desde el siglo XIX, y suele atribuirse al polímata alemán Hermann von Helmholtz. Helmholtz fue uno de esos genios multidisciplinarios que hacen que los científicos modernos no se sientan a la altura. Hizo importantes contribuciones al pensamiento sobre el electromagnetismo, la dinámica de fluidos y la futura muerte térmica del universo. En medio de todo eso, también encontró tiempo para escribir un volumen llamado *Tratado de óptica fisiológica*, que aún influye en cómo los científicos conciben el cerebro perceptor.[6]

Helmholtz se dio cuenta de que, irremediablemente, las mediciones que nuestros sentidos obtienen del mundo exterior están degradadas y son ambiguas, y dijo del ojo: «Si un óptico quisiera venderme un instrumento que tuviera todos esos defectos, me sentiría justificado en reprocharle su negligencia en los términos más enérgicos».[7]

Pensaba que el cerebro debía de tener una solución para tales defectos, una solución que llamó inferencia inconsciente. Su idea era que nuestro sistema visual supera las ambigüedades de la imagen visual en bruto procesada de abajo-arriba al sumarle conocimiento del procesamiento de arriba-abajo, es decir, suposiciones tácitas que el sistema visual hace sobre qué configuraciones de objetos es probable que existan en el mundo que nos rodea. Estos conjuntos de suposiciones se convierten en una especie de teoría inconsciente, mantenida en el cerebro, sobre cómo funciona el mundo visual, lo que permite que el sistema visual haga conjeturas fundadas sobre lo que sucede en nuestro entorno.

Según este razonamiento, el motivo por el cual, cuando miras a tu amigo, no ves su cabeza dos veces más grande o dos veces más pequeña es porque tu sistema visual ya tiene algunas suposiciones sobre cómo se verá la cara. Y esas hipótesis, sumergidas por debajo del nivel de la conciencia, guían la forma en que tus sistemas perceptivos interpretan los patrones ambiguos de datos sensoriales que llegan a tus sentidos.

Las ideas de Helmholtz resurgieron en la década de 1970, en el trabajo del psicólogo británico Richard Gregory. Este hizo una analogía entre la forma en que los científicos generan hipótesis para entender las desconcertantes señales generadas por sus instrumentos y la forma en que nuestros sistemas perceptivos generan hipótesis para dar sentido a nuestras sensaciones.[8] La similitud clave que distinguió Gregory fue que las hipótesis, tanto en la ciencia como en la percepción, nos permiten rellenar los vacíos en los datos incompletos que hemos observado.

Al igual que Helmholtz, Gregory recalcó que las hipótesis que considera tu sistema perceptivo no tienen por qué ser proposiciones conscientes, es decir, pensamientos explícitos como oraciones en tu cabeza que describan cómo crees que es el mundo. Él especulaba que algún día podría haber una forma alternativa y no proposicional de describir cómo construye hipótesis el cerebro, basada en conceptos de las matemáticas y las ciencias de la computación. Y resulta que tenía razón.

## El cerebro bayesiano

Hoy en día, los psicólogos y los neurocientíficos han recurrido a ideas matemáticas para intentar comprender cómo hace el cerebro para formar hipótesis y procesar sus inferencias. Una idea transformadora en la neurociencia moderna es que el cerebro es bayesiano.

El apodo rinde homenaje al abuelo lejano de la teoría de la probabilidad, Thomas Bayes. El reverendo Bayes fue un estudioso del siglo XVIII cuyo conjunto de intereses podría parecer inusual para un sacerdote. Estaba obsesionado con entender los juegos de azar, como los lanzamientos de monedas y dados, y con evaluar las probabilidades de diferentes tipos de resultados. No es de extrañar, entonces, que desarrollara un conjunto de preceptos matemáticos que nos permiten derivar cuantitativamente la probabilidad de que ciertos eventos ocurran o no.

Bayes es famoso por el epónimo teorema de Bayes,[9] que afirma que, cuando hacemos inferencias sobre nuestro entorno, no debemos basarnos solo en la evidencia entrante, sino que cada dato que encontramos debe evaluarse en función de nuestro conocimiento previo sobre lo que es probable que sea cierto: nuestras creencias sobre las *probabilidades previas*.

Debido a nuestra forma estándar de pensar sobre la racionalidad, es posible que esto parezca muy contraintuitivo: pensar con claridad significa centrarse en la evidencia disponible en lugar de apoyarse en las creencias que ya tenemos, ¿no? Pero si nos detenemos a reflexionar un momento, veremos la virtud de un razonamiento probabilístico.

Imagina que una noche estás mirando las estrellas. De repente, ves una especie de platillo volador cruzar el cielo: un segundo está allí, pero después desaparece. ¿Qué deberías creer sobre lo que acabas de presenciar? Si te basas solo en los datos en bruto, podrías haber tenido un encuentro cercano con vida extraterrestre. Sin embargo, los datos en bruto no son todo lo que tienes para basarte. Podrías saber, por ejemplo, que un nuevo satélite debía entrar en órbita esa misma noche y que podría aparecer en tu porción del cielo estrellado. También podrías recordar que al molesto niño de al lado le regalaron un dron para Navidad y le gusta sacarlo a dar una vuelta cuando oscurece. Debido a estas posibilidades de fondo, es menos probable que de verdad estés viendo a un extraterrestre atravesar el cielo. Desde una perspectiva bayesiana, tus inferencias *deben* guiarse por lo que es más probable. Todavía no hay necesidad de llamar a la NASA.

Bayes y los bayesianos que lo sucedieron no estaban, en su mayor parte, directamente interesados en la mente humana. Las leyes de la teoría de la probabilidad son normativas en lugar de descriptivas: nos dicen cómo *deberíamos* pensar, en lugar de proponerse describir cómo funciona la mente en realidad. Pero una de las ideas más atractivas en la neurociencia actual es que el cerebro está de verdad estructurado de una manera que lo hace implementar o aproximar los tipos de inferencias bayesianas ensalzadas por los matemáticos, e interpreta todos los datos en bruto recibidos en función de una hipótesis que formó sobre cómo es probable que sea el mundo.

Uno de los principales defensores de esta idea es Karl Friston. El modelo del cerebro de Friston[10] señala una característica poco apreciada de los circuitos neuronales: la información no solo fluye «hacia adelante» en una sola dirección a través de nuestra cabeza, desde el análisis sensorial simple hasta el pensamiento más abstracto. También fluye «hacia atrás», desde las regiones cerebrales superiores de vuelta a las inferiores.

Gracias a esta arquitectura, el cerebro puede comportarse como los científicos. Las hipótesis generales sobre el mundo, alojadas en los niveles superiores del cerebro, pueden proyectarse hacia los niveles inferiores. Esas hipótesis proyectadas, que transmiten nuestras teorías y suposiciones previas, pueden luego determinar la forma en que interpretamos los datos inciertos y ambiguos que llegan a los sentidos. Nuestras percepciones se convierten en inferencias bayesianas: confluencias de la evidencia entrante y las creencias previas. Vemos las líneas confusas y fragmentadas de nuestras mediciones a través de la lente de la teoría que ya ha construido el cerebro.

## La cámara que edita sus propias fotos

Sin embargo, ver a través de hipótesis significa que el cerebro puede empezar a ver cosas que sus instrumentos no han medido en absoluto. Para demostrar esto, puedes enseñarle a tu cerebro algo como lo siguiente:

En la ilusión del triángulo de Kanizsa, casi todos tienen la convincente sensación de estar viendo un triángulo blanco encima de tres círculos negros. Pero este triángulo blanco no está *realmente* ahí. Sus bordes no son más que espacio vacío. El triángulo se infiere. Es la conjetura más plausible que puede hacer tu cerebro sobre lo que contiene esa escena.

Si ves la ilusión mientras estás en un escáner de resonancia magnética[11], en la actividad registrada podrá verse que esa hipótesis general, la de «estás viendo un triángulo», se proyecta de nuevo a tu cerebro visual. Así se explica por qué puedes ver los bordes del triángulo, aunque en realidad no existan.

En particular, podemos observar el interior de una región del cerebro llamada la corteza visual, la parte que desempeña un papel crucial en la percepción del mundo visual. Por lo general, pensaríamos que esa región del cerebro se dedica a *medir*. Aquí las neuronas están conectadas a los ojos, por lo que cuando ciertos patrones de luz llegan a tu retina, esos mismos patrones deberían recrearse en el cerebro visual, un poco como una cámara, que recrea patrones de luz como patrones en una imagen.

Pero si registramos la actividad de las neuronas visuales de tu cerebro, no solo reflejan lo que el instrumento está midiendo, recreando fielmente los patrones de luz que llegan al ojo. La actividad de esas neuronas se edita, ajusta y redefine de modo que el cerebro vea lo que cree que ve, en lugar de las señales en bruto. Si observamos el interior de tu corteza visual mientras ves configuraciones como el triángulo de Kanizsa, las neuronas sintonizadas con el borde de esa figura imaginaria igualmente se activan,[12] a pesar de que no hay nada en esa región del espacio visual, nada que esas neuronas visuales puedan ver de verdad. Es como si las neuronas supieran que allí debería haber un borde, aunque no estuviera en las mediciones.

De este comportamiento de las neuronas individuales se desprende algo bastante profundo. Debido a que neuronas como esas en realidad no pueden «ver» nada en la información que reciben, se activan con el conocimiento del mundo que se encuentra en otra parte del cerebro. Dicho de otra manera, lo que se desprende de resultados como estos es que tu cerebro en su conjunto está generando hipótesis sobre cómo es el mundo. Esas hipótesis se proyectan en las partes del cerebro que se supone que deben estar tomando mediciones. En lugar de solo capturar una imagen de la información que llega a los sentidos, la «cámara» de tu sistema visual proyecta sus propias interpretaciones de vuelta a la imagen que está grabando, y edita tu percepción visual para que se parezca a tus expectativas previas.

Otros estudios muestran que esa proyección va mucho más allá de solo agregar un par de bordes imaginarios. Tu cerebro puede introducir toda una gama de características complejas en sus propias mediciones, sobre la base de lo que espera estar viendo.

Por ejemplo, en un estudio creativo de imágenes cerebrales, se pidió a distintos voluntarios que miraran fotografías que tenían una esquina tapada, acostados en un escáner de resonancia magnética. [13] Los investigadores observaron que las áreas del cerebro visual sintonizadas con esos cuadrantes vacíos, que no recibían información de los ojos, eran igualmente capaces de reconocer el contenido del resto de la escena. A partir de los patrones de actividad cerebral en las regiones vacías, los investigadores pueden decodificar que esas partes del cerebro igual reciben hipótesis complejas de otras partes acerca de lo que la gente piensa que debería estar viendo; por ejemplo, una multitud que camina por un mercado al aire libre, o un conductor elegante que conduce un descapotable hacia un túnel.

En experimentos posteriores, parece que lo que sucede es que las regiones superiores del cerebro proyectan información predicha de nuevo a estas regiones, un poco como un boceto rápido, en el que se esboza una conjetura de lo que debería estar allí. [14] Es como si para tu cerebro de verdad no hubiera espacio vacío, sino un lienzo sobre el que proyectar sus teorías sobre cómo es el mundo exterior.

Estas proyecciones de arriba-abajo están siempre en funcionamiento, incluso cuando tus ojos de verdad están recibiendo una imagen. Eso significa que lo que percibes siempre está impregnado de tus hipótesis y definido por tus expectativas. La corriente de hipótesis que fluye a través de tu cerebro «edita» la actividad de las neuronas perceptoras, subiendo el volumen de las señales que esperas y silenciando las que no. [15]

De esa manera, tus expectativas actúan como un filtro. Y las personas desarrollan un sesgo que las lleva a percibir las cosas de acuerdo con sus creencias previas. [16] Por ejemplo, en algunos de los experimentos que hemos realizado en el laboratorio, hemos observado que, cuando las personas mueven las manos, el cerebro envía señales predictivas que redefinen las estimaciones de lo que están haciendo los dedos. [17] Debido a ese sesgo, las personas comienzan a informar que ven las manos «moverse», incluso cuando no se mueven, solo porque así lo esperan. [18]

Lo que muestran estos y otros estudios por el estilo es que la percepción realmente se parece al proceso científico, que está cargado de teoría. Tu cerebro, el científico que tienes en el cráneo, inventa una teoría para explicar la actividad de sus instrumentos, para dar sentido a las mediciones ambiguas que ha tomado. Pero la percepción es permeable a esas predicciones y teorías, y el cerebro comienza a percibir lo que espera, no solo las señales que el mundo te proporciona. Eso significa que ver es creer, pero no como podrías esperar.

## El conocimiento es poder, Francia es beicon

El cerebro no se limita a insertar sus teorías en lo que vemos. Uno de los mejores ejemplos de cómo nuestras expectativas colorean nuestras percepciones lo encontramos al tratar de dar sentido al habla.

La siguiente es una publicación anónima del foro en línea Reddit que ilustra muy bien esta cuestión:

> Cuando era niño, mi padre me dijo: «El conocimiento es poder, Francis Bacon».
>
> Yo entendí: «El conocimiento es poder, *France is bacon* (Francia es beicon)».
>
> Durante más de una década, me pregunté cuál era el significado de la segunda parte y qué relación surrealista unía a las dos. Si le decía la frase a alguien, «El conocimiento es poder, *France is bacon*», asentían con la cabeza como si ya lo supieran. O quizá alguien decía: «El conocimiento es poder», y yo terminaba la cita con «*France is bacon*», y no me miraban como si hubiera dicho algo rarísimo, sino que asentían con aire reflexivo. Le pregunté a un maestro qué significaba, y me dio una explicación de 10 minutos sobre la parte de «El conocimiento es poder», pero nada sobre «France is bacon». Cuando le pedí más explicaciones, diciendo «¿*France is bacon*?» en tono de pregunta, solo obtuve un «sí». A los 12 años no tuve el valor de insistir más. Simplemente lo acepté como algo que nunca entendería.
>
> *Lard_Baron, Reddit (2010)*

Como muestran las desventuras de Lard_Baron, el habla de otras personas está llena de ambigüedad. Por lo general, entender lo que se dice parece sencillo, pero este sentimiento enmascara los desafíos que el lenguaje presenta al cerebro que escucha.

Una de las pocas veces que nos reencontramos con estos desafíos en la edad adulta es cuando escuchamos a otros hablar en un idioma que no entendemos. Si alguna vez has viajado a un sitio donde no hablabas la lengua local, quizá hayas tenido la impresión de que los sonidos salidos de la boca de la gente no eran más que una muralla de ruido ininterrumpido. Y esa impresión sería absolutamente correcta.

Entender el lenguaje hablado no se parece en nada a leer un texto. Mientras que cada palabra impresa en esta página está separada por espacios en blanco fáciles de distinguir, que marcan dónde termina una palabra y comienza otra, el habla natural llega a nuestros oídos como un ruido indiferenciado; los sonidos de una palabra se fusionan sin pausa con los de la siguiente. Puedes percibir huecos entre las palabras, pero la mayoría de las veces esas pausas son ilusiones, fabricadas por tu cerebro mientras procesa el ruido. Pero si todo es un ruido ininterrumpido, ¿cómo sabe tu cerebro dónde deben ir esos silencios alucinados?

Los sonidos del habla tampoco son como las letras impresas. Cada vez que pulso una tecla en mi teclado, aparece un símbolo idéntico en la pantalla, pero el habla natural no es ni de lejos tan precisa. Cada persona habla con una voz distintiva, como escribir con una fuente distinta. Pero el desafío más profundo para el cerebro que escucha no es que tu voz sea diferente a la mía, sino que tu voz sea diferente de *sí misma*. Las cuerdas vocales humanas son un instrumento imperfecto, y al hablar «coarticulamos», contaminando la acústica de cada sonido que producimos con los otros que pugnan por salir de nuestra boca. Hablar es, entonces, como teclear una oración, pero en un teclado en el que las letras se barajan de forma impredecible y ambigua a medida que se desarrolla la frase.

Lo que oímos suele estar lleno de ambigüedad, pero esta puede pasar desapercibida, como ocurre con las «pomporrutas». Las pomporrutas ocurren cuando una persona oye siempre una frase hablada como una alternativa verosímil, pero falsa. Se advierten con más frecuencia en la percepción errónea de letras de canciones, como cuando la gente oye a Jimi Hendrix cantar «Excuse me while I kiss this guy» (Con permiso, mientras beso a este tipo); a Nirvana gritar «Here we are now, in containers» (Aquí estamos, en contenedores); o a Bob Dylan murmurar «The ants are my friends» (Las hormigas son mis amigas).*

La ambigüedad del habla natural significa que el sentido de cualquier enunciado también es imposible de descifrar. Los sonidos son compatibles con muchas interpretaciones posibles. Imagina que oyes una frase como: «El churro está blando». Esto puede parecer bastante inocuo, pero a partir de los sonidos que llegan a tus oídos también es perfectamente posible que tu interlocutor esté diciendo algo más extraño, como «El churro está hablando», por lo que se debe resolver esa ambigüedad inicial.

Toda esta indefinición en el habla significa que el lenguaje no puede entenderse de una manera que sea totalmente de abajo-arriba. Cuando los lingüistas descomponen la comprensión del lenguaje, suelen imaginar un esquema jerárquico en el que pequeñas unidades de sonido (o fonemas) se unen para formar palabras, y luego las palabras se unen para formar oraciones, creando unidades de significado aún más grandes. Pero si los sonidos, las palabras y las oraciones están llenos de ambigüedad, no es posible emparejar sonidos con fonemas, fonemas con palabras, ni palabras con significados sin certeza alguna.

Por fortuna, el cerebro no necesita procesar el habla por completo de abajo-arriba. También puede generar hipótesis. Al extraer patrones probabilísticos del habla que escuchamos, puede hacer predicciones de arriba-abajo sobre lo que es probable que una persona oiga a continuación. La incorporación de esas predicciones en el

---

* Para quienes no están familiarizados con la música, las letras reales son, respectivamente, «Excuse me while I kiss the sky» (Con permiso, mientras beso al cielo), «Here we are now, entertain us» (Aquí estamos, diviértenos) y «The answer, my friend» (La respuesta, amigo mío).

procesamiento del lenguaje nos permite encontrar los límites de las palabras en el habla ininterrumpida, determinar qué sonidos en concreto se pronunciaron y descifrar lo que realmente significa un enunciado. Pero el hecho de percibir a través de teorías también puede explicar por qué y cuándo el cerebro engaña, haciendo que la gente oiga cosas como «El conocimiento es poder, *France is bacon*».

## «¿Dónde estuviste hace un año?»

Pensemos primero en cómo el cerebro alucina los silencios correctos para separar las oraciones habladas. La siguiente es una grabación de mi voz diciendo una oración sencilla («¿Dónde estuviste hace un año?»), con los sonidos en inglés anotados encima:

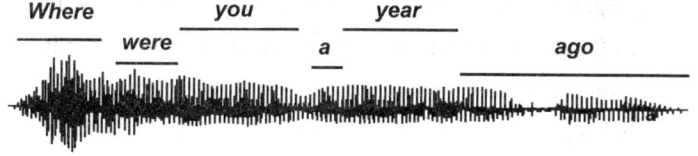

Las ondas sonoras fluctuantes muestran lo que expliqué anteriormente: aunque haya distintas palabras dentro de esta oración, los sonidos del habla salen de la boca como un ruido ininterrumpido. No hay pausas convenientes, como los espacios en blanco de la página: los sonidos fluyen de uno al otro, sin aire muerto ni espacio vacío que marque el principio y el final de cada palabra. Pero aunque, físicamente hablando, esto es solo un ruido ininterrumpido, si te lo reprodujera, el cerebro insertaría cinco silencios subjetivos para marcar las distintas palabras. Pero ¿cómo sabe dónde deben ir esos silencios?

Para muchos es posible que procesar «wherewereyouayearago» como palabras separadas no represente un gran esfuerzo. Y no lo es si hablas inglés con fluidez. Sabrás que «where» es una palabra válida en inglés, pero «wherewere» no lo es, así que es fácil poner la pausa imaginaria en el lugar correcto. Sin embargo, es una solución un poco tramposa. Solo puedes usar esa estrategia para analizar los sonidos porque conoces las palabras del idioma. Pero si hay que conocer un idioma antes de poder segmentar sus palabras, entonces tenemos un problema como el del huevo y la gallina: no podrías identificar las palabras escondidas en el ruido sin conocer el idioma, pero tampoco podrías conocer el idioma sin identificar las palabras.

Ese estado de ignorancia es precisamente lo que experimentan los bebés recién nacidos. Los oídos de los bebés son invadidos por el ruido indiferenciado de un habla desconocida, y su cerebro tiene la tarea de averiguar dónde se encuentran los límites significativos, sin saber realmente lo que significa el ruido.

Pero incluso los cerebros de los bebés se comportan como científicos, porque forman predicciones y elaboran hipótesis sobre los patrones de sonidos que encuentran. Los patrones que la gente parece identificar para resolver este problema se llaman «probabilidades de transición»: la probabilidad de que oigas un sonido después de otro.

Imagina que eres un bebé recién nacido y escuchas un fragmento de sonido indiferenciado como «wherewereyouayearago». Empiezas tu vida auditiva con un vocabulario completamente vacío. Pero escuchar a los adultos que te rodean te expone a una dieta en particular de patrones acústicos. Y a través de estos patrones probabilísticos, puedes aprender qué sonidos tienden a seguirse unos a otros.

Por ejemplo, en inglés, es común oír el sonido «where», pero luego se ve que le siguen un montón de sonidos diferentes: «where is…», «where are…», «where do…», «where did…», etc. Eso hace que el siguiente sonido, es decir, la transición, sea difícil de predecir. Tu cerebro puede segmentar los fragmentos de sonido correctos en palabras distintas rastreando esos puntos de transición, lo que hace más probable que analices el sonido «where» como una sola palabra. Esta forma de segmentar los sonidos también es la razón por la que, a pesar de que las frases «where wolves live» (donde viven los lobos) y «werewolves live» (los hombres lobo viven) suenan absolutamente idénticas, la mayoría optaríamos por la primera interpretación... a menos que sea Halloween.

Rastrear estas transiciones para segmentar las palabras funcionará bien la mayor parte del tiempo, pero también puede explicar cómo nos equivocamos. Por ejemplo, el psicólogo Steven Pinker describe un tierno intercambio entre un padre y un hijo en el que, cuando el padre lo reprende con un «¡Hazme caso!», el niño responde indignado: «¡Yo siempre te hago mecaso!».[19] Errores como este tienen mucho sentido si en tu dieta lingüística solo has escuchado el sonido «haz» como un sonido individual impredecible (por ejemplo, «haz la tarea», «haz silencio»), en lugar de unido a otros en palabras como «hazme» o «hazlo».

Se han realizado experimentos en los que se reveló que incluso los bebés de tan solo ocho meses pueden usar esos patrones para identificar dónde comienzan y terminan las palabras, hasta en idiomas que en realidad no existen.[20] Por ejemplo, un psicólogo podría reproducirle a un bebé el audio de una cadena ininterrumpida de sílabas, una parte de la cual podría ser «bidakupadotigolabubidakugolabupadotitupirobidakupadoti». Si bien puede parecer un galimatías, la cadena es, de hecho, un lenguaje artificial inventado por los experimentadores, que contiene palabras inventadas repetidas, como «golabu», «tupiro», «bidaku» o «padoti». Los bebés no pueden valerse de ningún significado asociado a estas palabras para saber cuáles son sus límites, porque «tupiro» y «bidaku» no significan nada en absoluto, pero la estructura estadística de la cadena hablada proporciona al niño información sobre las transiciones probabilísticas; por ejemplo, después de «tu» siempre viene «pi» y luego «ro». Sin embargo, es muy difícil predecir qué sigue.

Sorprendentemente, estos patrones por sí solos bastan para que los bebés extraigan las «palabras» inventadas del ruido ininterrumpido. Después de un par de minutos escuchando la pseudolengua, el bebé manifiesta un relativo desinterés si oye otra palabra «genuina» de la pseudolengua, una combinación familiar como «bidaku». Sin embargo, el bebé se sorprende visiblemente si oye palabras «ilegales» como «dapiku», formadas con el mismo banco de sonidos pero combinadas de una manera inesperada. Esta sorpresa visible indica que el cerebro del bebé debe de haber formado predicciones rápidas sobre qué combinaciones de sonidos son probables y cuáles no. Y aunque no podemos saber con certeza qué está pasando en el mundo mental subjetivo del niño porque los bebés que no hablan no pueden decírnoslo, podemos especular que estas predicciones les permiten insertar su propia puntuación mental donde creen que es probable que estén los límites de las palabras sin sentido. Al bebé le sorprende oír una palabra ilegal como «dapiku» porque ha estado escuchando el lenguaje a través de la hipótesis equivocada y poniendo las pausas en los lugares incorrectos, al igual que el niño descrito por Pinker que insiste en que sí hace «mecaso».

### «Excuse me while I kiss this guy...»

Las predicciones no solo permiten a las personas segmentar cadenas habladas. También son excelentes para superar la ambigüedad en el lenguaje hablado en sí. De vez en cuando, internet se llena de demostraciones virales de sonidos hablados que son biestables, es decir, sonidos que, sin ninguna edición, pueden ser escuchados por diferentes personas de maneras completamente distintas. En una de esas grabaciones, es posible que distintas personas oigan las mismas ondas sonoras e interpretarlas como «Yanny» o como «Laurel». En otra, el mismo enunciado puede percibirse de manera divergente como «alquiler» o «padrino». Y, en una situación extremadamente ambigua que puede entenderse de varias maneras, es posible que distintas personas oigan enunciados tan diversos como «me comí el pollo frito», «desconcertó a su abuelo», «se tropezó su tío», o incluso «libro de pollo albino». [21]

Lo que suele ser tan convincente en esas demostraciones, y la razón por lo cual acumulan millones de visitas en YouTube, es que las palabras que oye una persona pueden alterarse profundamente al cambiar lo que esperan. Si antes de que comience la grabación ambigua te dicen que contiene la palabra «alquiler», o ves esa palabra impresa cuando el audio comienza a reproducirse, será esa interpretación perceptiva la que domine lo que oyes.

El efecto es desconcertante si piensas que durante el habla solo experimentas los sonidos que oyes, pero tiene todo el sentido del mundo si la experiencia del lenguaje es en realidad una síntesis de los sonidos que entran en los oídos y las expectativas de arriba-abajo. En este tipo de esquema, lo que oyes en realidad es la conjetura más plausible que puede hacer tu cerebro sobre lo que probablemente se acaba de decir. Así como el sistema visual se parece a una cámara que edita sus propias imágenes, el sistema auditivo se parece a un micrófono que edita sus propias grabaciones.

Una buena forma de ver esto en el laboratorio es a través de algo llamado «habla vocodificada por ruido». El proceso de vocodificación distorsiona las características acústicas de la voz hablada, transfigurando los sonidos normales del habla en crujidos y susurros artificiales que, para los oídos inexpertos, pueden sonar como los zumbidos de una máquina artificial, desprovistos de cualquier contenido lingüístico detectable. Sin embargo, si a las personas se les dice qué palabras se pronunciaron en la grabación original antes de que el contenido se degradara drásticamente, la voz humana oculta salta al oído de la persona a través del ruido que, de otro modo, sería impenetrable. [22]

Tal percepción sintética, en la que el conocimiento previo correcto transforma el ruido mecánico en habla inteligible, se produce gracias a las predicciones del cerebro. Las expectativas de los oyentes, formadas al nivel de las palabras, proporcionan predicciones sobre los tipos de sonidos que encontrarán, y esas predicciones son entonces las responsables de construir lo que se oye.

Se puede imaginar que ocurre ese tipo de síntesis predictiva dentro del cerebro humano. Algunos de los experimentos más elegantes en esta área provienen de Matt Davis y el laboratorio que dirige en la Universidad de Cambridge. Conocí a Matt en un congreso en San Sebastián, donde se reunieron neurocientíficos que estudian la predicción, con el fin de compartir ideas sobre el funcionamiento de esos procesos en el cerebro. Una noche, en una sidrería vasca muy agradable, Matt me explicó que él y sus colegas habían empezado a desentrañar el modo en que las predicciones se elaboran y se usan en las redes de lenguaje del cerebro.

Matt y sus compañeros han estudiado qué sucede dentro de la cabeza de un oyente cuando combina sonidos del habla de abajo-arriba con predicciones de arriba-abajo, y cómo la integración de la expectativa y la evidencia en el cerebro lingüístico se relaciona con las formas profundas en que la expectativa puede cambiar las experiencias subjetivas.

En un experimento en el laboratorio, dirigido por Ediz Sohoglu, los voluntarios realizaron una tarea muy simple.[23] Escuchaban palabras habladas a través de unos auriculares. Todos esos sonidos estaban vocodificados en diferentes grados, lo que variaba su nivel de inteligibilidad: algunos eran tan claros como el habla natural, otros estaban degradados y eran difíciles de entender. Los oyentes solo debían valorar la claridad de los sonidos que escuchaban y decir si el discurso era claro o inaudible.

Lo crucial era que, antes de *oír* cada sonido, *veían* una palabra en una pantalla. Esa palabra impresa actuaba como pista predictiva que les indicaba qué esperar. A veces la predicción y el resultado coincidían: si un voluntario veía la palabra «clay» (arcilla), luego escuchaba «clay» por los auriculares. Pero otras veces la palabra impresa no daba información (aparecía la cadena «xxx», de modo que el oyente no sabía qué esperar) o la predicción impresa no se cumplía; por ejemplo, veía la palabra «snail» (caracol) pero para su sorpresa escuchaban «glass» (vidrio).

Cuando Sohoglu y su equipo observaron el cerebro de los oyentes, encontraron un patrón interesante. Cuando podemos hacer predicciones sobre los sonidos que siguen, la actividad inicial no se da en los centros auditivos del lóbulo temporal del cerebro. Primero se registra actividad en la corteza frontal, una zona que normalmente se considera en una posición superior en la jerarquía del análisis del lenguaje. Casi medio segundo después, la actividad se desplaza a las áreas temporales, donde se procesa el discurso en bruto que llega por los auriculares.

Esa activación previa de la corteza frontal es coherente con la idea de que la información en realidad fluye al revés por el cerebro lingüístico, ya que las predicciones sobre palabras se usan para predecir sonidos, que luego se transmiten de vuelta a los niveles inferiores. En este esquema, si se ve la palabra «clay», las neuronas frontales predicen que el próximo sonido que llegará a los oídos será «cl». Si se da esta información a las regiones temporales (que codifican los sonidos), es posible modificar cómo se representan las señales entrantes.

De hecho, cuando las predicciones lingüísticas se cumplen, hay *menos* actividad en las regiones temporales que codifican los sonidos. Esta supresión puede relacionarse con cambios en los sonidos que perciben los oyentes: cuanto más las predicciones reducen la actividad en la corteza temporal, más claro parece el discurso.

Tales observaciones explican por qué podemos oír el discurso ambiguo pero también por qué podemos oírlo mal. Si disponemos de predicciones acertadas, al introducir esas hipótesis en los centros del habla del cerebro, se construye un percepto que coincide con lo que el hablante dice realmente. Pero si no hay coincidencia entre la predicción y la realidad, las expectativas pueden crear un percepto sintético dominado por lo que se anticipó, en lugar de lo que en verdad estaba ahí. Pensando en términos probabilísticos, es mucho más probable que Jimi Hendrix diga «kiss this guy» (beso a este tipo) que «kiss the sky» (beso el cielo), porque besamos a personas, no cielos. Pero si mezclamos una predicción incorrecta con lo que escuchamos puede hacer que interpretemos mal.

Estas predicciones también explican la increíble *rapidez* de las conversaciones. En grabaciones de dos personas hablando, los silencios entre turnos pueden ser sorprendentemente breves. La duración exacta varía según el idioma: los daneses se permiten una tranquila pausa de 470 milisegundos, mientras que en el frenético japonés solo hay un lapso de siete milisegundos entre los turnos de una conversación. [24] Pero, observando distintos idiomas, la pausa media que separa a dos interlocutores se sitúa en torno a los 200 milisegundos (es decir, una quinta parte de segundo). Ese es casi el tiempo que se necesita para pronunciar una sílaba en inglés.

Para ponerlo en contexto, si le pides a alguien que diga una palabra en inglés, de cero y tan rápido como pueda, tardará 600 milisegundos, el triple de la pausa habitual en una conversación. [25] Por lo tanto, la velocidad de una conversación natural significa que no te da tiempo a escuchar todo lo que la otra persona ha dicho antes de que te prepares para intervenir. Así, un interlocutor ya ha llegado a su propia interpretación de lo que está diciendo la otra persona, y de cómo planea responder, incluso antes de que esa persona haya terminado de hablar.

Puede que suene terriblemente descortés, pero este tipo de anticipación predictiva es una estrategia muy eficiente, dada la redundancia que hay en el lenguaje humano. N_ nec_sitas le_r cad_ letr_ d_ un_ oració_ par_ ent_nd_ l_ qu_ signif_. Y lo mismo ocurre con el habla. Muchas palabras tienen más sonidos o letras de las que en verdad necesitan. Muchas palabras en castellano, por ejemplo, tienen sonidos y letras que exceden su «punto de singularidad». Si escuchas los sonidos «formu» u «hong», las palabras que oirás tienen que ser «fórmula» u «hongo» (o algo con el mismo contenido léxico, como «formulario» u «hongos»). Una vez que has llegado a la mitad del sonido, no hay otras palabras «legales» en castellano que empiecen de esa manera.

Si registramos la actividad cerebral de un oyente mientras escucha palabras habladas, podemos detectar indicios de los procesos neuronales subyacentes que anticipan cómo terminará cada una. Por ejemplo, podemos ver indicios de sorpresa en la corteza temporal cuando oye palabras como «fórmubo» u «honga», casos en los que los sonidos iniciales daban un fuerte indicio de un final que no ocurrió. [26]

El cerebro se vale de tipos análogos de predicciones para anticipar de qué va a tratar una oración, de modo que puede inferir no solo sonidos no pronunciados, sino palabras enteras que no se han dicho. Se puede identificar una señal de esas predicciones lingüísticas midiendo lo que ocurre dentro del cerebro de un oyente cuando se encuentra con violaciones semánticas. Al oír o leer una frase como «Él untó el pan caliente con calcetines», la inesperada palabra final, «calcetines», provoca una onda distintiva de actividad neuronal, que alcanza su punto máximo alrededor de 400 milisegundos después de que la palabra es percibida. [27] Del mismo modo, en otros experimentos se han identificado plantillas de palabras predecibles que emergen en las ondas cerebrales antes de tiempo. Eso significa que al oír oraciones como «En la cuna está durmiendo un...» y «En el hospital hay un recién...», nuestro cerebro activa representaciones de las palabras «bebé» y «nacido» mucho antes de que se oigan realmente. [28]

Este tipo de resultados revela que a medida que las personas escuchan el habla, el cerebro está constantemente generando teorías e hipótesis respecto de hacia dónde es probable que se dirija la conversación. Tales predicciones contextuales permiten afinar las ambigüedades en el habla que se escucha. Los sonidos podrían ser casi indistinguibles en frases en inglés como «the cross I'd bear» (la cruz que cargaría) y «the cross-eyed bear» (el oso bizco), pero si sabes que la conversación trata sobre himnos cristianos en lugar de un trastorno visual zoológico, puedes predecir qué interpretación es más probable.

A su vez, confiar en las predicciones también puede explicar por qué el cerebro se deja engañar por pomporrutas como «France is bacon» (Francia es beicon). Si nunca has oído hablar del famoso empirista inglés Francis Bacon, pero sí de Francia y del beicon, esta interpretación es mucho más probable basándote en tu experiencia lingüística previa. Del mismo modo, si no conoces las ciudades de Estados Unidos, es entendible que te confundas si un amigo te dice que fue «a mi ami».

## Psíquicos y psicosis

Pensar en la naturaleza de los procesos perceptivos y toda su teoría no solo se presta a juegos de palabras entretenidos. Al estudiar los procesos predictivos que se desarrollan en el cerebro perceptor, podemos empezar a ver de forma muy distinta las alucinaciones y de dónde pueden venir.

Si el cerebro es como un científico, la percepción es siempre un delicado acto de equilibrio. Siempre estás dando sentido a tu entorno físico combinando las señales sensoriales entrantes con tus propias hipótesis y predicciones. Y necesitas determinar cuánto peso le das a cada una.

Si ese razonamiento es correcto, sería posible que no haya una línea divisoria clara entre las experiencias normales y las anormales. Podrían desarrollarse procesos similares al percibir el mundo tal como es y al percibirlo como no es. Los seres humanos siempre estamos proyectando nuestras propias hipótesis y suposiciones en nuestras experiencias perceptivas, por lo que los falsos perceptos (como las alucinaciones) podrían surgir simplemente como resultado de confiar demasiado en una teoría inadecuada sobre el mundo. Si el cerebro se apoya demasiado en una hipótesis falsa, es posible que cree predicciones sólidas que se filtren en la experiencia misma.

Por lo tanto, podrían surgir experiencias inusuales como las alucinaciones porque el equilibrio de la percepción se ha desplazado demasiado hacia las teorías y expectativas del cerebro, y se ha alejado de las señales entrantes. Las expectativas fuertes comienzan a dominar la percepción, de modo que generan experiencias enteramente inducidas por creencias en lugar de por evidencia real del mundo exterior. El cerebro se vuelve como un científico terco que convierte las sombras en fantasmas a través de la lente y el filtro de un conjunto particular de teorías y suposiciones.

Volvamos a la mística medieval Margery Kempe. Kempe era una devota católica de la Edad Media, que conocía las escrituras y que creía fervientemente en un cielo y un infierno más allá de esta Tierra, donde merodeaban ángeles y demonios. Quizá Kempe vio diablos con lenguas de fuego dando zarpazos a los costados de su cama o escuchó música tocada por un séquito de ángeles precisamente porque tenía esas creencias sobre el cielo y el infierno en las profundidades de su mente. Quizá esas creencias regresaron a sus sistemas perceptivos como predicciones de arriba-abajo, y estas tuvieron la fuerza suficiente para generar las experiencias que anunciaban. Como resultado, Kempe oyó la voz de Dios, precisamente porque esperaba oírla.

Por supuesto, en el caso de Kempe, pensar en lo que sucedía en su cerebro es pura especulación. No hay forma de retroceder siglos en el tiempo para estudiar su cabeza mientras se desarrollaban esas experiencias místicas.

Pero si la hipótesis sobre las alucinaciones es correcta, las personas propensas a sufrirlas deberían tener, de hecho, una tendencia exagerada a ver el mundo a través del prisma de sus predicciones. Y esto es lo que se ha descubierto en la investigación moderna.

Encontramos una demostración convincente en el trabajo dirigido por Christoph Teufel. En los experimentos de Teufel, se pide a un grupo de voluntarios que intenten percibir el contenido de imágenes visuales muy degradadas, que se parecen un poco a las manchas de tinta de un test de Rorschach. [29] El siguiente es un ejemplo:

Esta imagen ambigua se ha creado «binarizando» una fotografía real, por lo que solo incluye píxeles en blanco y negro en lugar de todos los tonos de color necesarios para resolver los detalles. Por lo tanto, es muy difícil para los observadores novatos juzgar lo que en verdad está presente, ya que la imagen contiene muy poca información para que nuestros sentidos lo detecten.

Sin embargo, es posible desambiguar la imagen si se da a los observadores el conocimiento previo adecuado. Los estudios de Teufel revelan un fuerte efecto de previsualización:[30] si antes de ver la versión empobrecida, a las personas se les muestra la imagen original, no degradada, tienen una impresión mucho más fuerte del contenido de la escena y disciernen mucho mejor la señal del ruido.

Tú también puedes probarlo. Esta es la imagen original, no degradada:

Ahora ya sabes lo que contiene la escena: un ciervo comiendo una zanahoria a través de la ventanilla de un coche. Y cuando miras de nuevo la versión degradada de más arriba, la figura que antes estaba oculta ahora emerge del ruido. De hecho, los experimentos de Teufel indican que el cerebro comienza a rellenar perceptivamente la imagen, trazando límites y contornos en el espacio vacío, a pesar de que tus ojos en realidad no «ven» esos bordes.[31]

Este relleno perceptivo parece ser muy pronunciado en pacientes con psicosis. En los pacientes con alucinaciones, cuando cuentan con conocimiento previo sobre la imagen real, la sensibilidad perceptiva mejora mucho más en comparación con los no alucinadores,[32] como si el cerebro de aquellos con alucinaciones fuera capaz de bosquejar aún más detalles. De hecho, en el laboratorio se registró una correlación entre el tamaño de ese efecto perceptivo y la gravedad de las alucinaciones informadas por cada paciente. En el caso de quienes más alucinaban en su vida diaria, parecían registrarse los grados más altos en que el conocimiento previo acerca de la percepción afectaban la tarea.

Lo curioso es que esa predisposición a apoyarse fuertemente en el conocimiento previo para interpretar el mundo puede incluso preceder la aparición de la enfermedad psicótica en sí.[33] En otro estudio, los investigadores reclutaron una muestra de voluntarios sanos, ninguno de los cuales tenía un diagnóstico psiquiátrico. Pero aunque nadie tenía ningún síntoma clínicamente significativo al momento de la prueba, el equipo midió la «propensión a la psicosis» de cada participante: hasta qué punto mostraba alteraciones sutiles de la percepción o la creencia, lo cual es un factor de riesgo para desarrollar episodios psicóticos más adelante.

Cuando el grupo de voluntarios sanos no diagnosticados realizó la tarea de Teufel, aquellos con el nivel más alto de riesgo de psicosis también parecían confiar más en el conocimiento previo al generar sus percepciones. De eso se desprende que una dependencia exagerada de las expectativas no es *consecuencia* de una enfermedad psicótica: no es que las personas se vuelvan muy apegadas a sus creencias y suposiciones previas porque tengan una enfermedad mental. Esos resultados son coherentes con un cambio causal alternativo, en el que una disposición inicial a percibir el mundo a través de un filtro muy fuerte de expectativas puede engendrar una serie de experiencias inusuales e inquietantes. Esas experiencias inusuales luego sientan las bases para las perturbaciones más profundas de la percepción y la creencia que caracterizan los episodios psicóticos que ocurren más adelante, a medida que los delirios entran en juego para dar sentido a las extrañas experiencias que nos visitan.

Las experiencias inusuales como las alucinaciones no siempre son fuente de aflicciones psicológicas. De hecho, los antropólogos que han estudiado las alucinaciones en distintas culturas han encontrado diferencias sistemáticas en el tipo de voces que la gente oye y en lo inquietantes que resultan. Por ejemplo, en un estudio se analizó a personas que oían voces en Estados Unidos, India y Ghana,[34] con el fin de investigar cómo entendían el origen de las voces y el tipo de cosas que estas decían.

Los investigadores descubrieron que los que oían voces en California tendían a entenderlas como perceptos falsos provocados por una enfermedad mental. Usaban espontáneamente términos médicos como «esquizofrenia» o «trastorno esquizoafectivo» para explicar de dónde provenían esas experiencias. La sensación de que las voces no eran reales y reflejaban algún trastorno mental interno estaba vinculada con una tendencia general a que dichas voces articularan mensajes negativos, violentos o amenazantes: «como torturar a personas, sacarles un ojo con un tenedor o cortarle la cabeza a alguien y beber su sangre, cosas muy desagradables», relataba una persona entrevistada.

Pero en Chennai, India, las voces que se oían parecían bastante diferentes. En muchos casos, las personas manifestaban que oían las voces de sus parientes, como las de sus padres o sus suegros. Y, al igual que los parientes de verdad, las voces las animaban y las convencían de hacer cosas, por ejemplo, que se bañaran, que hicieran la compra o que prepararan la cena. Las voces en la muestra de Chennai también transmitían mensajes desagradables, como el caso de una persona cuya voz la instaba a beber el agua del inodoro. Pero, en general, los sujetos de la India también informaron que sus alucinaciones eran amistosas o juguetonas.

Las voces que oían los sujetos de Accra, en Ghana, presentaban aún más diferencias. Las personas las entendían principalmente en términos espirituales. No describían sus experiencias como un signo de enfermedad, sino como indicativas de una comunión especial con Dios u otra deidad. Tras insistir un poco, los entrevistados podían llegar a admitir que también oían voces negativas; quizá las voces de algunos demonios que a veces hablaban más alto que Dios. Pero para muchos, oír voces parecía ser una experiencia en mayor parte positiva, no muy distinta del caso de Margery Kempe, quien también extrajo apoyo y guía espiritual de sus propias experiencias inusuales. Como dijo un hombre en Accra: «Nada más me dicen que haga lo correcto. Si no hubiera tenido estas voces, habría muerto hace mucho».

Son interesantes las diversas relaciones que quienes oyen voces entablan con sus alucinaciones. Pero todos los participantes entrevistados en California, Chennai y Accra que acabo de mencionar igualmente habrían cumplido los criterios clínicos para el diagnóstico de una enfermedad psicótica, ya que sus experiencias, pensamientos y creencias inusuales han alterado su vida durante períodos de meses e incluso años.

Lo que es quizá más sorprendente es que pueden surgir alucinaciones vívidas y frecuentes sin enfermedad alguna. Muchísimas personas alucinan con regularidad, pero no necesariamente las clasificaríamos como *enfermas*. Uno de esos grupos son los videntes. Los clarividentes, como se los llama en las comunidades espiritualistas, son un grupo particular de videntes que oyen voces todos los días. Por lo general, las voces se interpretan como si emanaran de espíritus del más allá, que quieren comunicarse con el mundo de los vivos. De hecho, oficiar de conducto entre este plano y el siguiente puede convertirse en la forma en que el vidente se gana la vida. Por una módica suma, puedes averiguar lo que dicen las voces del inframundo...

Puede que no te creas la historia metafísica que intenta venderte el vidente. Pero eso no viene al caso. Las experiencias relatadas por los videntes parecen tan vívidas y reales como las alucinaciones que ocurren en la enfermedad psicótica. Sin embargo, lo importante es que, cuando los clínicos entrevistan a esos videntes para intentar hacerse una idea de su salud mental en general, no parecen estar enfermos. Sí, oyen voces todo el tiempo. Pero si se deja eso a un lado, no parecen exhibir los patrones de pensamiento desorganizados o delirantes que caracterizan los casos clínicos de trastornos psicóticos. Sus perceptos falsos no están vinculados a una mente fragmentada.

Las personas sanas que oyen voces, como estos videntes, son un contrapunto interesante a los pacientes con psicosis, y ofrecen a los científicos la oportunidad de investigar qué partes del circuito cerebral están conectadas específicamente con las alucinaciones y qué partes podrían estar conectadas de forma más vaga con una enfermedad mental más amplia.

De hecho, mediante ellos puede comprobarse si los perceptos falsos como las alucinaciones surgen de señales de expectativa de arriba-abajo muy fuertes, emanadas de niveles superiores en las jerarquías del cerebro predictivo. Si las alucinaciones están vinculadas a predicciones perceptivas fuertes, el mismo desequilibrio entre expectativa y evidencia debería ser aparente en el cerebro de los videntes y de las personas con psicosis que oyen voces, aunque algunos estén enfermos y otros sanos.

Esa idea ha motivado una serie de estudios elegantes llevados a cabo por mi colega, Phil Corlett. Phil es un científico fuera de lo común, cuyo programa de investigación se basa en ideas fundamentales sobre el aprendizaje y la predicción para explicar de dónde provienen las creencias y experiencias inusuales. Conocí a Phil al seguir sus interesantes artículos (y su provocadora cuenta de Twitter). Pero cuando nos conocimos en persona para tomar una cerveza dentro de un molino de viento holandés, él me habló de las ideas nuevas que estaban deduciendo en su laboratorio. En uno de los experimentos,[35] Phil y su equipo querían establecer si en aquellos más propensos a oír voces se evidencian creencias previas muy fuertes que le dan un peso demasiado pronunciado al conocimiento de arriba-abajo a la hora de percibir el mundo exterior.

Para investigar esa hipótesis, se presentó a los voluntarios una secuencia predecible de patrones visuales y auditivos: veían un tablero de ajedrez, seguido de un pitido, seguido de un tablero de ajedrez, seguido de un pitido, y así sucesivamente. Todo lo que los voluntarios tenían que hacer era informar si oían el pitido o no. La lógica del procedimiento es que los oyentes se condicionan a esperar el sonido cuando ven el tablero de ajedrez, basándose en su experiencia pasada. Si es verdad que las predicciones se filtran en la percepción, podría haber bastado con la expectativa para que las personas oyeran un pitido cuando veían el tablero de ajedrez, incluso si el sonido en realidad no se reproducía: una «alucinación condicionada».

Phil y el equipo reclutaron a cuatro grupos distintos para someterse a ese procedimiento de condicionamiento mientras registraban su actividad cerebral en un escáner de resonancia magnética. En un extremo, se encontraba el primer grupo, compuesto por voluntarios sanos que no tenían ningún diagnóstico psiquiátrico y no informaban haber experimentado alucinaciones en su vida diaria. En el otro extremo, se encontraba el segundo grupo: una muestra de personas diagnosticadas con una enfermedad psicótica como la esquizofrenia, que también experimentaban regularmente alucinaciones, como oír voces.

Los otros dos grupos se situaban en algún punto intermedio entre los dos extremos. El tercer grupo estaba formado por pacientes con psicosis que no solían alucinar, cuyo diagnóstico se basaba en otros síntomas (como creencias delirantes), y el cuarto era una muestra de clarividentes que representaban la combinación opuesta: es decir, oían voces audibles a diario, pero no se les había diagnosticado ninguna enfermedad psiquiátrica.

Gracias a la combinación de cuatro grupos diferentes, Phil y sus colegas pudieron ver cómo su procedimiento de alucinación condicionada afecta al cerebro y al comportamiento en general, y también cómo tales influencias pueden diferir en las personas que tienen psicosis y en las que no, y también en quienes experimentan alucinaciones y quienes no.

Lo primero que hay que decir es que el procedimiento de condicionamiento funcionó. Después del período de aprendizaje sensorial, casi todas las personas de los cuatro grupos informaron haber alucinado un sonido que habían esperado, pero que en realidad no ocurrió. Sin embargo, y esto es lo importante, la tendencia a «oír» el sonido no reproducido resultó exagerada en los grupos que informaron haber experimentado alucinaciones previamente: aquellos que oían voces eran más propensos a tener alucinaciones condicionadas que aquellos que no. Además, la actividad cerebral registrada a lo largo del experimento reveló que los casos en que se informó un tono ilusorio coincidían con una actividad mejorada en la corteza auditiva, una región típicamente implicada en el procesamiento de sonidos. La observación es coherente con la idea de que la expectativa de arriba-abajo construida durante el condicionamiento bastó para activar las regiones cerebrales perceptivas como si fuera un «estímulo virtual».

Sin embargo, y esto es importante, el efecto se produjo en todos los que experimentaron alucinaciones, tanto los pacientes como los videntes. También es importante que no se detectaron predicciones de arriba-abajo demasiado fuertes en las personas con psicosis que no solían alucinar. Las observaciones indican que una tendencia a sobrevalorar el conocimiento previo en la construcción de la percepción no es un rasgo genérico de la enfermedad psicótica, sino que refleja un desequilibrio específico en la forma en que las hipótesis del cerebro fluyen hacia las experiencias subjetivas.

Este tipo de investigaciones tiene implicancias importantes. Algunas de ellas son bastante prácticas y afectan al modo en que los científicos estudian en realidad enfermedades mentales como la psicosis. Al entender que las percepciones falsas pueden existir sin alteraciones mentales más amplias, los científicos podrían identificar con mayor precisión qué es lo que falla en aquellos que desarrollan enfermedades debilitantes. Por ejemplo, la investigación de Phil revela que hay patrones de actividad cerebral que distinguen a las personas con enfermedades psicóticas de las que no tienen psicosis, pero esos patrones son distintos de los que se vinculan con las alucinaciones. Phil y sus colegas han argumentado, por lo tanto, que las personas sanas que oyen voces, como los clarividentes, pueden ser excelentes «ejemplos antagónicos» [36] para aquellos investigadores interesados en explicar la psicosis, ya que se aseguran de que sus teorías y modelos se centren en rasgos específicos del cerebro y el comportamiento que caracterizan las enfermedades mentales en particular, en lugar de la experiencia anómala en general.

Pero romper el vínculo entre la alucinación y el trastorno tiene implicancias más generales respecto de cómo pensamos la percepción en su conjunto. Si el cerebro percibe el mundo a través del filtro de nuestras teorías, las alucinaciones no tienen por qué reflejar un signo de enfermedad: no son más que una diferencia en la calibración. Una lección importante revelada por este tipo de investigaciones es que todas las personas, ya sea que estén sanas o enfermas, se sitúan en algún lugar de este continuo entre la experiencia normal y la anormal. Al saber eso, puede que pensemos con más humildad en la diferencia entre percibir y percibir erróneamente. Si la percepción es siempre una cuestión de ver a través de una hipótesis, nadie está en contacto directo con todos los hechos del mundo sensorial. Todos dependemos de predicciones e hipótesis para construir la realidad perceptiva que habitamos. Si esperamos encontrarnos con dioses y demonios, también podríamos empezar a verlos y oírlos. Pero incluso si no lo hacemos, proyectar nuestras predicciones en nuestras percepciones es una parte esencial de lo que nos permite a cada uno percibir el mundo. En un sentido muy real, cada uno ve lo que cree.

### ¿La vida no es más que un sueño?

Pero ¿no es esa idea un poco inquietante? Después de todo, una forma predictiva de pensar sobre el cerebro nos lleva a pensar que lo que se percibe podría no coincidir siempre con lo que realmente existe. ¿Significa eso que las inquietudes de Gilbert Harman eran correctas? ¿Existe un sentido en el que somos como un cerebro en una cubeta, experimentando una fantasía engañosa que no fue inventada por algún científico loco sino por el propio cerebro?

Cuando los filósofos y psicólogos se preocupan por este dilema, se lo denomina penetrabilidad cognitiva: la idea de que lo que sabemos contamina lo que percibimos. El problema aquí no es que los sentidos sean engañados de vez en cuando, sino una inquietud más profunda de que si las creencias pueden penetrar lo que se percibe, ya no podemos usar lo que percibimos para fundamentar lo que creemos. Si hacemos eso, podríamos entrar en un ciclo psicológico vicioso: empezamos a ver el mundo como esperamos que sea y usamos esa apariencia predecible para justificar la creencia que teníamos.

Pero no creo que debas preocuparte por esta verdadera pesadilla escéptica. El científico que tienes en el cráneo está tratando de percibir el mundo exterior con precisión, logrando un equilibrio entre la información entrante y las hipótesis que ya tiene. Si bien es posible que esas hipótesis dominen tus experiencias una que otra vez, tal dominio rara vez es absoluto. El vínculo entre la realidad y la experiencia rara vez se corta por completo.

Así que es importante no pasarse, no concluir que la percepción no es más que una ilusión porque el cerebro proyecta hipótesis e interpretaciones en las percepciones. En realidad, lo que ocurre es lo contrario. Ver el mundo a través de la lente de las teorías implícitas es una parte clave del correcto funcionamiento de la percepción. Es una característica, no un error, y sin una teoría para dar sentido a nuestros sentidos, el problema de la percepción sería imposible de resolver.

Esto revela algo importante, a lo que volveré a lo largo de este libro: el científico que tienes en el cráneo está, en última instancia, jugando a rastrear la verdad, tratando de formar una imagen de cómo es el mundo real elaborando teorías para explicarlo. Pero entender el mundo a través de la mejor teoría que puede elaborar tu cerebro da lugar a virtudes y también a vicios. El cerebro termina haciendo las inferencias correctas cuando la expectativa y la realidad coinciden, pero pueden surgir inferencias falsas cuando la predicción y la realidad difieren. Por lo tanto, ver el mundo a través de gafas teñidas de teoría puede aclarar u oscurecer, dependiendo de si las predicciones se corresponden o no con cómo es el mundo en realidad.

De hecho, esta relación entre la expectativa y la realidad adquiere especial relevancia en el próximo capítulo, en el que exploro lo que sucede cuando el cerebro deja de *medir* la realidad que lo rodea y comienza a distinguir qué puede manipular y cambiar.

# 2
## Causa y efecto

En el libro *Book of Days* de 1864, el académico escocés Robert Chambers describe un extraño caso legal.[1] En 1457, ocurrió una tragedia en la aldea suiza de Lavegny, cuando los habitantes descubrieron el cuerpo sin vida de un niño pequeño, parcialmente devorado por una familia de cerdos.

Por supuesto, los aldeanos querían que se hiciera justicia. Pero en lugar de culpar a uno de los suyos, los habitantes de Lavegny organizaron un juicio para los cerdos. Al final, la cerda fue declarada culpable de asesinato y condenada a muerte por el tribunal. Sin embargo, sus cochinillos fueron absueltos, ya que eran muy jóvenes para comprender la gravedad del crimen que habían cometido.

Los juicios a animales no eran insólitos en la Europa medieval; de hecho, los libros de historia están llenos de casos como el de los cerdos de Lavegny. Pero a ojos modernos, no cabe duda de que someter a juicio a un animal de granja es de lo más extraño, porque la mayoría pensamos que criaturas simples como los cerdos carecen de la conciencia sobre la acción y el resultado que nos distingue como humanos, la conciencia en la que se basan conceptos como la responsabilidad y la culpa.

En el capítulo anterior, expliqué que el cerebro construye una imagen del mundo físico que lo rodea. El científico que tienes en el cráneo no está en contacto directo con el mundo exterior, sino que escucha sus sensores e instrumentos, y formula teorías para intentar dar sentido a lo que significan las mediciones. Es a través de esas teorías que percibes tu entorno: desde la sonrisa en el rostro de un amigo hasta el calor del sol en tu piel, o la sensación de este libro en tu mano.

Pero, por supuesto, en el cerebro suceden muchas más cosas que solo medir el mundo que te rodea. Los seres humanos no somos solo receptáculos pasivos, antenas para captar las señales que emanan de nuestro entorno. No queremos crear un modelo del mundo por el mero hecho de hacerlo. Queremos interactuar, intervenir y darle forma. En resumen, queremos *actuar*.

Este es otro lugar donde se profundizan las similitudes entre tu cerebro y el científico. Cuando los científicos elaboran teorías para describir el mundo que los rodea, los modelos no se limitan a descripciones pasivas. Describen cómo encaja cada parte del mundo: causa y efecto. Armados con estos modelos de cómo funciona el mundo, los seres humanos pueden actuar e intervenir. A partir de los modelos de cómo funcionan los virus, se pueden elaborar vacunas para controlarlos. Los modelos del clima nos indican qué debe hacerse para detener el calentamiento global.

En las diversas disciplinas, los científicos intentan desenredar una serie de cadenas interconectadas de causa y efecto, investigando las relaciones entre muchas características diferentes del mundo físico. Pero para el científico que tienes encerrado en la cabeza, una causa reviste particular interés: *tú*.

Para guiarte por este mundo material, tu cerebro necesita construir un modelo causal de *ti*: una teoría sobre las cosas que tus acciones pueden causar, definir y controlar, y aquellas en las que tus acciones no pueden influir. Puedes imaginar que cada acción que haces en tu entorno es como un pequeño experimento realizado por tu cerebro, cuyos resultados retroalimentan y afinan tus teorías sobre lo que puedes controlar y lo que no.

Son esas teorías, esperas tú, las que te distinguen de los cerdos de Lavegny. La razón por la que podrían juzgarte a *ti* por asesinato es que tu cerebro ha formado una teoría sobre ti y tus acciones, y sobre cómo tus acciones causan ciertos resultados. Eso significa que puedes entender los efectos que causas y que se te puede considerar culpable por sus consecuencias.

Pero, al igual que en la ciencia misma, incluso las mejores hipótesis pueden estar equivocadas. Los modelos de causa y efecto en los que nos situamos pueden estar distorsionados, ser inexactos o estar incompletos. Al estar equipados con tales hipótesis falsas, podemos acabar experimentando un sentido de agencia sobre cosas que no podemos controlar, o perder el sentido de poder influir en las cosas en que sí podemos.

## Manos ajenas y caminatas sobre el agua

Existen casos en neurología y psiquiatría en los que parece que el cerebro del paciente comienza a considerar hipótesis sumamente inadecuadas sobre la acción, la causa y el efecto.

Uno de esos casos es el llamado síndrome de la mano ajena, que puede ocurrir tras un daño en la corteza frontal o en el cuerpo calloso del cerebro. Quienes padecen este síndrome experimentan una sensación inquietante en la que una de sus manos (o, en algunos casos, un pie) comienza a moverse por su cuenta. La parte del cuerpo ajena parece estar desconectada de la voluntad consciente de su dueño, actuando según un plan propio que incluso podría entrar en conflicto con las intenciones y los deseos del paciente.

Por ejemplo, en un informe, [2] una paciente describe que su mano ajena, de repente, tomaba un lápiz y comenzaba a garabatear de maneras que no podía controlar conscientemente. «No hace lo que quiero que haga», dijo a los neurólogos. Otra contó que empezó a preocuparse tanto por su mano rebelde que comenzó a atarse el brazo por la noche para evitar «malos comportamientos nocturnos».[3]

Por supuesto, desde un punto de vista físico, no hay nada extraño en términos de causa y efecto. La mano ajena del paciente no está bajo el control de una fuerza externa, ni manipulada por algún espíritu sobrenatural. De hecho, todos los movimientos de los dedos desobedientes son controlados genuinamente por el cerebro del paciente. Sin embargo, algo ha fallado, y la persona, de algún modo, se ha desvinculado de esa realidad; su cerebro inventa una hipótesis errónea según la cual los movimientos son provocados por una fuerza externa.

Lo curioso es que parece ocurrir un problema prácticamente opuesto en otro síndrome neurológico: la anosognosia de la hemiplejía. Muchos pacientes, tras sufrir un accidente cerebrovascular, pueden acabar con parálisis en el lado opuesto del cuerpo —hemiplejía— de manera tal que un accidente cerebrovascular en el lado izquierdo del cerebro produce una parálisis en el lado derecho del cuerpo (y viceversa). Sin embargo, sucede algo muy extraño entre el inusual subconjunto de pacientes que desarrollan anosognosia. Aunque los pacientes están paralizados por completo, incapaces de mover un lado entero de su cuerpo, niegan fervientemente que tengan algún problema.

V. S. Ramachandran[4] relata este intercambio entre un médico y una paciente con anosognosia, postrada en la cama y con todo el lado izquierdo de su cuerpo paralizado:

Médico: Señora. F. D., ¿puede caminar?
F. D.: Sí.
Médico: ¿Puede mover las manos?
F. D.: Sí.
Médico: ¿Las dos manos tienen la misma fuerza?
F. D.: Sí, claro.

Ramachandran describe otra entrevista a la misma paciente:

Médico: ¿Puede aplaudir?
F. D.: Sí, claro que puedo aplaudir.
Médico: ¿Puede aplaudir, por favor?

En ese momento, la paciente comenzó a aplaudir a medias con la mano derecha, que no estaba afectada. Llevaba la mano al centro de su cuerpo, como si se conectara con una mano izquierda imaginaria, mientras que la mano izquierda, que estaba paralizada, yacía inmóvil a su lado.

Médico: ¿Está aplaudiendo?
F. D.: Sí, estoy aplaudiendo.

Las personas con anosognosia parecen tener precisamente el problema opuesto al de aquellos con síndrome de la mano ajena. En el caso del síndrome, los pacientes comienzan a contemplar la hipótesis de que *no* controlan acciones que su cerebro en realidad sí controla, pero los pacientes con anosognosia están convencidos de que pueden controlar partes del cuerpo que en realidad *no* pueden.

El trastorno de la conciencia de la acción no se limita a casos de daño cerebral grave. También pueden surgir creencias falsas sobre la acción y el control en el contexto de enfermedades mentales. Un ejemplo especialmente significativo proviene de los delirios sobre la acción que se manifiestan en enfermedades psicóticas como la esquizofrenia. Durante los episodios psicóticos, las personas pueden desarrollar delirios de grandeza y creer que tienen el poder de influir en aspectos del mundo externo que, objetivamente, no pueden controlar.

Una paciente,[5] una joven británica identificada con el seudónimo «Sophie», relató a los psicólogos que, debido a sus delirios de grandeza, creía que podía caminar sobre el agua o volar: «En algunos casos no pensaba en dónde intentaba [caminar sobre el agua]. Así que a veces justo era un sitio poco profundo [...] pero también en sitios más profundos, y [...] sitios de donde me podría haber costado salir [...] Podría haber salido muy, muy mal si las cosas hubieran sido ligeramente distintas».

Cuando Sophie explicó que saltaba de objetos esperando poder volar, el entrevistador le pidió que describiera la cosa más alta de la que había saltado. Sophie respiró hondo, hizo una pausa y respondió: «No lo recuerdo del todo. Y no quiero recordar. No sé si se entiende».

Las experiencias como la de Sophie, o las de personas con daño cerebral, pueden resultar tan inquietantes porque se alejan radicalmente de las intuiciones comunes que tenemos sobre la acción y la conciencia. Por lo general, consideramos que la imagen que nos presenta el cerebro sobre lo que podemos hacer y lo que no es bastante precisa, pero los anteriores son casos claros en los que la imagen se ha distorsionado gravemente, y el cerebro provee creencias extrañas sobre lo que pueden lograr nuestras acciones y lo que no.

## Ilusiones de control

Puede ser tentador pensar que los casos inusuales como estos no son más que curiosidades. Quizá ilustran cómo la conciencia de la acción podría quebrarse profundamente *en principio*, pero si tienes la suerte de evitar un daño cerebral grave o de nunca experimentar un episodio psicótico, podrías pensar que las hipótesis que construye tu cerebro sobre ti y tus acciones son bastante precisas. Pero eso puede no ser cierto, ya que algunas distorsiones en el sentido de control parecen afectarnos a todos.

A los psicólogos les resulta de particular interés lo que se conoce como «ilusiones de control». Estas ilusiones surgen cuando experimentamos la sensación de que podemos influir en eventos que, objetivamente, no podemos controlar. Por ejemplo, en la década de 1960, el antropólogo estadounidense James Henslin[6] observó el comportamiento de los taxistas de Nueva York mientras apostaban sus ingresos en juegos de crap en la acera. Henslin observó que cuando los taxistas necesitaban sacar un número más alto para ganar una partida, lanzaban los dados con más fuerza, y cuando necesitaban un número más bajo, lanzaban los dados más despacio, a pesar de que eso no afecta a qué números saldrán.

Pero las ilusiones de influencia y control son más comunes que las supersticiones de los jugadores. Tomemos como ejemplo el fenómeno más generalizado de los «botones placebo».[7] En todo el mundo, las personas que viven en ciudades interactúan a diario con una serie de botones, palancas, diales y llaves, por ejemplo, para cambiar la luz del semáforo en un cruce, llamar a un ascensor o ajustar la temperatura en el trabajo. Sin embargo, muchos de esos botones no hacen nada en absoluto: los que controlan los semáforos en los pasos peatonales de los centros metropolitanos se han reemplazado en su mayoría por temporizadores computarizados, y los termostatos placebo de los lugares de trabajo en realidad no alteran la temperatura programada en el sistema central. Sin embargo, si sentimos un poco de frío o queremos que cambie la luz del semáforo, millones de personas seguimos presionando esos botones placebo y tenemos la sensación de estar provocando un cambio a nuestro alrededor, aunque en realidad eso no suceda.

Esas mismas experiencias ilusorias se manifiestan en experimentos de psicología controlados. En la Universidad de Pensilvania, Lauren Alloy y Lyn Abramson[8] desarrollaron un paradigma de gran influencia. En este experimento, las investigadoras presentaron a los voluntarios un aparato simple: un botón conectado a una bombilla.

Solo debían presionar el botón tantas veces como quisieran y juzgar hasta qué punto presionar el botón influía en el parpadeo de la bombilla. Las autoras observaron un resultado sorprendente: los participantes sanos (es decir, aquellos que no habían informado de ninguna enfermedad mental) mostraron un sesgo persistente al sobreestimar su grado de control, ya que pensaban que podían influir en el parpadeo de la luz, a pesar de que el botón y la bombilla no tenían conexión alguna.

Debido a observaciones como la anterior, algunos psicólogos piensan que la madre naturaleza ha programado sesgos de grandeza en nuestro cerebro. Según ese razonamiento, las personas no prestan atención a lo que el mundo les dice sobre la relación de causa y efecto, sino que confían en una suposición preconcebida de que sus acciones siempre pueden marcar la diferencia. Dicha idea puede respaldarse con estudios de simulación evolutiva, que imaginan lo que podría haber sucedido en el pasado ancestral y qué tipos de criaturas habría seleccionado la selección natural. En tales estudios, se revela una «ventaja de selección»[9] en aquellas criaturas que tienen una visión presuntuosa de sus propias habilidades, en comparación con otras que tienen una percepción más realista de los eventos que pueden condicionar y los que no. En esta imagen, todos descendemos de aquellos primates valientes que confiaron en sí mismos para ganar una pelea, evitar a un depredador, seducir a una pareja y, al final, sobrevivieron, se multiplicaron y nos transmitieron esa disposición.

Una idea complementaria es que necesitamos tener estos sesgos poco realistas programados en la cabeza para mantener la cordura. Incluso si hay muchas cosas que no podemos controlar, experimentar un sentido de agencia, incluso aunque sea ilusorio, podría constituir el núcleo de una motivación y una autoestima saludables,[10] o al menos eso es lo que se dice. Sería posible respaldar esta idea con la observación de que las ilusiones de control parecen estar atenuadas o ausentes en las personas deprimidas; Alloy y Abramson afirman que este grupo puede estar «más triste pero [ser] más sabio». Es como si en la depresión se cayera la venda de los ojos y viéramos con total claridad lo impotentes que somos en realidad. Para estos pensadores, estar deprimido significa ser realista, mientras que estar sano es estar engañado.

Tales ideas están muy difundidas entre psicólogos y neurocientíficos. Y resulta bastante atractivo pensar que estamos predispuestos a sostener ideas delirantes positivas de nosotros mismos y nuestros poderes causales. Sin embargo, por más atractivo que parezca ese pensamiento, no creo que sea del todo correcto. De hecho, pienso que las ilusiones de control observadas en el laboratorio y en la vida real son solo una consecuencia inevitable de cómo el cerebro construye hipótesis sobre lo que se puede controlar.

## Por qué la economía no es como el béisbol

Una fuente importante de evidencia de la que se vale tu cerebro para formular hipótesis sobre el control son las correlaciones que percibimos entre nosotros y el entorno. Como ya he mencionado, cada acción que realizas es como un pequeño experimento, y tu cerebro monitoriza el resultado. Presionas un interruptor y ves si se encienden las luces. Cuentas un chiste y ves si alguien sonríe. Al rastrear las correlaciones entre acciones y resultados, tu cerebro puede reunir evidencia sobre qué eventos están bajo tu control y qué puedes hacer para condicionarlos.

Pero construir hipótesis sobre lo que se puede controlar basándose en correlaciones supone un problema: como suele decirse, la correlación no implica causalidad. En sistemas complejos, en los que distintas causas compiten por influir en un resultado determinado, es posible experimentar coincidencias completamente espurias entre el mundo y tus acciones, incluso cuando no estás controlando las cosas en realidad.

Imagina que eres el alcalde de Londres y quieres abordar los delitos violentos. Podrías hacer algunos cambios en la fuerza policial y luego observar si las tasas de homicidios comienzan a aumentar o disminuir. O imagina que eres el primer ministro y estás tratando de revitalizar la economía del Reino Unido. Reorganizas la estructura fiscal: subes algunos impuestos, recortas otros, y observas si sube o baja el PBI. O también podrías imaginar que eres el nuevo CEO de una gran empresa, que llega para hacer una reestructuración del personal o entrar en nuevos mercados, y que está atento al efecto de esos cambios en el precio de las acciones.

En todos los casos anteriores, podría parecer perfectamente racional interpretar cualquier cambio en los resultados como *consecuencias* de las acciones que podrían tomar los alcaldes, los ministros o los ejecutivos. Si la delincuencia disminuye, el alcalde podría ser elegido para otro mandato, mientras que eso quizá no ocurra si la economía flaquea. Es muy posible que un CEO que está a cargo de una empresa cuando se desploma el precio de las acciones termine buscando trabajo pronto.

Sin embargo, de acuerdo con algunas investigaciones, responsabilizar a los líderes de esa manera podría ser una total injusticia. Según el análisis detallado de los datos de parte de científicos políticos,[11] parece que los efectos que cada uno de los líderes tiene sobre los resultados que les importan pueden ser prácticamente insignificantes. Los alcaldes en realidad no pueden influir en las tasas de delincuencia, los políticos no pueden domar la economía y los CEO no parecen tener un impacto fiable en el rendimiento económico de sus empresas. De acuerdo con el análisis, si se cambiara a todos los líderes de lugar, no habría ninguna diferencia.

(Como una acotación al margen, parece que no todos son impotentes. Por ejemplo, con los mismos métodos de investigación, se determinó que las medidas tomadas por los entrenadores deportivos sí parecen tener un impacto muy grande en el desempeño de su equipo cada temporada. Así que, quizá, si quieres invertir tu energía en un sitio donde realmente haga una diferencia, deberías dejar de lado la política o los negocios y centrarte en el béisbol).

Ahora bien, incluso si estos científicos políticos tienen razón, y los políticos y los CEO no pueden hacer nada para controlar cosas como la delincuencia, el crecimiento económico y el precio de las acciones, no resulta extraño que *piensen* que sus acciones están marcando la diferencia. No hace falta tener extraños delirios de grandeza para pensar que los cambios en la política de seguridad podrían influir en las tasas de homicidios, o que modificar el sistema fiscal podría influir en el PBI. En estos casos, el entorno que intentan influir y controlar es una compleja confluencia de diversas causas, muchas de las cuales están ocultas. Puede que con toquetear el sistema fiscal de Gran Bretaña se termine cambiando su PBI, pero el crecimiento económico podría tener más que ver con las fluctuaciones en el precio internacional del petróleo, los efectos de conflictos lejanos en las rutas comerciales globales, o las alteraciones generadas por el cambio climático en cosechas al otro lado del mundo. Si eres un político que intenta controlar la economía, estas y otras innumerables fuerzas estarán acechando en el fondo y afectando las cifras de crecimiento, pero es probable que lo único que veas son las medidas que estás tomando y los resultados que parecen generar. Si aparentemente las cosas cambian, para bien o para mal, es natural pensar que tú fuiste el agente del cambio. No puedes ver las causas de fondo, porque permanecen ocultas en el fondo.

Se puede imaginar que ocurre algo similar, aunque en una escala más pequeña, mientras interactúas con tu entorno. Tú y tu cerebro también están inmersos en un enredo complejo de innumerables causas y efectos. Hay algunas cosas en las que puedes influir a través de tus acciones, pero también hay muchas causas que no puedes ver.

Desde este punto de vista limitado, el científico que tienes en el cráneo tiene que construir una hipótesis razonable sobre lo que puedes controlar y lo que no. Si otras causas permanecen ocultas, puede que la hipótesis más razonable que tu cerebro pueda formular sea que tus acciones están controlando tu entorno, incluso si las correlaciones que pareces experimentar en realidad no son más que coincidencias espurias.

Junto con mis colegas Carl Bunce y Clare Press, me pregunté si este tipo de sensibilidad a las correlaciones espurias podría explicar el origen de las ilusiones de control. Realizamos algunos experimentos[12] en el laboratorio para ver si estas «ilusiones» de control podrían en verdad reflejar hipótesis perfectamente razonables elaboradas por el cerebro al enfrentarse a las vicisitudes y los caprichos del azar.

No les pedimos a nuestros voluntarios que intentaran controlar una empresa de la lista Fortune 500 ni las tasas de homicidios en una capital. Nos centramos en algo mucho más pequeño: un punto blanco que se movía en la pantalla de un ordenador. Les pedimos a los voluntarios que movieran las manos sobre un rastreador de movimiento mientras observaban el punto ondular de un lado a otro de la pantalla. A veces, hacíamos que el punto siguiera lo que hacían las manos de los participantes; otras veces, el punto estaba programado para seguir un camino controlado por el ordenador. Todo lo que los participantes tenían que hacer era decirnos cuándo pensaban que podían controlar el punto y cuándo creían que no.

En este entorno, las personas generalmente podían distinguir entre el control y su ausencia, pero igualmente abundaban las ilusiones de control. En muchos casos, los voluntarios pensaban que sus acciones podían controlar el camino que seguía el punto, a pesar de que, en realidad, no tenían ninguna influencia sobre él.

Sin embargo, lo que nos resultó más curioso fue que las ilusiones de control no eran aleatorias. Resultó que las personas comenzaban a alucinar control sobre el punto cuando, por pura casualidad, experimentaban correlaciones aleatorias entre lo que estaban haciendo y el comportamiento del punto.

Cuando simulamos lo que podría estar sucediendo dentro del cerebro de los participantes mientras tomaban sus decisiones, descubrimos que cierta sensibilidad a estas coincidencias espurias bastaba para explicar el origen de las ilusiones. Es decir, las personas no experimentan necesariamente ilusiones de control porque tengan programados instintos de grandeza que exageran esos sentimientos; puede que solo estén actuando de manera racional. Piensan que tienen control de lo incontrolable, porque *parece* que es así. La hipótesis que ha formulado el cerebro es objetivamente incorrecta: no está controlando el punto *de verdad*, pero es una hipótesis que se ajusta muy bien a los datos, y por lo tanto, es una que el científico que tienes en el cráneo respaldará con gusto.

Los científicos nunca pueden desentrañar la realidad de forma directa. Solo pueden hacer experimentos, tomar mediciones y tratar de encontrar una explicación que dé sentido a los datos de la muestra. Lo mismo se aplica a tu cerebro: no puede desentrañar la realidad para ver las cadenas de causa y efecto que acechan en el fondo. Solo puede formular una explicación que se ajuste a todos los hechos que está observando. Sin embargo, al igual que en la ciencia, es posible que el cerebro formule una explicación que se ajuste a todos los hechos de la experiencia actual, pero que también resulte falsa.

Al reconocer que vemos la relación de causa y efecto de manera incompleta, a través de la lente de una hipótesis en particular, somos capaces de comprender de otro modo cómo nuestros sentimientos de causalidad y control pueden distorsionarse hasta un punto inquietante y escandaloso.

## Obligar a alguien a actuar

A principios de la década de 1990, Janyce Boynton [13] se desempeñaba como terapeuta del habla, y trabajaba con niños con necesidades especiales. Una de sus estudiantes se llamaba Betsy Wheaton, una joven de dieciséis años. Betsy tenía serias discapacidades de aprendizaje, por lo que era incapaz de expresarse verbalmente y, por ende, de comunicarse con quienes la rodeaban.

Un colega le sugirió a Boynton que probara una técnica innovadora: la comunicación facilitada. La técnica estaba basada en la idea de que los pacientes no hablantes, que de otro modo no podían comunicarse, podrían poseer una «alfabetización oculta» a la espera de liberarse. Y con el apoyo adecuado, podrían desbloquearse esas voces silenciadas.

En una sesión de comunicación facilitada, un «estudiante» trabaja con un facilitador, que guía las interacciones del primero con un teclado u otro dispositivo que le permite superar sus dificultades con el habla oral y la motricidad fina. Con la ayuda del facilitador, el estudiante puede utilizar el aparato para expresar ideas y sentimientos que de otro modo nadie escucharía.

En muchos casos, los resultados parecían milagrosos. Boynton vio en talleres ejemplos sorprendentes de textos escritos por estudiantes durante las sesiones de facilitación. Un niño, que nunca había hablado antes de comenzar la terapia, ahora podía componer poesía compleja. En su caso, y en muchos otros, parecía que la terapia ofrecía una forma de liberar mentes vivas selladas tras una boca sin palabras.

Boynton pensó que valía la pena intentarlo. Realizó un curso en la Universidad de Maine y comenzó a desempeñarse como facilitadora, ansiosa por ver si la nueva técnica también permitiría que las ideas de Betsy fluyeran con libertad.

En las primeras sesiones, Boynton le hacía preguntas a Betsy y le sostenía el brazo mientras ella señalaba símbolos en un tablero de letras para escribir sus respuestas. El progreso inicial era prometedor. Betsy comenzó a señalar «sí» y «no», o a componer algunas oraciones de pocas palabras.

Con el tiempo, la comunicación se volvió aún más fluida. Betsy señalaba el tablero de letras para ofrecer opiniones, contar historias o expresar su propio sentido del humor incipiente. Los resultados eran increíbles. Parecía que, a través de la facilitación, por fin Betsy podía compartir su mente con Boynton y con quienes la rodeaban.

Pero, a medida que avanzaban, la terapia parecía sacar a la luz algo más oscuro. En una sesión, en la que Betsy ya manifestaba un nerviosismo inusual, comenzaron a aparecer mensajes en la página que hicieron sospechar a Boynton de la posibilidad de que la paciente corriera riesgo en su casa. Le preocupaba que fuera víctima de abuso.

Boynton consultó con sus colegas y dio la voz de alarma, informando a la policía y a los servicios sociales. Por la seguridad de la joven, las autoridades debían investigar a fondo las sospechas. Unos días después, en su sala de terapia habitual, la policía entrevistó a Betsy. Un oficial le hizo una serie de preguntas abiertas para intentar entender qué podría estar sucediendo en la casa. Por supuesto, Boynton estaba allí para facilitar sus respuestas.

Al parecer, se confirmaron sus peores miedos. Después de algunas preguntas, Betsy comenzó a describir en detalle el abuso sexual al que la sometía su padre. Las autoridades actuaron de inmediato. Betsy y su hermano fueron separados de sus padres y ubicados en un hogar de acogida. Imputaron tanto a su padre como a su madre.

El caso de Betsy no es el único. Ha habido varios otros casos impactantes en los que jóvenes vulnerables, a quienes se les dio voz por primera vez a través de la comunicación facilitada, dieron su testimonio sobre abusos perpetrados a puertas cerradas. A partir de esas declaraciones, se han retirado a niños de sus familias y se han presentado cargos contra los acusados.

Pero hay un problema grave. El testimonio obtenido a través de la comunicación facilitada es en sí mismo una ilusión. Las palabras que se escriben en estas declaraciones gráficas no son redactadas por el niño. En realidad, las acusaciones son escritas inconscientemente por el facilitador bien intencionado, que mueve el brazo del niño mientras este deletrea sus mensajes. En casos como el de Betsy, no había habido ningún abuso. Todo lo que Betsy dijo, incluidas las falsas acusaciones de agresión sexual, era un invento involuntario de la terapeuta facilitadora.

En sus sesiones, facilitadores como Boynton de verdad *pensaban* que era la mano del estudiante la que escribía los mensajes. Pero tras pruebas cuidadosas, se ha demostrado de manera concluyente que es el facilitador, no el estudiante, quien guía la mano y escribe las palabras.

Por ejemplo, en una prueba, los psicólogos le mostraban una imagen al facilitador y al estudiante, y luego pedían a este último que informara sobre lo que acaba de ver en su tablero de letras. Sin embargo, mediante un juego de manos, los científicos mostraban imágenes distintas al estudiante y al facilitador: uno podía ver un plátano, mientras que el otro veía un zapato. Los investigadores podían entonces establecer si el mensaje escrito coincidía con lo que vio el estudiante o con lo que se mostró al facilitador.

Después de «revelar» las acusaciones contra los padres de Betsy, Boynton se sometió a este tipo de pruebas. Al no tener más evidencia contra los Wheaton, se convocó a psicólogos para investigar si el testimonio extraído a través de la facilitación podía ser confiable. Y al realizar la prueba de nombrar imágenes, se reveló, en cada ocasión, que la respuesta escrita en la página coincidía con la imagen que había visto Boynton, no la que se le había mostrado a Betsy. Esto solo podría suceder si los mensajes provenían, en última instancia, de la mente de Boynton en lugar de la de Betsy.

A partir de las pruebas, Boynton se convenció de que, si bien no le parecía, debía de haber sido ella quien guiaba la mano de Betsy. Se dio cuenta de que el increíble progreso de la paciente y sus increíbles acusaciones eran precisamente eso: increíbles.

Los cargos contra los Wheaton fueron retirados y los niños regresaron a su hogar. Pero incluso con los padres absueltos, continuaron circulando rumores terribles en el pueblito. En muchos aspectos, el daño ya estaba hecho.

La comunicación facilitada ha sido completamente desacreditada por la comunidad científica. A raíz de casos como el de Betsy, la Asociación Estadounidense de Psicología publicó una resolución especial en la que se declaró que toda la evidencia científica disponible apuntaba a la conclusión de que las ideas y los sentimientos «desbloqueados» por los facilitadores son invenciones, fabricadas de manera inconsciente o involuntaria por ellos mismos. Cualquier testimonio obtenido a través de esta técnica debe considerarse poco confiable, a menos que se demuestre lo contrario.

Pero aunque los científicos hayan desacreditado esta práctica, los casos como el de Betsy igual plantean una pregunta preocupante: ¿cómo es posible que profesionales inteligentes y serios como Janyce Boynton caigan en estas experiencias completamente falsas? ¿Cómo puede nuestra mente engañarnos de tal manera que escribamos un mensaje con la mano de otra persona, pero pensemos que esa persona es la que nos mueve? O, como pregunta Boynton en su propio relato: «¿Cómo pudo suceder esto? ¿Cómo pudieron mis acciones causar tanto dolor y devastación? [....] ¿Cómo no supe que era yo la que movía la mano de la niña?».

Bueno, si volvemos a pensar en el cerebro como un científico encerrado en un cráneo que elabora teorías sobre la relación de causa y efecto, podemos empezar a explicar el «cómo». Como ya he mencionado, el problema esencial que tiene tu cerebro es que está inmerso en una compleja red de causa y efecto, pero muchas de las causas que están fuera de tu control son imposibles de observar de modo directo. Por lo tanto, la forma en que interpretes tus propias acciones puede cambiar radicalmente, dependiendo de lo que ya crees.

De hecho, mis colegas y yo hemos observado más evidencia que respalda esta idea en el laboratorio, donde hemos descubierto que podemos manipular las experiencias de control de las personas cambiando sus creencias de fondo sobre la relación de causa y efecto.[14]

Los estudios en sí son bastante simples. Nuestros voluntarios realizan la misma tarea que describí antes, en la que tienen que juzgar si influyen en el movimiento de un punto que podrían estar controlando o no. A partir de esos juicios, podemos identificar si los voluntarios tienen sesgos que los llevan a sentirse pasivos o a tener un sentido de grandeza, y podemos medir con cuánta precisión distinguen la influencia real de la ausencia de esta.

El elemento clave que añadimos a estos nuevos experimentos fue una manipulación de lo que debían esperar los voluntarios. Se le dijo a cada participante, en diferentes etapas del experimento, que el punto en movimiento probablemente sería controlado por ellos, o que probablemente sería controlado por el ordenador (estas expectativas, como resulta, también se cumplieron a medida que avanzaba el estudio).

Así, pudimos observar qué sucedía con el sentimiento de control de los participantes a medida que contemplaban distintas hipótesis sobre si eran probablemente el agente en control, o si los eventos eran controlados por alguna otra fuerza externa.

Observamos algo clave: al implantar las distintas hipótesis en la mente de nuestros voluntarios, alteramos su sensibilidad a las señales de causa y efecto. Cuando las personas esperan estar en control, se vuelven más sensibles a las correlaciones entre acción y resultado, es decir, se vuelven más capaces de detectar conexiones genuinas entre su comportamiento y el entorno. Pero esta sensibilidad exagerada también significa que si las correspondencias son relativamente débiles, estas pueden evocar cierto sentimiento de influencia y generar ilusiones de control exageradas. Si ya crees que eres la causa de los cambios que ves a tu alrededor, eso es lo que acabas experimentando.

La imagen opuesta de este efecto es que creer que no causas los eventos que ves a tu alrededor puede desensibilizarte ante las mismas señales. Si ya crees que tu entorno está siendo moldeado por fuerzas fuera de tu control, te vuelves menos sensible a los vínculos entre el entorno y tus acciones. Las exactas mismas correlaciones entre nosotros y el mundo no logran activar la sensación de que estamos causando los eventos que se desarrollan ante nuestra vista. Por lo tanto, las expectativas de impotencia pueden crear un tipo diferente de ilusión: una ilusión de pasividad, en la que no experimentamos una sensación de control sobre los resultados que generamos de verdad.

Si llevamos esta idea del laboratorio al mundo real, comienza a surgir una imagen de cómo las ilusiones de pasividad podrían crear las experiencias extrañas e inusuales descritas por facilitadores como Janyce Boynton. Es probable que Boynton tuviera toda una constelación de creencias y expectativas previas mucho más rica que las simples que enseñamos a nuestros voluntarios en el laboratorio. Figuras confiables y creíbles —¡nada más y nada menos que psicólogos de universidades!— le dijeron que la comunicación facilitada era un tratamiento efectivo y legítimo. Era razonable pensar que esas afirmaciones eran ciertas. Además, es probable que los facilitadores tuvieran una sensibilidad especial por la vida interna de los jóvenes con los que trabajaban, y esperaban que hubiera ideas y sentimientos profundos que los niños deseaban expresar, si tan solo se les diera la oportunidad.

No debería considerarse que facilitadores como Boynton fueran personas muy ingenuas o impresionables. Podría haber sido de lo más sensato formar expectativas de que la terapia funcionaría y, por lo tanto, esperar que, con la dirección y el estímulo adecuados, jóvenes como Betsy Wheaton comenzaran a encontrar su voz, que hasta entonces había estado silenciada. En términos concretos, estas creencias generarían expectativas de que, durante las sesiones, las manos de Betsy se moverían *solas*, y por lo tanto, que las propias acciones de Boynton no estarían controlando las palabras que se formaban en la página. Ella esperaría actuar de modo pasivo.

Si los experimentos que mis colegas y yo estamos llevando a cabo van en la dirección correcta, la expectativa de pasividad se filtraría en las experiencias que construye el cerebro. Si una persona tiene la creencia sincera de que quien está en control es el estudiante que no habla, se desensibilizaría ante el hecho de que está guiando la mano del estudiante. Es posible que el facilitador sienta de verdad que los movimientos son guiados por el estudiante, pero la ilusión de pasividad sería igual a la sensación que tenemos cuando movemos los dedos sobre un tablero Ouija. Puede que sientas que te mueve una fuerza externa, pero los movimientos son todos tuyos.

### Aprender a ser un agente

El razonamiento anterior plantea una pregunta importante. Si tus experiencias de control (y de falta de control) sobre el entorno están profundamente condicionadas por las hipótesis que tienes sobre ti como agente causal, ¿de dónde provienen esas hipótesis en realidad? En nuestros experimentos, bastante artificiales, les decimos a los voluntarios de forma explícita si deben esperar estar en control o no, pero ¿es así la vida en realidad?

Conversé sobre eso con mi colaborador, Chris Frith. Chris es uno de los neurocientíficos cognitivos más distinguidos de estos tiempos, y es conocido por su trabajo sobre la psicología y los mecanismos neuronales que sustentan la acción y la conciencia, y cómo esos procesos pueden fallar en enfermedades como la esquizofrenia. Aunque Chris se jubiló de su cátedra en la University College de

Londres antes de que yo lo conociera, continúa trabajando en su despacho en el edificio Senate House de Londres, que por suerte está a la vuelta del mío.

La idea del libre albedrío ha sido un eterno problema para los científicos que intentan explicar la mente y el cerebro en términos mecanicistas. Si los seres humanos vivimos en un universo que funciona como un reloj, controlado por leyes físicas, donde todo lo que sucede ahora es el resultado de alguna causa física anterior, ¿en qué sentido puede decirse que una persona está en control de sus acciones? Si mi dedo aprieta el gatillo, puedo decir que «yo» he disparado el arma. Pero si adopto una perspectiva diferente, podría decir que el movimiento de mi dedo fue causado por la actividad electroquímica de mi cerebro, que a su vez fue provocada por reacciones fisicoquímicas dentro de mi cabeza milisegundos, minutos, horas, días, años antes.

Y todos los eventos físicos que ocurren en mi cerebro son, a su vez, producto de causas físicas que preceden por completo mi existencia. No tendría un cerebro en absoluto si un óvulo y un espermatozoide determinados no se hubieran encontrado en el momento justo. En teoría, es posible rastrear toda la cadena de eventos físicos que llevan a una acción y llegar al Big Bang. Si cada partícula de materia en el universo sigue leyes completamente deterministas, el acto físico de mi dedo apretando el gatillo estaba predeterminado desde el comienzo de los tiempos. Entonces, ¿en qué sentido *elegí* apretarlo?

Los filósofos y científicos le siguen dando vueltas al asunto (alerta de spoiler: no hay una respuesta definitiva). Pero los textos de Chris han ofrecido una perspectiva interesante sobre el problema. Según su razonamiento, la *idea* del libre albedrío es un ingrediente esencial para el buen funcionamiento de los grupos sociales humanos,[15] más allá de si el libre albedrío es en verdad real en algún sentido metafísico. La sociedad se aceita mediante los elogios a los actores virtuosos y los castigos impuestos a los malos, incluso si, en un sentido estricto, el libre albedrío es una ilusión y ni el santo ni el pecador controlan realmente su comportamiento. Un día podría llegar un filósofo ingenioso que demuestre que el libre albedrío no existe de ninguna manera, pero incluso si lo demostrara, sería una ilusión de la que las sociedades humanas no estarían dispuestas a desprenderse.

En el sentido más amplio, yo había pensado que la novedosa perspectiva de Chris era que las personas adquieren creencias sobre su poder causal al absorber lo que les dice el mundo social. Pero, siempre modesto, Chris me explicó que esta idea es mucho más antigua. Su esencia se remonta al menos hasta la antigua Grecia y el filósofo Epicuro. Este argumentó que nuestro sentido de responsabilidad es algo que heredamos de la cultura que habitamos.[16] Los niños aprenden, a través de regímenes de recompensa y castigo impuestos por sus mayores, que otras personas esperan que estén en control de sus acciones. Esa expectativa predeterminada sobre el control también permea las historias que nos contamos unos a otros sobre nuestras responsabilidades y las de los demás. Por ejemplo, el alegato «¡No lo hice a propósito!» solo es una excusa plausible si tu interlocutor espera que la mayoría de tus acciones, la mayor parte del tiempo, estén realmente bajo tu control intencional.

## Solo estaba siguiendo órdenes

Sin embargo, las teorías que heredamos del mundo social sobre las relaciones de acción y resultado, o de causa y efecto, pueden ser mucho más matizadas que simples imperativos de asumir la responsabilidad de nuestros actos. Hay otras ocasiones en las que las fuerzas sociales y culturales pueden programarnos de modo que sintamos que tenemos menos control sobre nuestras acciones, como cuando obedecemos las órdenes de otros.

En algunos aspectos, la obediencia es bastante mundana. Cuando «eliges» pagar tus impuestos o ponerte el cinturón de seguridad al conducir, estás inclinándote ante los decretos del estado en lugar de tomar tus propias decisiones. De igual modo, aunque no tan obvio, cuando te quedas tarde en el trabajo porque tu jefe te lo pide, o cuando aceptas reunirte con un pariente dominante en un momento y lugar poco convenientes, hay un sentido en el que tampoco eres libre. Nada más estás obedeciendo órdenes de otras personas que ejercen cierto control o cierta autoridad sobre ti.

Sin embargo, los psicólogos que estudian la obediencia tienden a preocuparse por cuestiones mucho más oscuras. Por ejemplo, gran parte del pensamiento serio sobre la psicología de la obediencia y la autoridad se inspiró en los horrores del Holocausto.

En 1961, el mundo siguió el juicio de Adolf Eichmann.[17] Este era nazi, y uno de los principales arquitectos del Holocausto. Se había escondido en Argentina tras la caída del Tercer Reich, pero fue capturado y llevado a juicio en Jerusalén por crímenes contra el pueblo judío.

En el juicio, la infame defensa de Eichmann fue que solo estaba siguiendo órdenes. El acusado se presentó como un funcionario, un instrumento del régimen. Los motivos de sus actos y la forma en que los justificó no estaban llenos de odio ni violencia: no era más que una persona que había obedecido las instrucciones de sus superiores y las leyes del país. Fue lo que la filósofa Hannah Arendt, enviada a cubrir el juicio por *The New Yorker*, luego denominaría «la banalidad del mal». Quizá no sorprenda que la defensa de Eichmann no convenciera a los jueces que lo juzgaron. Fue declarado culpable y enviado a la horca.

Pero la idea de Arendt de que la violencia podría ser «banal» terminó teniendo vida propia. Alrededor de la época del juicio de Eichmann, la naturaleza banal de la crueldad humana fue enfatizada aún más por un grupo de psicólogos en Estados Unidos y los notorios experimentos de Stanley Milgram. En los estudios de Milgram, [18] se ordenó a voluntarios comunes y corrientes, sacados de las calles de Connecticut, a administrar descargas eléctricas insoportables, según les habían dicho, a una persona desconocida. * Para sorpresa de los investigadores —y de quienes leyeron los informes de Milgram—, el estadounidense promedio mostró una docilidad notable. Todos los que fueron sometidos a la prueba llegaron a administrar una descarga de 300 voltios cuando se les indicó, y más de la mitad continuó hasta administrar una descarga

---

* Es posible que hayas oído hablar del experimento de Milgram. Pero en caso de que no lo conozcas, se diseñó de la siguiente manera. Dos «voluntarios» acudían al laboratorio de Yale y echaban a suertes quién sería el «estudiante» y quién el «maestro». Sin embargo, el sorteo estaba arreglado: en realidad, había un solo voluntario verdadero, al que siempre le asignaban el rol del maestro. El otro voluntario era en realidad un cómplice, que siempre era el estudiante.

Ambos eran llevados a una sala, donde sujetaban al estudiante a un dispositivo que parecía una silla eléctrica. Estaba conectado a electrodos controlados por una máquina en la sala contigua, que podía utilizarse para generar descargas dolorosas. Al maestro se le administraba una descarga breve para demostrar que la máquina funcionaba de verdad.

Luego, se llevaba al maestro a la sala contigua y se le daban las instrucciones. Aparentemente, la tarea del maestro en el experimento era leer una lista de pares de palabras a través del intercomunicador y, luego, poner a prueba la memoria del estudiante al presentar una palabra y ver si podía recordar la otra. Sin embargo, si el estudiante daba una respuesta incorrecta, se le indicaba al maestro que pulsara un botón que administraba una descarga a modo de castigo. Luego se le indicaba que girara el dial de la máquina, de modo que la próxima vez se administrara una descarga más fuerte.

Desde luego, el verdadero objetivo del experimento no era poner a prueba la memoria del estudiante, sino ver hasta dónde estaba dispuesto a llegar el maestro al administrar los castigos. Los puntos del dial de la máquina de descargas eléctricas tenían rótulos claros: «descarga fuerte», «descarga intensa» o «peligro: descarga severa». Todo el experimento también se llevaba a cabo bajo la atenta mirada del experimentador, quien, si el maestro dudaba o se resistía a castigar al estudiante, le informaba que no tenía opción y que el experimento requería que continuara.

de 450 voltios, identificada como «Peligro: descarga severa» en la máquina que estaban operando.

El trabajo que Milgram llevó a cabo en la década de 1960 ha persistido hasta la actualidad porque parecía revelar algo escalofriante sobre cómo personas aparentemente normales pueden ser coaccionadas para hacer daño a otros. Sin embargo, por muy influyentes que sean, este tipo de experimentos no explica cómo se hacen posibles dichos actos, ni cómo la coerción de otros puede transformar los sentimientos de responsabilidad y control.

La idea a la que siempre he vuelto en este capítulo es que no podemos rastrear la relación de causa y efecto en nuestras acciones de forma directa. Lo que hacemos es experimentar nuestras acciones y nuestro sentido de agencia a través de la lente de la mejor hipótesis que podemos formular: una teoría sobre qué partes del mundo podemos controlar y cuáles están controladas por fuerzas externas. Si esta idea es correcta, podemos perder nuestro sentimiento de responsabilidad por actos que se nos ordena cometer, precisamente porque creemos que ya no somos la causa detrás de esos efectos.

Los experimentos de Milgram se llevaron a cabo en una época turbia, antes de que la investigación psicológica se sometiera a cuidadosas revisiones de comités de ética. Sin embargo, más recientemente, los científicos se han inspirado en Milgram y han combinado esos experimentos con las herramientas de la neurociencia moderna para entender qué sucede en nuestro cerebro cuando creemos que solo seguimos órdenes.

Uno de los trabajos más interesantes corresponde a la neurocientífica cognitiva Emilie Caspar. En una versión del experimento de Caspar, [19] dos desconocidos (de verdad) entran en el laboratorio de psicología y se les asignan aleatoriamente los roles de «agente» y «víctima» (para mantener la equidad, los roles se intercambian a mitad del estudio). Se les dice a los participantes que van a jugar un juego en el que cada uno comenzará con un pago base de £15. Ese dinero está en el banco. Sin embargo, el agente puede aumentar sus ganancias si administra una descarga eléctrica a la víctima. Las descargas son desagradables, pero, a diferencia de los estudios de Milgram, los participantes de Caspar no creen que estén mutilando o asesinando a la persona que tienen delante. Sin embargo, cada vez que el agente pulsa el botón, se reproduce un sonido de advertencia, la víctima recibe la descarga y se añade una pequeña cantidad de dinero a su monto total.

Lo fundamental es que el experimento de Caspar entrelaza la libertad y la coerción a lo largo de este intercambio. En algunos ensayos, el agente es libre de comportarse como desee: la decisión de administrar la descarga depende de él. Pero en algunas versiones, el agente no toma las decisiones y se le indica que obedezca las instrucciones que le dé el experimentador. Si se le pide que pulse el botón de «descarga», se supone que debe hacerlo, quiera o no.

En este experimento, al igual que en la vida real, las instrucciones coercitivas no cambian las contingencias objetivas entre acciones y resultados. Ya sea que se les ordene o que elijan libremente, siempre es su dedo el que pulsa el botón que causa daño a la otra persona. Pero en este entorno sumamente controlado, es posible medir con mayor precisión cómo las órdenes coercitivas cambian nuestra experiencia subjetiva del control.

Una forma de ver esto es a través de una interesante ilusión perceptiva conocida como «unión intencional». Cuando realizamos una acción de forma voluntaria y esta genera un resultado, nuestra percepción del tiempo se distorsiona. El inicio aparente de la acción y el resultado se acercan en el tiempo. Por ejemplo, si presionas una tecla en un órgano de iglesia, por lo general, el sonido de la nota solo aparece después de una breve demora (porque lleva tiempo que el aire pase a través de los tubos del órgano). Aunque hay un retraso objetivo, las personas suelen tener la impresión subjetiva de que la pulsación de la tecla y la nota ocurrieron más cerca en el tiempo de lo que sucedió en realidad: la acción y el resultado parecen más simultáneos. Es importante destacar que esta unión subjetiva en el tiempo no suele ocurrir si los exactos mismos eventos son generados por una fuerza externa mientras permanecemos pasivos. Si otra persona o una máquina presiona involuntariamente tu dedo sobre la tecla, la ilusión desaparece.

Caspar descubrió que sus instrucciones coercitivas interrumpían la ilusión de unión intencional. Aunque seguía siendo la mano del participante —y no una fuerza externa— la que desencadenaba la descarga dolorosa, ocurría menos unión intencional en los resultados que los agentes producían por orden de otra persona. Una forma de interpretar tal observación es pensar que, cuando se le ordena a alguien lo que tiene que hacer, se disuelve el sentido subjetivo de causar los resultados, lo que podría explicar por qué puede comenzar a difuminarse nuestro sentido de la responsabilidad.

Con el diseño de ese experimento, también puede revelarse lo que sucede en nuestro cerebro mientras nos coaccionan a actuar. Para investigarlo, se le coloca al agente una gorra cubierta de electrodos que mide las ondas de actividad eléctrica generadas en su cerebro mientras realiza sus acciones y enfrenta las consecuencias.

Aquí, los investigadores estaban interesados en las ondas cerebrales N1, un componente de la actividad neural generado al procesar el sonido de advertencia que acompaña a la descarga que infligen a su compañero. La onda se origina en regiones cerebrales sensoriales y proporciona un indicador de nuestro grado de sensibilidad al procesar eventos que observamos del mundo exterior. Los aumentos y las disminuciones de la onda que se producen mientras actuamos pueden verse como un índice del grado de atención con el que monitoreamos los resultados de nuestras acciones.

Caspar y sus colegas observaron que la coerción reconfigura este rasgo del procesamiento sensoriomotor del cerebro. Cuando los agentes decidían generar las descargas por sí mismos, las ondas se potenciaban, como si el actor estuviera prestando especial atención a las consecuencias de sus acciones. Pero cuando se les ordenaba administrar las descargas, las ondas neuronales evocadas por sus resultados no se potenciaban de la manera habitual, sino que el cerebro mostraba una firma neural más parecida a lo que ocurre cuando las personas no son realmente responsables de causar un resultado, porque este se ha generado por una causa externa. Una posible interpretación de este fenómeno es pensar que, cuando nos limitamos a seguir órdenes, el cerebro experimenta los resultados como si de verdad fueran causados por algo (o alguien) más.

Los resultados obtenidos por Caspar y sus colegas son convincentes y nos dan una idea de *qué* cosa puede estar sucediendo en nuestro cerebro mientras obedecemos. Por sí solos, los resultados no nos dicen *por qué* cambian nuestras experiencias de control, pero si relacionamos estas observaciones con ideas que ya hemos estado considerando, podremos formar un panorama más completo.

Antes, vimos que nuestras hipótesis sobre lo que podemos controlar y lo que no ejercen una influencia importante en cómo nuestro cerebro construye sentimientos de agencia. Es más probable que experimentemos una sensación de control sobre lo que nos rodea cuando ya tenemos la creencia previa de que somos la causa de los cambios que observamos en nuestro entorno. De la misma manera, cuando dejamos de creer que nuestras acciones marcan la diferencia, nuestras expectativas pueden crear alucinaciones de pasividad y, por lo tanto, no experimentamos sentimientos de control sobre acciones que son en verdad nuestras.

También podemos interpretar hallazgos como los de Caspar a través de esta lente. Los modelos mentales que contemplamos sobre las cosas de las que somos responsables, en contraste con lo que se nos ha ordenado u obligado a hacer, podrían generar expectativas de que estamos en control o no. Caspar y sus colegas no llegan a dar este salto. Pero si pensamos que nuestros sentimientos de agencia o pasividad tienen un sesgo que nos dirige a nuestras creencias previas, podría ser que la coerción atenúe nuestra sensación de control precisamente porque manipula las teorías que contemplamos. Esperamos que, cuando estamos obedeciendo, ya no controlamos de verdad las consecuencias. Y entonces, el cerebro puede elaborar su propio modelo, en el que experimentamos que tales expectativas se hacen realidad.

Si eso fuera cierto, no esperaríamos que las órdenes coercitivas de figuras de autoridad *siempre* atenúen los sentimientos de control o responsabilidad. Dependería de las teorías y expectativas que contemple el actor, y de si se considera a sí mismo agente o instrumento.

Curiosamente, Caspar y sus colegas encontraron una forma ingeniosa de probar lo anterior: examinaron cómo influye la coerción en la sensación de control de personal militar que ha sido entrenado para dar órdenes o seguirlas. [20]

Caspar y su equipo replicaron los mismos experimentos, pero con grupos de soldados de la Academia Militar Real de Bélgica. Una versión en particular se centró en comparar a cadetes superiores, que estaban a medio camino en su formación para convertirse en oficiales militares, con soldados rasos de los rangos inferiores. Estos estratos de la jerarquía del ejército están expuestos a mensajes bastante distintos respecto de la responsabilidad y el control. Si bien tanto los cadetes superiores como los soldados rasos han estado en el ejército durante períodos similares, a los soldados se los entrena principalmente para seguir las órdenes de sus superiores, mientras que en el currículo de formación de los oficiales se resalta la importancia de asumir la responsabilidad por sus propias acciones y las de los soldados que están a su mando.

Los investigadores conectaron a los soldados a las mismas gorras de electrodos y registraron lo que sucedía en su cabeza mientras tomaban decisiones libres o seguían órdenes para infligir daño a otra persona. Los patrones de resultados obtenidos de los soldados rasos fueron cualitativamente similares a los de los civiles que participaron en el trabajo original de Caspar. Cuando un soldado raso elegía libremente dar una descarga a su compañero, se registraban ondas N1 aumentadas en el cerebro, pero estas se atenuaban si el sujeto administraba las mismas descargas bajo las órdenes de otro oficial. Al igual que nosotros, los soldados se desensibilizaban ante las consecuencias de sus acciones cuando creían que no tenían verdadero control.

Pero se registró un patrón bastante diferente en los cadetes superiores en proceso de convertirse en oficiales. En ellos no se observó ninguna modulación de dicha actividad cerebral bajo coerción. Ya fuera que eligieran libremente hacer daño al otro o que se les ordenara hacerlo, la actividad evocada por el resultado se mantuvo igual. Una forma de interpretar estos resultados es pensar que los futuros oficiales manifestaron una sensibilidad aumentada a las consecuencias de sus acciones, más allá de si las acciones eran libres o si ellos se limitaban a seguir órdenes.

Los investigadores afirman que la diferencia entre los dos tipos de soldados se reduce a la diferencia en su formación y a las creencias distintas que han asimilado. En particular, a los cadetes se les enseña explícitamente a poseer y mostrar altos niveles de influencia, responsabilidad y control que no se enseñan a los soldados rasos.

Esto nos lleva de nuevo al ámbito de las expectativas y a la idea de que nuestros modelos internos condicionan nuestra percepción de lo que podemos controlar. Tanto para el soldado raso como para el cadete, los hechos objetivos de la acción y el resultado son idénticos. Para ambos, es su dedo el que activa la descarga que afecta a la otra persona, ya sea por orden externa o no. Pero si se contemplan hipótesis distintas sobre la responsabilidad y el control, es posible que se altere la forma en que el cerebro monitorea las consecuencias de la exacta misma acción. A su vez, se desprende que mentes distintas experimenten diferentes niveles de control sobre un evento precisamente igual.

Tales resultados nos indican algo importante. La diferencia entre el cadete y el soldado raso nos muestra que nuestra mente no tiene simplemente una configuración predeterminada que hace que los sentimientos de control se disipen cuando seguimos órdenes. Lo que sucede es que el control que sentimos está mediado por las teorías que ya tenemos sobre nosotros y nuestras acciones.

Entender cómo eso podría permitirnos hacer daño a otras personas tiene su propio valor evidente. Pero también es importante la lección que aprendemos sobre la coerción en general. Cuando se nos ordena hacer cosas en nuestra vida cotidiana, también podríamos sentirnos ajenos a las consecuencias por las que somos responsables. Pero ese sentimiento no es obligatorio. Los sentimientos de pasividad o distanciamiento también podrían ser una consecuencia de las teorías respecto de las relaciones de acción y resultado, y de causa y efecto, adoptadas por tu cerebro. Sin embargo, la forma en que piensas sobre tus acciones ahora es solo un paradigma entre los muchos que tu cerebro podría considerar.

## Serenidad, valentía, sabiduría

En la «Oración de la serenidad» de Reinhold Niebuhr, el suplicante pide «la serenidad para aceptar las cosas que no puedo cambiar, la valentía para cambiar las cosas que sí puedo y la sabiduría para saber la diferencia». Algo que hemos aprendido en este capítulo es que tal sabiduría es muy difícil de alcanzar.

Tu cerebro está inmerso en un mundo físico complejo, nadando en las corrientes turbulentas de innumerables fuerzas. En este contexto, no está claro qué puedes controlar y qué no. Así que el cerebro, como un científico que intenta entender la relación de causa y efecto, lleva a cabo experimentos para rastrear las acciones con las que intervienes en tu entorno y para probar qué efectos puedes generar y qué partes del mundo puedes modificar y domar.

Sin embargo, el cerebro no observa los resultados de esos experimentos con una mirada inocente. Al igual que hace el científico, los interpreta a través de la lente de una teoría ya existente. Las personas ven sus intervenciones en el mundo a través del filtro de los modelos que ya tienen de la relación de causa y efecto. Y las teorías elaboradas por tu cerebro pueden influir profundamente en la sensación de control que experimentas.

Como ya hemos visto, las teorías del cerebro sobre la relación de causa y efecto tienen el potencial de engañar. Las conjeturas más plausibles que puede hacer el cerebro podrían generar una falsa sensación de influencia sobre lo incontrolable o, con igual nocividad, pueden distanciarnos de nuestras acciones, haciéndonos sentir pasivos e impotentes, cuando en realidad sucede lo contrario.

Pero no hay alternativa. No existe otra forma de ver la causalidad y el control *sin* el filtro de alguna teoría previa. Las cadenas causales en las que todos estamos inmersos son demasiado complejas, con demasiadas fuerzas ocultas a la vista. Nuestra única posibilidad de entender algo sobre la relación de causa y efecto es construir un modelo del mundo y situarnos en él. Necesitamos ver a través de alguna lente y debemos esperar que esta no distorsione drásticamente la verdad fundamental que estamos intentando captar.

En este capítulo, hemos observado distorsiones bastante dramáticas en la conciencia subjetiva: ideas delirantes, ilusiones y disoluciones del sentido de agencia que pueden generarse a partir de creencias erróneas sobre la relación entre acción y resultado. Podríamos pensar en estas distorsiones radicales de la conciencia como si surgieran de filtros muy torcidos, como los espejos de los parques de diversiones que reflejan una imagen deformada de lo que deberían representar. En la mayoría de los casos, puede que las imágenes que formamos de nuestras acciones y sus consecuencias no tengan las distorsiones de uno de esos espejos, pero incluso las alteraciones sutiles pueden ser importantes y darnos una sensación poco realista de cuánto podemos influir o no en nuestro entorno.

Pero, volviendo a la oración de Niebuhr, ¿en dónde quedamos con todo esto? ¿Deberíamos aceptar serenamente nuestra impotencia mientras nos golpean las olas del destino y la fortuna, o deberíamos enfrentarlas con valentía para condicionar y controlar lo que podemos? Con solo ver el cerebro como un científico que construye teorías, no llegaremos a respuestas claras. Sería posible acomodar los datos recopilados por nuestro cerebro sobre la relación de causa y efecto tanto en la teoría que sostiene que nuestras acciones pueden determinar el curso de las cosas como en la que dice lo contrario, dependiendo del contexto en el que nos encontremos y del tipo de evento que intentemos controlar.

Sin embargo, a falta de respuestas fáciles, ver el cerebro como un científico encerrado en un cráneo podría ser el primer paso para atravesar la niebla que nubla nuestra sensación de control, y una manera en la que las teorías sobre la relación entre acción y resultado, causa y efecto, podrían refinarse y mejorarse. Debemos seguir *experimentando*.

Podría ocurrir que percibamos erróneamente nuestras acciones e intervenciones a través de la lente de una teoría inadecuada. Pero, como saben todos los buenos científicos, las malas teorías solo se debilitan cuando tenemos evidencia suficiente para cuestionarlas. Las cadenas causales en las que nos inserta nuestro cerebro son imperfectas e incompletas. Es probable que no tengamos una imagen del todo realista de lo que pueden lograr nuestras acciones y lo que no, así como de los resultados de los que somos responsables y de los que no. Pero si en verdad queremos la sabiduría por la que Niebuhr nos anima a orar —la sabiduría para distinguir entre lo que podemos controlar y lo que no— necesitamos seguir probando, indagando y explorando cada eslabón de esas cadenas. Debemos continuar experimentando para comprobar si las cosas que pensábamos que podíamos afectar realmente están bajo nuestro control y, de ser así, quizá descubrir poderes que no esperábamos tener.

# INTERLUDIO I
# *Nullius in verba*

En el centro de Londres, si te desvías un poco del bulevar que desemboca en el Palacio de Buckingham, te encontrarás entre las mansiones de estuco color crema de Carlton House Terrace. Dentro de uno de esos suntuosos edificios, se emplazan las salas y los despachos de la Royal Society.

Esta academia de ciencia, fundada en 1660, es la más antigua del mundo que ha estado en funcionamiento continuo. Entre sus presidentes[1] se encuentran luminarias como Christopher Wren (el astrónomo y arquitecto responsable de la catedral de San Pablo en Londres), Isaac Newton (el físico y matemático famoso por la manzana que le cayó en la cabeza) y un hombre llamado Hans Sloane, quien, hasta donde yo sé, consiguió el puesto porque tenía una enorme colección de rocas interesantes y afirmaba haber inventado el chocolate con leche.

En el escudo de la Royal Society se lee su lema: *Nullius in verba*, que en latín significa «No confíes en la palabra de nadie». El lema sigue capturando lo que los científicos han pensado de sí mismos durante cientos de años. Los ideales de la ciencia moderna se remontan a la Revolución Científica y la Ilustración de los siglos XVI y XVII, cuando los pensadores comenzaron a dejar de ver a figuras de autoridad tradicionales o al estudio de las sagradas escrituras y la sabiduría antigua como la mejor manera de entender el mundo natural. Es sabido que Aristóteles había escrito en su *Historia de los animales* que las efímeras tienen cuatro patas (en lugar de seis) y nadie se molestó en comprobarlo.

En la era científica, reinaba la indagación empírica. Los científicos buscaban evidencia para poner a prueba sus ideas, y era contra esa marea de datos que las teorías se hundían o flotaban. Por lo tanto, ser científico implicaba enfocarse en las pruebas sólidas y tangibles, dejando de lado la sabiduría tradicional o los argumentos de autoridad. No se confiaba en la palabra de nadie.

Esta ecuación, en la que la ciencia equivale a evidencia, sigue influyendo en la manera en que nosotros, los científicos, nos percibimos hoy y en cómo nos ve el público. Si oyes a un político decir que «sigue la evidencia científica» o «escucha a sus científicos», entiendes que sus decisiones se basan en la evidencia y los datos obtenidos con esfuerzo por profesionales de la ciencia, y no por fantasías que se le metieron a alguno en la cabeza al plantearse una pregunta importante.

Sin embargo, si bien puede que el valor de la evidencia para los científicos sea tan enorme y obvio que apenas necesite explicación, creo que esta imagen de la ciencia que se preocupa pura y exclusivamente por las cifras y los hechos es errónea. Hay que reconocer que la ciencia tiene algo de fantasiosa e imaginativa. Y eso es esencial para su funcionamiento.

Puede que los científicos te digan que su oficio se centra únicamente en lo empírico y observable: los datos en bruto que la naturaleza les presenta. Sin embargo, incluso los científicos más rigurosos generalmente están muy dispuestos a ofrecerte una visión del universo en la que la realidad se explica por un conjunto de entidades y actividades invisibles e inobservables. Nadie ha visto jamás un electrón, un quark o un bosón. Ni siquiera es posible ver fuerzas conocidas como la gravedad de forma directa; solo puede verse la influencia que tienen sobre los objetos de nuestro entorno. Para explicar cómo funciona la realidad, los científicos suelen adentrarse más allá del mundo directamente observable, conjeturando e imaginando fuerzas que operan tras bambalinas.

Desde luego, los científicos no pueden nada más inventar cualquier historia que se les ocurra. Las teorías científicas no son cuentos de hadas. El delicado equilibrio entre teoría y evidencia en el proceso científico implica que las historias contadas por la ciencia terminan acercándose cada vez más a la verdad. Si eres realista científico como yo —es decir, si crees que las entidades imaginadas en las mejores teorías científicas, como los electrones o la gravedad, existen de verdad—, entonces las historias de la ciencia revelan cómo es en verdad la realidad. Pero no se puede escapar del hecho de que, en el proceso de esbozar esa imagen, el científico tiene que ir más allá del ámbito de lo directamente observable y comenzar a hacer postulados sobre lo que no puede verse (y quizá nunca pueda verse).

En la primera parte de este libro, he presentado una imagen en la que tu cerebro se representa como un científico encerrado en un cráneo que trata de dar sentido a su entorno físico. Sin poder salir de ese laboratorio dentro de tu cabeza, escucha las señales y mediciones de sus instrumentos y sensores, formando hipótesis para explicar los vaivenes de ese mundo extracraneal. Asimismo, puede realizar sus propios experimentos: actúa para intervenir en su entorno, indaga sobre la relación de causa y efecto, averigua qué partes de esta realidad material están dentro de su control.

Al ver las cosas desde esta perspectiva del cerebro, nos damos cuenta de que para este no es trivial dar sentido al mundo material, y existen muchas maneras en que las percepciones pueden desviarse si se está sometido a una hipótesis falsa. Pero, igualmente, dicho mundo material no es más que una parte de lo que es en verdad la realidad, y hay mucho más que el científico que tienes en el cráneo necesita comprender.

Después del mundo material —el mundo de la materia, los tejidos y los átomos—, Karl Popper propuso que el segundo ámbito de la realidad era el mundo de las mentes, el de las personas y sus propios estados mentales, ideas, sentimientos, esperanzas, deseos y miedos.

Los estados mentales son una fuerza inobservable por excelencia. Mis ideas, sentimientos, deseos e intenciones son las fuerzas motivadoras que guían mi comportamiento, de la misma manera que la fuerza de gravedad guía la órbita de la Tierra alrededor del Sol. Sin embargo, al igual que la gravedad, nunca podemos observar directamente el estado mental de los demás; solo vemos los efectos que estas fuerzas tienen en el mundo observable que nos rodea. Al igual que los físicos que hipotetizan sobre fuerzas invisibles, nuestro cerebro también debe elaborar teorías e hipótesis para adentrarse en el mundo mental de los demás.

Pero las demás mentes no son lo único oculto para nosotros. Nuestra propia mente también suele ser un misterio. Aunque podría parecer que tenemos una ventana introspectiva directa para observar el desarrollo de nuestros propios estados mentales, en un sentido muy real, muchos rincones de nuestra mente permanecen ocultos e inaccesibles. Así como el cerebro necesita elaborar una teoría sobre otras mentes para entender el mundo mental de otra persona, necesitamos una teoría de nuestra propia mente para explicarnos a nosotros mismos.

En la segunda parte, te mostraré cómo.

SEGUNDA PARTE

# El mundo mental

# 3
## Otras mentes

### La vida en otros planetas

«¿Qué estaba pensando esa persona?» o «¿Cómo se siente?» pueden parecer preguntas inofensivas. Pero en los archipiélagos de Melanesia, hay personas que no van a estar muy dispuestas a responder.

En algunas comunidades insulares del Pacífico, especular sobre los sentimientos, pensamientos y motivos de otras personas es estrictamente tabú. [1] Cuando los nukulaelae de Tuvalu describen pensamientos, se limitan a expresar los suyos y evitan conjeturar sobre lo que podrían pensar otros. De igual manera, los managalase de Papúa Nueva Guinea se esfuerzan por no especular sobre las verdaderas intenciones de los demás. Y cuando los niños bosavi comienzan a interpretar los llantos y balbuceos de los bebés que aún no hablan —«Debe de tener hambre» o «Debe de estar cansado»—, sus padres los reprenden y corrigen con rigor. *No se puede saber lo que sucede en la mente de otra persona*, les dicen. Los pensamientos y sentimientos son privados, y es peligroso tratar de adivinar lo que ocurre dentro de la cabeza de alguien. Los bosavi creen que las mentes son impenetrables.

Los antropólogos anglófonos que fueron a estudiar las prácticas culturales de estas comunidades se sorprendieron con sus creencias y comportamientos, pero en el caso de los misioneros cristianos que intentaron evangelizarlos, se encontraron con un problema especial. Puede que un sacerdote occidental les dijera que confesaran públicamente sus pensamientos pecaminosos y limpien su alma inmortal. Pero para las personas como los bosavi, sus pensamientos ocultos —pecaminosos o no— no eran asunto de nadie más que de ellos mismos.

Estas comunidades de las islas del Pacífico, reacias a pronunciarse sobre la mente de los demás, podrían encontrar muchos espíritus afines en la filosofía de la mente. Una preocupación común de los filósofos es algo que llaman «el problema de otras mentes».[2] Cuando Descartes dijo: «Pienso, luego existo», ofreció un argumento para la existencia de su propia mente. El acceso directo a nuestros propios pensamientos nos dice que debemos existir. Pero ¿qué pasa con las demás personas? ¿Cómo sé que pasa algo dentro de *tu* cabeza si yo no estoy dentro de ella?

A algunos filósofos más extremos les preocupa que tal vez directamente no existan otras mentes. ¿Y si todas las personas con las que interactúas, desde el barista al que le sonríes mientras te prepara el café de la mañana, hasta la persona con la que te has casado y compartido tu vida, en realidad no son más que zombis de aspecto complejo, en cuya cabeza no pasa nada de nada?

La verdad es que esta preocupación no me molesta. Como la mayoría de los psicólogos y neurocientíficos, soy materialista respecto de la mente. Creo que todos mis pensamientos, sentimientos, experiencias, recuerdos y emociones dependen *de alguna manera* de lo que ocurre en mi cerebro. Si tienes un cerebro como el mío, y funciona de modo más o menos similar, no resulta muy difícil llegar a la conclusión de que tú también tienes pensamientos y emociones.

Pero la mente de los demás también presenta *otro* problema. Incluso si aceptamos que tú tienes una mente y yo también, no está claro cómo podemos asomarnos a la de los demás. En un sentido importante, los nukulaelae, managalase y bosavi tienen razón. No tenemos acceso directo a la mente de otras personas. Aunque podríamos tener la intuición de que podemos asomarnos a los pensamientos de los demás, en realidad la visión del mundo de esas comunidades parece más cercana a la verdad. Nos pasamos por al lado, día tras día, y cada uno de nosotros es un planeta privado, un mundo propio sellado firmemente dentro de nuestra cabeza. Entonces, ¿cómo podemos saber con certeza qué piensa alguien más? ¿Cómo podemos saber cómo es en realidad la vida en esos otros planetas?

Bueno, resulta que buscar señales de vida en el espacio exterior no se diferencia mucho de la búsqueda que emprendemos para buscar señales de vida inteligente en la cabeza de los demás. Hasta ahora, he intentado convencerte de que existe una simetría entre los problemas que enfrentan los científicos y los que afligen a tu cerebro, y además, en las soluciones que se les ocurre. Si queremos descubrir si es posible que haya vida en un planeta lejano de una galaxia remota, no podemos simplemente ir a ver. Lo que sí podemos es tomar mediciones desde lejos —unas fotografías ambiguas y borrosas de la atmósfera que lo rodea— y tratar de pensar en una teoría de lo que podría estar sucediendo debajo.

De igual manera, no tenemos forma directa de ver la mente de otro ser humano. Cuando tenemos a una persona sentada delante, esta también es como un planeta lejano. No podemos percibir qué tiempo hace en su mundo. No podemos habitar de forma directa los pensamientos que está elaborando, las emociones que está sintiendo, ni las decisiones, los deseos o las intenciones. Lo único que tenemos es una imagen incompleta de lo que ocurre en la superficie, en la atmósfera visible que la rodea. Nuestro cerebro tiene que elaborar una teoría acerca de lo que ocurre debajo.

La incertidumbre inherente al acto de comprender a otras personas ya es sumamente conocida. No hace falta que un neurocientífico te diga que es difícil interpretar en qué está pensando otro. Si alguna vez te has preguntado por qué un amigo se fue antes de una fiesta o si te has quedado pensando en un comentario hecho al pasar por una colega, has experimentado la ambigüedad del comportamiento de otras personas. Lo mismo puede ocurrir con diversos sentimientos, motivos o temperamentos posibles. Incluso una expresión de lo más sencilla puede prestarse a una malinterpretación involuntaria: puede que te resulte imposible saber si alguien se ha enfadado de verdad contigo o si nada más soltó un insulto con su eterna cara de enojo.

Si nuestro mundo social está repleto de incertidumbre interpersonal, ¿por qué nuestra vida social fluye tan bien? Al igual que yo, es probable que hayas sido tanto víctima como culpable de más de un malentendido en tu vida social. Pero nuestro mundo social en general va sobre ruedas; o por lo menos fluye mucho mejor de lo que podríamos esperar si la posibilidad de descifrar las ideas y los sentimientos de otra persona fuera en verdad un problema insoluble, si no hubiera esperanza alguna de viajar a otro planeta.

Puede que haya otra forma de abordar este problema. En la década de 1990, cuando un grupo de científicos quiso saber si habría vida en algunos rincones oscuros del universo, primero verificaron si había vida en la Tierra.[3] En 1990, se esperaba que la nave Galileo pasara cerca de la Tierra, a casi 1.000 kilómetros de la superficie. Era una oportunidad para aprovechar. El astrónomo Carl Sagan y sus colegas convencieron a la NASA de, en lugar de apuntar los instrumentos de Galileo al cosmos, apuntarlos directamente hacia nosotros y así obtener una imagen de la vida en la Tierra vista desde afuera.

Cuando los científicos estudiaron las mediciones de Galileo, observaron pistas coherentes con la vida en este planeta. En los espectros de luz que se reflejaban desde la superficie, se observaba un «borde rojo», coherente con la presencia de plantas vivas; y en la mezcla de oxígeno y metano de la atmósfera de la Tierra se observó un desequilibrio que podría deberse a la gran cantidad de seres vivos que se encontraban en la superficie.

Puede que, en un principio, apuntar la sonda espacial a la Tierra, donde ya sabemos que hay vida, parezca un poco inútil. Pero así fue cómo los científicos obtuvieron un modelo del aspecto de la vida vista desde lejos. Con ese modelo en mente, pueden buscar las mismas señales de vida en esos planetas lejanos a los que aún no pueden viajar (y a los que quizá nunca lleguen).

Imagina que el cerebro hace algo similar. Ante la imposibilidad de viajar a los planetas lejanos de las demás personas, nos apuntamos con la sonda a nosotros mismos. A partir del mundo mental que experimentamos desde adentro, podemos elaborar un modelo de nuestro aspecto visto desde afuera. Armados con ese modelo, podemos llegar a atisbar lo que sucede debajo de la superficie de esas otras mentes que orbitan a nuestro alrededor. Y en este capítulo, verás cómo ocurre.

## La forma en que te mueves tiene algo

A los diecisiete años, me invitaron a una entrevista para estudiar en Oxford. Mis profesores estaban muy entusiasmados porque mi escuela no era una de las mejores y, si conseguía entrar, sería el primer estudiante en ingresar a esa universidad.

Tal era el entusiasmo, que la escuela consiguió sacar un poco de dinero de su ínfimo presupuesto para enviarme a una «conferencia para candidatos». El evento no estaba organizado por la universidad en sí sino por una empresa privada, con el objetivo de dar detalles sobre los peligros y escollos de la entrevista de admisión a Oxford.

No recuerdo mucho de ese día. Tal vez algo me resultó útil. Pero lo que siempre recuerdo es una sesión sobre lenguaje corporal a la que nos sometieron. El orador le contó a una sala de conferencias llena de adolescentes ansiosos e incómodos que los profesores de Oxford que nos entrevistarían eran capaces de identificar señales que revelaban si los candidatos sabían de qué hablaban. Nos dijeron que, al recuperar una respuesta genuina almacenada en la memoria, la gente tiende a mirar a la derecha, mientras que si está tratando de inventar algo, los ojos se disparan a la izquierda. Según nos advirtieron, los profesores observarían nuestros ojos para evaluar qué tan eruditos éramos en realidad. Y debíamos tener cuidado de controlar que no se nos fueran los ojos para un lado u otro si queríamos conseguir un lugar en la universidad.

En retrospectiva, ahora sé que ese «consejo» no tenía ningún sentido. No existe tal conexión entre la dirección a la que se disparan los ojos y el hecho de recordar o inventar algo. Y aunque existiera, los entrevistadores de Oxford no están de ninguna manera capacitados para identificarla. Estoy casi seguro de que algunos de los profesores que me entrevistaron ni siquiera me miraron a los ojos.

Los charlatanes como ese hombre dan una mala reputación al estudio del lenguaje corporal. Pero hay una ciencia que se dedica seriamente a comprender lo que revelan los movimientos del cuerpo sobre los movimientos y las maquinaciones de la mente.

Los gestos o el tono de voz son ejemplos obvios de lenguaje corporal manifiesto. Pero una «señal» mucho menos conocida de nuestros estados mentales internos es la *cinemática* del cuerpo: la rapidez o la lentitud con la que nos movemos, y cómo se mueven las distintas partes del cuerpo en conjunto. La cinemática del cuerpo constituye una herramienta valiosa para comprender las interacciones sociales, porque los distintos movimientos suelen asociarse a distintos estados internos.[4]

Pensemos en las emociones. Los movimientos suelen verse alegres cuando nos movemos con cierta rapidez, alicaídos cuando nos movemos despacio o enfadados cuando aceleramos de repente.[5] Si vemos a un colega dando saltos por el pasillo y a otro arrastrando los pies, sería fácil adivinar a cuál ascendieron y a cuál pasaron por alto.

Dada esta conexión entre la dinámica de nuestros movimientos y la de nuestras emociones, puede que pienses que al cerebro le bastaría con «medir» la forma en que las personas se mueven para descifrar lo que sienten. Entonces, el funcionamiento de la mente se parecería, en cierto sentido, al de los radares de velocidad: si se supera un límite de velocidad determinado, llegaríamos a la conclusión de que la persona está contenta; si se mueve muy despacio, debe de estar triste.

El problema es que no se sabe cómo deberían calibrarse esos radares. Hay una variabilidad enorme entre los distintos cuerpos y la forma en que se mueven. ¿Cuál es la velocidad de la felicidad? ¿Y la de la tristeza?

Este problema, el de interpretar el lenguaje corporal de otra persona, le resultaba fascinante a Rosy Edey. Rosy y yo hicimos juntos nuestros respectivos doctorados en el mismo laboratorio de la universidad Birkbeck, supervisados por Clare Press. Por eso tuve la oportunidad de pasar muchos años felices escuchando a Rosy y Clare intercambiar ideas sobre cómo haría el cerebro para interpretar el lenguaje corporal y viéndolas crear experimentos ingeniosos para poner a prueba sus hipótesis.

La idea de Rosy se parecía un poco a la de la sonda espacial de Sagan. Así como Sagan hizo un modelo de la vida en la Tierra para aplicarlo afuera, Rosy pensaba que, para dar sentido al lenguaje corporal de otras personas, primero debíamos elaborar un modelo del nuestro. Si bien las demás personas se mueven de forma muy variable e idiosincrática, conocemos muy bien cómo se mueve el propio cuerpo y cómo nos sentimos en determinados momentos. Mediante la enorme cantidad de experiencias que obtenemos a lo largo de la vida, el cerebro podría aprender fácilmente cómo se conectan las emociones que sentimos por dentro con los movimientos que nuestro cuerpo hace por fuera. Luego, podríamos usar ese modelo del interior y el exterior propios para buscar emociones específicas en los demás. Si alguien se mueve como nos movemos nosotros cuando estamos irritados o molestos, podríamos suponer que también se siente irritado o molesto.

Puede que todo esto parezca muy sensato. Pero hay un gran inconveniente: comprender a los demás a través de un modelo basado en nosotros mismos implica que nuestras inferencias solo serán correctas para aquellos cuerpos que se muevan como el nuestro.

Por ejemplo, imagina que tú tiendes a moverte por el mundo con bastante rapidez, mientras que yo me manejo con más lentitud y languidez. Ambos aceleraremos nuestros movimientos si estamos más contentos, y los ralentizaremos si estamos taciturnos. Pero si ajustamos nuestra percepción de las emociones de acuerdo con las particularidades de nuestro cuerpo, empezaremos a malinterpretarnos el uno al otro. Si me ves caminando hacia ti con mi habitual paso pesado, te pareceré sumamente lento y deprimido, en comparación con cómo sueles moverte tú (aunque en realidad me sienta lo más bien). De igual modo, mis modelos internos interpretarán tu andar ágil de siempre como una señal de gran entusiasmo, aunque puede que tú no te sientas así.

Esa confusión fue precisamente lo que observó Rosy en el laboratorio al hacer pruebas con personas.[6] Rosy colocó a los participantes un acelerómetro en un tobillo con el fin de medir el movimiento real de su cuerpo, y también les pidió realizar una actividad para medir la percepción emocional. Los voluntarios veían animaciones de los movimientos de otra persona y debían intentar descifrar lo que sentían. Si bien las animaciones se crearon con grabaciones de las acciones de una persona real, Rosy las controlaba minuciosamente para hacer cambios sutiles en lo rápido o lento que parecía moverse la persona.

Rosy observó que las emociones que veían las personas en las animaciones guardaban una conexión cercana con su propia forma de moverse. Quienes se movían bastante lento por naturaleza necesitaban ver movimientos demasiado lentos antes de juzgar que una persona estaría triste, pero enseguida identificaban felicidad o enfado en animaciones que en realidad no se movían con gran rapidez. Del mismo modo, quienes movían su cuerpo con bastante rapidez necesitaban ver un andar demasiado rápido antes de determinar que la persona parecía enfadada o alegre, mientras que los actores que se movían a un paso neutral les parecían lentos y lánguidos. Todos estos resultados son precisamente lo que esperaríamos ver si interpretáramos el lenguaje corporal de los demás con un vocabulario ajustado en función de cómo se comporta nuestro propio cuerpo.

Como consecuencia de esa calibración, puede que se nos dé bastante bien percibir las emociones de personas que se mueven como nosotros, pero tendamos a malinterpretar a aquellos que se desplazan distinto. Piensa, por ejemplo, en el estereotipo del italiano escandaloso que gesticula con las manos o el del caballero inglés acartonado. A los ojos del inglés, los gestos cotidianos con los que se comunica el italiano promedio indican una efusividad inusual, en comparación con los movimientos tranquilos a los que está acostumbrado. Por el contrario, un italiano que intente descifrar la vida emocional del caballero inglés, mediante gestos silenciosos y medidos, podría llegar a la entendible conclusión de que ha perdido una parte importante de su alma.

Desde luego, esos son estereotipos. He conocido a italianos sin alma y a varios ingleses con alma de sobra. Pero según distintas investigaciones, algunos estereotipos tienen algo de verdad. Cuando los psicólogos registran diferencias en la expresividad emocional aparente en las distintas naciones y culturas, observan, por ejemplo, que los estadounidenses, los zimbabuenses, los canadienses y los australianos son más expresivos que los oriundos de Hong Kong, Malasia, Rusia o Grecia. [7] Si existen diferencias amplias en cómo se presentan los movimientos emocionales en distintas culturas, y nuestro cerebro tiende a ajustarse predictivamente a los movimientos conocidos, esto podría explicar por qué resulta más sencillo descifrar los sentimientos de quienes se parecen a nosotros, mientras que otros se perciben como más difíciles de interpretar.

Pero la cultura no es lo único que condiciona la forma en que se ven las emociones. El movimiento de nuestro cuerpo emocional puede estar sujeto a distintos factores. Uno de ellos, que quizá no sea ninguna sorpresa, es la edad. A medida que cambia el cuerpo a lo largo de la vida, también cambian nuestros movimientos. Rosy tenía particular interés en estudiar el cambio de las acciones en la adolescencia. En sus experimentos,[8] estudió los movimientos de niños de once años y adolescentes hasta la adultez temprana, y observó una tendencia sistemática: conforme crecemos y maduramos, nuestro cuerpo comienza a moverse a un paso más lento y seguro.

Sin embargo, lo interesante es que esos cambios del desarrollo que afectan el movimiento del cuerpo se vinculan con cambios en el modo en que interpretamos las emociones de los demás. Los adolescentes menores, para quienes lo normal es moverse rápido, tendían a ver relativamente más tristeza en los movimientos neutrales, mientras que los adolescentes mayores y los adultos, cuyos movimientos de base son más lentos, tendían a detectar con más facilidad emociones de aspecto rápido, como la felicidad o la ira.

Podríamos pensar que el desajuste entre modelos podría ser una de las causas de los malentendidos entre padres adultos y sus hijos adolescentes. Vistos a través de un modelo ajustado a las acciones tranquilas de los adultos, los gestos rápidos pero típicos de los adolescentes pueden interpretarse como desbordantes de emoción o extremadamente irritados, incluso si el joven no experimenta ninguna emoción en particular. En el mismo sentido, los gestos típicos del adulto promedio, vistos a través de un modelo ajustado a las acciones rápidas de la juventud, podrían parecer extraña e inexplicablemente sombríos. No es que los padres o los hijos causen problemas a propósito. Es solo que están sintonizados con señales de planetas distintos.

Sin embargo, si bien los malentendidos intergeneracionales son importantes, el desajuste de los modelos predictivos podría ser también la causa de problemas más graves de comprensión y comunicación, como los que se observan en el autismo.

## Incapacidad para ver otras mentes

Un rasgo característico del autismo es la dificultad para interactuar con otras personas. La gravedad varía de un individuo a otro, pero incluso con el llamado autismo de alto funcionamiento, puede que a las personas autistas* les resulten muy agotadoras las interacciones sociales o que sus interlocutores les parezcan un poco más difíciles de comprender.

En la forma tradicional de concebir el autismo, tales dificultades en la interacción social se explican en términos de incapacidad para habitar la mente y las perspectivas de los demás. Los psicólogos suelen llamar a esa habilidad «mentalización», «lectura de la mente» o «teoría de la mente» para referirse a la capacidad de las personas de evocar el contenido de la vida mental de otras. Así pues, las personas autistas pueden tener dificultades para entender a los demás debido a una alteración en su capacidad para interpretar y representar la mente de otros.

Esta visión del autismo como una relativa «ceguera mental» cobró especial fuerza en la década de 1980, cuando distintos psicólogos estudiaron cómo los niños con y sin autismo representan las perspectivas de los demás. En esta línea de investigación, un método destacado se valía de juegos de «falsas creencias», como el test de Sally y Anne. [9] En este entorno experimental, un niño observa una escena protagonizada

---

* Entre la comunidad autista hay diversas preferencias en torno al uso del lenguaje centrado en la identidad (es decir, «una persona autista») o del lenguaje centrado en la persona (es decir, «una persona con autismo»). Utilizo ambos indistintamente para reflejar esa diversidad.

por dos marionetas: Sally y Anne. Sally coloca una canica en una cesta antes de salir de escena. En su ausencia, la traviesa marioneta Anne traslada la canica de Sally a otro lugar y la esconde en una caja. Sally regresa, y se le pregunta al niño dónde buscará ella la canica.

Tanto si son autistas como si no, los niños pequeños encuentran esta tarea bastante difícil de manera uniforme: informan que Sally se fijará en la *caja* donde realmente está la canica, aunque Sally nunca haya visto a Anne moverla de la *cesta* donde la dejó. La tarea es complicada porque para resolverla se requiere un logro cognitivo bastante complejo: el niño tiene que representar la mente de otro agente (en este caso, Sally) y saber que las creencias de la otra cabeza difieren de las suyas.

En los niños neurotípicos, se observa que dominan la tarea a una edad más temprana que los niños con autismo. En los experimentos, era más probable que informaran que Sally buscaría la canica en la cesta donde la vio por última vez, en lugar de en la caja donde ellos sabían que estaba en realidad. Se ha demostrado que los niños con autismo alcanzan este hito más tarde en la infancia, lo que para algunos psicólogos es señal de que tienen dificultades para representar las perspectivas mentales de los demás y mantener el contenido de otras mentes separado del propio.

Aunque los niños autistas suelen resolver la tarea de Sally y Anne cuando se hacen mayores, en las teorías tradicionales del autismo se da por supuesto que sigue habiendo diferencias generalizadas en la capacidad de las personas autistas para representar los estados mentales de los demás, incluso en la edad adulta:[10] diferencias que, a su vez, explican por qué el mundo social es un lugar más difícil.

### Alucinar otras mentes

Un ejemplo interesante de cómo «vemos mentes» surge de experimentos que analizan nuestra tendencia a percibir animadversión e intencionalidad en objetos que carecen de mente, es decir, a alucinar mentes donde no las hay.

Quienes iniciaron la investigación en este campo fueron Fritz Heider y Marianne Simmel[11] en la década de 1940, con una tarea experimental muy sencilla. Sus participantes veían una breve animación compuesta exclusivamente por figuras geométricas simples —un par de triángulos, un disco pequeño y un gran espacio cerrado rectangular— que se movían por una escena. En el cortometraje, las formas se propulsan solas y están animadas de modo que parezca que pueden interactuar: se persiguen, se esquivan, se engañan o se despistan unas a otras. La tarea del voluntario consistía simplemente en describir lo que acababa de ver.

Ahora bien, en rigor, en la película de Heider y Simmel no hay ninguna mente auténtica. No es más que una secuencia de figuras en movimiento. Técnicamente, se podría describir la escena en esos términos geométricos. En uno de sus estudios, un voluntario hizo precisamente eso. Comentó acerca de la película: «Se ve a un triángulo grande que entra en un rectángulo [...] luego aparecen en escena otro triángulo más pequeño y un círculo [...] los dos se mueven de forma circular [...] sale el triángulo más grande», y así sucesivamente. La descripción carece de vida, es inerte.

Pero la mayoría no vemos eso. El resto de los participantes en el estudio de Heider y Simmel describieron el movimiento de las figuras sin vida en detallados términos mentalistas. Por ejemplo, una participante describió así la misma escena:

«El triángulo número uno cierra su puerta [...] y entran dos jóvenes inocentes. Amantes en el mundo bidimensional, sin duda; el triángulo número dos y el tierno círculo. El triángulo uno (en adelante, el villano) espía el amor juvenil [...] Abre su puerta, sale y ve a nuestro héroe y a su amor. Pero a nuestro héroe no le gusta la interrupción

[...] ataca al triángulo uno con bastante vigor (tal vez ese bravucón dijo algunas palabrotas)».

Aunque esta participante parece haber tenido sentido del humor, no destacaba por tener una imaginación activa. Una abrumadora mayoría de los participantes de Heider y Simmel describieron el comportamiento de las figuras con términos intencionales similares. Por ejemplo, en un estudio casi todos los participantes describieron el triángulo grande con términos como «agresivo», «peleador», «malhumorado» o «irritable», mientras que el triángulo pequeño era «corajudo» y «valiente», pero también «astuto», «tramposo» y «taimado».

La tendencia a percibir automáticamente estados intencionales y rasgos mentales en esas imágenes resulta sorprendente para los psicólogos, ya que revelan que podemos ver mentes en nuestro entorno, incluso cuando no hay ninguna.

Pero lo que también ha sorprendido a los psicólogos es la evidencia de que esta tendencia a ver mentes en los movimientos también difiere bastante en el autismo. En estudios[12] en los que se muestra este tipo de animaciones a adultos y niños autistas, se ha observado que tales grupos son menos propensos a describir espontáneamente los movimientos en términos mentalistas. Y cuando describen estados mentales, los relatos suelen considerarse menos apropiados que las narraciones de los neurotípicos. Para algunos, este patrón refuerza la imagen tradicional del espectro autista: es otra señal de que las personas con autismo presentan una relativa «ceguera mental», por lo que son incapaces de acceder de forma fiable a estados mentales ocultos.

Pero si vemos el problema de las demás mentes a través de la lente de la predicción, podemos obtener otro punto de vista muy distinto. En efecto, podemos empezar a ver que la cuestión en realidad quizá resida en las perspectivas egocéntricas de los científicos que estudian el autismo, más que en el supuesto egocentrismo de las propias personas autistas.

## Hacen falta dos para bailar tango...

Ya hemos visto que interpretamos el lenguaje corporal de otras personas mediante modelos predictivos basados en nosotros mismos. Así, podemos descifrar correctamente los estados mentales de las personas que se mueven como nosotros, pero podemos malinterpretar los movimientos de quienes se mueven de otra forma.

Por lo general, se subestima el hecho de que las personas con autismo tienden a moverse de formas sutilmente distintas a las de la mayoría neurotípica. Una diferencia importante la descubrió mi exjefa, Clare Press, en un proyecto que llevó a cabo con Jen Cook y Sarah-Jayne Blakemore en la University College de Londres. En su experimento, el equipo investigó a adultos neurotípicos y autistas realizar movimientos sencillos de la mano —ondulándola de izquierda a derecha— mientras se los grababa con un monitor de movimiento. Descubrieron que incluso esos movimientos básicos diferían entre personas autistas y neurotípicas: las acciones de aquellos con autismo solían ser más rápidas, aceleradas y bruscas. [13]

A primera vista, puede que este hallazgo parezca una mera curiosidad científica. ¿Y qué si los movimientos de las personas autistas son un poco más rápidos o bruscos que los que podrían hacer las neurotípicas? Pero si nos entendemos los unos a los otros mediante modelos mentales basados en detalles minúsculos de cómo tendemos a movernos, las diferencias en nuestros movimientos pueden tener profundas consecuencias en el entendimiento social. Podemos malinterpretar a otros que no se mueven como nosotros. De hecho, en su estudio, los investigadores también descubrieron que los participantes con autismo que presentaban las formas de moverse más atípicas también tendían a informar problemas más graves en sus interacciones sociales y emocionales con los demás, quizá porque su lenguaje corporal es más difícil de interpretar.

Pero lo más importante es que este desajuste de cuerpos y mentes es recíproco. Un observador autista cuyo cerebro tiene un montón de predicciones sobre cómo se mueve su cuerpo puede no estar en sintonía con el lenguaje corporal de la mayoría neurotípica. Pero al mismo tiempo, los neurotípicos tienen el mismo desajuste: sus modelos predictivos no captan cómo se mueven las personas autistas ni cómo su cuerpo también expresa su mundo interno.

Si este razonamiento es correcto, solo se debe a la hegemonía de los cerebros neurotípicos que las personas con autismo parecen tener un «déficit» para interpretar la mente de otros cuerpos. Sí, puede ser cierto que a las personas autistas les cueste más entender el comportamiento de los neurotípicos que las rodean. Pero es igual de cierto que la mayoría neurotípica presenta deficiencias para acceder a la mente de las personas con autismo. Y en nuestra vida social, las cosas siempre se hacen de a dos.

Este tipo de desajuste está en el centro de lo que algunos investigadores denominan el «problema de la doble empatía»:[14] a quienes tienen autismo les puede resultar difícil interpretar a quienes no lo son, pero a la mente neurotípica también le cuesta entender a los autistas.

El problema de la doble empatía es un problema para las mentes individuales cuando intentan interactuar, pero también lo es para los científicos que estudian el autismo. En los experimentos estándar en los que se estudia la cognición social, los observadores tienen que descifrar los pensamientos y sentimientos de personas neurotípicas. Desde luego, los observadores neurotípicos podrían correr con una ventaja injusta, dado que su cerebro contará con modelos predictivos ya ajustados a las expresiones neurotípicas. Ver a perceptores autistas tener un bajo rendimiento en este tipo de tareas no sería más sorprendente que ver a un estudiante de idiomas novato perder en un concurso de ortografía contra un hablante nativo.

De hecho, una forma mejor de comprobar si la alineación predictiva es un factor importante en la comprensión social es mirar las cosas al revés: investigar qué tan bien los observadores *neurotípicos* pueden descifrar los estados ocultos de los compañeros *autistas*. Si es clave que las predicciones estén alineadas, las personas con autismo no tendrían una ceguera mental intrínseca y los neurotípicos no estarían, en general, perfectamente bien. En cambio, deberíamos ver que estos últimos también presentan ceguera mental al intentar dar sentido a un comportamiento que no es como el suyo.

Rosy y Clare realizaron otro ingenioso experimento [15] para comprobar esa hipótesis. Hicieron que un grupo de voluntarios —algunos neurotípicos, otros autistas— vieran animaciones similares a las utilizadas por Heider y Simmel. Aparecían dos triángulos en la pantalla, se movían juntos de una forma determinada, y los participantes tenían que juzgar qué tipo de interacción acababa de representarse. ¿Se burlaba la figura roja de la azul? ¿Un triángulo intentaba seducir al otro?

Sin embargo, la innovación clave del estudio de Rosy fue que no todas las animaciones tenían el mismo autor. En realidad, cada interacción entre los triángulos fue generada por un participante distinto del estudio. Si fueras voluntario en este experimento, Rosy te mostraría un par de triángulos y te daría instrucciones para que los movieras de forma que expresaran una interacción mentalista determinada: hacer que un triángulo se burlara del otro, hacer que un triángulo sedujera al otro, y cosas por el estilo.

Luego, al filmar, por ejemplo, los intentos de seducción bidimensional y eliminar las partes superfluas de la escena, Rosy creó un banco de dibujos animados que podía presentar a los demás. Es importante destacar que, de este modo, Rosy obtuvo algunas viñetas de interacción con autores autistas y otras interacciones con autores neurotípicos.

Con este matiz añadido al experimento, empezó a surgir un patrón de resultados muy diferente. Resultó que los perceptores neurotípicos no presentaban una habilidad uniforme a la hora de inferir estados mentales, y tampoco los perceptores autistas eran todos deficientes. En cambio, tal como intuía Rosy, los neurotípicos parecían presentar una ceguera mental selectiva ante las imágenes expresivas producidas por los autores autistas. En el experimento de Rosy, los perceptores neurotípicos conseguían descifrar las acciones de las personas autistas casi con la misma precisión que los observadores autistas al intentar descifrar las acciones de los neurotípicos. Este es precisamente el patrón que esperaríamos encontrar si intentáramos dar sentido a los demás utilizando un modelo basado en nosotros mismos.

Según resultados como estos, el problema de la doble empatía es realmente un problema, y es el desajuste mutuo, más que la pura ceguera mental, lo que deberíamos tener en cuenta a la hora de pensar en el autismo. Pero estas ideas también tienen una relevancia más amplia. Las fallas en la comunicación entre las personas autistas y las no autistas pueden ser especialmente graves, ya que las señales sociales se pierden en la traducción cuando cada mente intenta comprender a la otra a través de una lente inadecuada de expectativas previas. Pero el desajuste no se limita a este caso concreto. Cuando interactuamos con alguien cuyos cuerpo y comportamiento no están bien captados por nuestros modelos predictivos, corremos el riesgo de interpretar mal su mente. Y la otra persona también es susceptible de malinterpretarnos.

Si nos tomamos en serio esta idea, empezamos a ver que no siempre tiene sentido decir que a una persona se le da bien leer la mente de otras o que a otra persona se le da mal. No debemos pensar que los malentendidos siempre se originan en los fallos de cada cerebro. Lo que deberíamos hacer es diagnosticar el fallo en la propia interacción, y en el hecho de que los modelos de las mentes que participan en el intercambio no se tienen en cuenta mutuamente.

Si percibimos mal la mente de otros por un desajuste de nuestros modelos internos, cabría pensar que podríamos entender mejor a los demás si reajustamos nuestras predicciones a fin de incluirlos. Lo interesante es que también hay un potencial indicio de esto en las observaciones de Rosy.

Si bien entre sus observadores neurotípicos identificó un «sesgo intragrupal» —descifran con más fidelidad los estados mentales de otros neurotípicos que los del grupo autista—, las personas con autismo no muestran tal inclinación. La capacidad de los voluntarios autistas para interpretar la mente de personas neurotípicas es la misma que tienen para descifrar los estados mentales de otras personas autistas.

Una posible razón que explica la ausencia de una ventaja similar dentro del grupo es que las expresiones autistas son más variables. Rosy replicó el hallazgo de que existen amplias diferencias entre los movimientos expresivos de los grupos neurotípicos y autistas, pero también descubrió que los individuos con autismo tienden a moverse de forma más disímil entre sí. Por lo tanto, aunque los observadores autistas interpreten el comportamiento de otras personas a través de un modelo basado en sus movimientos particulares, estas predicciones podrían no captar bien a otras personas autistas.

Pero una posibilidad más tentadora es que el sesgo intragrupal esté ausente entre los perceptores autistas porque sus predicciones internas son más amplias. Rosy y Clare conjeturan que sus voluntarios autistas pueden ser igual de capaces a la hora de interpretar las expresiones de personas neurotípicas y autistas precisamente porque tienen décadas de experiencia interactuando con sus pares neurotípicos. Esas experiencias permiten que sus modelos internos de predicción se acomoden a las peculiaridades de las expresiones neurotípicas, aunque estas diverjan de las suyas. Por el contrario, la mayoría de los neurotípicos interactúan sobre todo con otros neurotípicos (ya que los neurotípicos constituyen la mayor parte de la población en general).

Ajustar nuestros modelos predictivos de una forma más amplia no sería gratuito. Si contemplamos un abanico más grande de posibilidades al intentar dar sentido a los demás, puede que se degrade relativamente la ventaja particular que tenemos para entender a otros que se comportan como nosotros. Pero quizá valga la pena asumir el costo si la ampliación de nuestras expectativas reduce el riesgo de malinterpretar a quien nos encontremos después.

Democratizar nuestras predicciones no es algo que podamos esperar conseguir por la fuerza de la voluntad ni con algún argumento ético. Si Rosy y Clare tienen razón, las experiencias sociales son clave para ampliar los horizontes de nuestras predicciones sociales. Si queremos que nuestros modelos internos generen expectativas que capten toda la gama de diversidad de las personas con las que podamos interactuar, es probable que primero necesitemos experiencias diversas que permitan forjar esas predicciones más amplias.

### Aprender a leer mentes

Para comprender cómo otras mentes entienden a otras mentes, resolví que debería hablar con mi abuela. No mi abuela biológica, que se jubiló hace unos años y se mudó a la costa sur de Inglaterra. Aunque estoy seguro de que mi abuela Plum tendría algunas ideas que compartir, en realidad necesitaba hablar con mi abuela *académica*, Cecilia Heyes.

Celia es psicóloga teórica. Es decir, ha renunciado a su propio laboratorio y ha sustituido el trabajo fácil de realizar experimentos por la tarea más difícil de pensar qué preguntas deberían plantearse científicos como nosotros. Tiene especial interés en la conexión entre la mente y la cultura, y en cómo la propia cultura nos dota de una mente capaz de interpretar nuestro peculiar mundo humano.

Celia ha sido distinguida como mi abuela académica porque fue la supervisora de doctorado de mi supervisora de doctorado (ya pueden imaginarse el árbol genealógico). Y como toda buena abuela, se interesa mucho por el desarrollo moral y las perspectivas profesionales de sus nietos. Así que estaba seguro de que no me permitiría pensar cualquier estupidez.

En su libro *Cognitive Gadgets*,[16] Celia hace una interesante analogía entre la forma en que aprendemos a interpretar otras mentes y la forma en que aprendemos a interpretar la letra impresa. Hay algo especial en nuestra mente y en el cerebro que posibilita la lectura de la letra impresa: hay una razón por la que podemos leer un libro sobre pingüinos, pero un pingüino nunca podría leerlo.

Sin embargo, es evidente que la capacidad de leer la letra impresa no es algo para lo que hayamos evolucionado genéticamente. La escritura es un invento bastante antiguo, pero los sistemas de escritura más antiguos de la historia de la humanidad solo se desarrollaron hace unos 5.000 o 6.000 años, un abrir y cerrar de ojos en el tiempo evolutivo. No ha pasado tiempo suficiente para que se formen adaptaciones genéticas.

La lectura de textos impresos es algo que aprendemos a hacer y, al hacerlo, la mente y el cerebro cambian profundamente. Ahora sabemos que el proceso de aprender a leer garabatos en una página impresa cambia las representaciones del cerebro visual,[17] ya que partes específicas de la corteza cerebral se vuelven especialmente sensibles a los contornos y las configuraciones de los caracteres escritos. A través del aprendizaje y la experiencia, acabamos disponiendo de un nuevo vocabulario neuronal, que nos equipa para descifrar los símbolos que vemos.

En su analogía, Celia ve una similitud entre leer la letra impresa y leer la mente. Ambos tipos de lectura implican intentar acceder a algo realmente oculto a partir de un conjunto de signos manifiestos. En un texto impreso, como el que estás leyendo ahora, cada símbolo representa un sonido oculto. Y aunque es posible que oigas las palabras en tu cabeza mientras las lees, en rigor, no hay sonidos en esta página. Infieres esos sonidos ocultos porque has aprendido lo que significan los signos. Pero solo podrás hacerlo cuando hayas aprendido el alfabeto.

Algo muy parecido ocurre cuando intentas interpretar a otra persona. Sus verdaderos estados de ánimo están ocultos, pero se observa su comportamiento. Sus expresiones, acciones, lo que dicen y cómo lo dicen… todo habla de sus estados de ánimo internos, como símbolos impresos en la página. Tu trabajo, como lector, es evocar la mente que hay detrás de los signos, utilizando lo que has aprendido sobre el significado de este otro alfabeto interpersonal.

Por supuesto, al igual que ocurre con el lenguaje escrito, no hay razón para que todo el mundo use el mismo vocabulario cuando intenta leer a los demás. Diferentes lectores pueden esperar que los mismos símbolos signifiquen cosas diferentes en función de los patrones que hayan aprendido a reconocer. Y del mismo modo que podemos escribir y leer en diferentes alfabetos y ortografías, es posible que también existan diferentes dialectos de lectura mental.

### Personas como tú

Hasta ahora, hemos estado pensando sobre todo en los problemas a los que se enfrenta nuestro cerebro cuando hace inferencias sobre otras mentes «en línea», es decir, cuando descifra lo que alguien está pensando o sintiendo en ese preciso momento. Pero también es importante que podamos juzgar los gustos, las preferencias y los rasgos más duraderos de otras personas, en lugar de solo cómo se sienten en ese instante. ¿Cómo puede nuestro cerebro hacer inferencias sobre rasgos y no sobre *estados*?

Inferir rasgos es un problema tan mal planteado como inferir pensamientos y emociones ocultas. Al igual que estos últimos, los verdaderos rasgos de las personas también están ocultos. Nuestra tarea como perceptores es construir una imagen de la personalidad y las capacidades de otra persona basándonos en el comportamiento que observamos, pero ese comportamiento es ambiguo.

Si vemos a alguien dar dinero a un indigente que se le acerca en un tren, puede ser que sea generoso de verdad, o puede ser que sea tan torpe y tímido que esté dispuesto a pagar un pequeño monto para poner fin a una interacción difícil. Si vemos a alguien gritarle a la cara a un desconocido en la calle, podríamos pensar que es agresivo o que tiene ganas de pelear. Pero también podría tratarse de alguien con un firme sentido de la justicia, que se enfrenta a una persona que se lo merece.

Como ocurre con otras formas de ambigüedad interpersonal, la predicción puede resultar útil. Si podemos hacer algunas predicciones probabilísticas sobre cómo es *probable* que sea el carácter de otra persona, su comportamiento ambiguo será más fácil de interpretar. Si sabemos que el pasajero del tren que donó dinero es voluntario en un comedor social y trabaja para una organización benéfica, podríamos pensar que es más probable que su comportamiento refleje auténtica benevolencia y no malestar social. Y si sabemos que la persona que grita en la calle suele ser plácida e imparcial, quizá sea más probable que tenga una buena razón para estar gritando y menos probable que se pase los fines de semana buscando pelea.

Así pues, las predicciones sobre rasgos y el carácter pueden ser muy útiles para entender cómo son otras personas. Pero ¿de dónde vienen esas expectativas?

Una estrategia que parece desplegar la mente es hacer predicciones sobre los demás basándonos en nuestra propia mente. Esperamos que la gente como nosotros sea gente como nosotros.

Puede que esto no suene muy problemático al principio, pero veamos un ejemplo. Imagina que te presentan a dos personas: Jim y John. Jim se considera un estadounidense típico. Su postura política es relativamente de centroizquierda. Al ser demócrata, deseaba con el alma que Hillary Clinton ganara las elecciones de 2016, y aún no termina de creer que Trump consiguiera ganar la presidencia.

John también se considera un estadounidense típico. Su postura política es relativamente de centroderecha. Es un firme partidario del Partido Republicano y se siente muy identificado con la plataforma social de Trump.

En un estudio, [18] investigadores de la Universidad de Harvard presentaron esta viñeta a un grupo de voluntarios. Tras recibir los bosquejos, los voluntarios tenían que juzgar el grado de liberalismo o conservadurismo político de cada persona y comunicar sus propias opiniones políticas.

Como era de esperar en este tipo de ejercicio, los voluntarios consideraron que Jim era liberal y John conservador. Sin embargo, lo más curioso fue lo que descubrieron los investigadores cuando pidieron a los mismos voluntarios que juzgaran la personalidad, las preferencias y los gustos de Jim y John. Los psicólogos plantearon una serie de preguntas a los voluntarios, por ejemplo: «¿Crees que Jim tiene miedo a envejecer? ¿Le gustaría una obra de Shakespeare? ¿Le gustaría a John un baño de burbujas? ¿Tendría miedo de hablar en público?».

Por supuesto, no hay ninguna conexión genuina entre las opiniones políticas que uno tiene y su gusto por Shakespeare, o los temores que uno pueda tener sobre su propia muerte. Pero los investigadores descubrieron que, incluso en esas preguntas estrictamente irrelevantes, surgía un patrón peculiar: tendemos a esperar que otras personas parecidas a nosotros en un aspecto se parezcan en otros.

Por ejemplo, si te enteras de que Jim vota al mismo partido político que tú, llegarás a predecir que comparte otros rasgos y gustos tuyos. Si aborreces los baños de burbujas y te encanta hablar en público, es lógico suponer que Jim también comparte esas actitudes.

En cambio, si eres una persona introvertida, proyectarás esos rasgos de personalidad en Jim.

Al parecer, esta tendencia a proyectar nuestra personalidad en otras similares guarda una interesante conexión con los circuitos cerebrales que usamos para comprender otras mentes y reflexionar sobre la nuestra. En los estudios de imágenes neurológicas, suele encontrarse una red fiable de áreas cerebrales que se activan cuando pensamos en la mente de otras personas. Un nodo de especial importancia en esta red de mentalización es una región denominada corteza prefrontal media. Una propiedad interesante de esta área es que parece activarse cuando reflexionamos sobre las perspectivas, las opiniones y los gustos de los demás. Pero esta amplia región también se activa cuando reflexionamos sobre nosotros mismos y pensamos en nuestras propias creencias y puntos de vista.

Aunque dicha área parece estar implicada en la representación de los pensamientos propios y ajenos, tales representaciones no suelen solaparse. Por lo general se mantienen anatómicamente separadas. Una parte distinta de esta región, que ocupa una posición más ventral —más abajo— en el cerebro, desempeña un papel en el pensamiento autorreferencial. Otra parte de la corteza que ocupa una posición más dorsal —más arriba— del cerebro parece estar fundamentalmente implicada en el pensamiento sobre la mente de los demás.[19] Por lo tanto, es posible que por eso los pensamientos sobre nuestra propia mente estén separados de aquellos sobre la mente de los demás.

Sin embargo, sucede algo distinto cuando pensamos en la mente de alguien que consideramos similar a nosotros.[20] Mientras que otras mentes suelen activar la parte dorsal de la corteza prefrontal media, pensar en la mente de alguien similar activa la parte ventral, la que suele reservarse para pensar en nosotros mismos. Es más, el grado en que se usa esta región del «yo» al pensar en el «otro» es proporcional a la medida en que proyectamos nuestros propios rasgos y disposiciones en la otra mente. Aunque puede ser difícil establecer aquí una relación de causa y efecto contundente, una forma de interpretar tales hallazgos es pensar que nuestra tendencia a proyectarnos en los demás es consecuencia de usar los contornos de nuestra propia mente para predecir los recovecos de la ajena.

Este tipo de estrategia de predicción es, en general, muy irracional. Sí, es posible que en algunas ocasiones conocer algo sobre ti y otra persona te permita hacer predicciones razonables sobre otras creencias o rasgos que podrían compartir. Si te enteras de que alguien votó al mismo partido político que tú, es posible que puedas predecir sus opiniones sobre asuntos como los impuestos, la economía o la inmigración. Si te enteras de que alguien comparte tu opinión sobre las obras de Matisse, podrías suponer que comparte tu opinión sobre las obras de Cézanne.

En esos casos circunscritos, tiene sentido usar la mente para hacer predicciones sobre los demás, porque podría existir una verdadera correlación entre las dimensiones que se intentan predecir. Las personas que votan al mismo partido político tenderán a tener opiniones similares sobre inmigración e impuestos. Es probable que las que detestan a pintores postimpresionistas como Matisse tampoco se sientan conmovidos por Cézanne. En esos casos, conocer una parte de la información te permite hacer conjeturas sobre algunos de los datos que te faltan. Sin embargo, esta estrategia para predecir al otro a partir de uno mismo fracasa por completo cuando las dimensiones están desconectadas.

Naturalmente, puede haber algunas conexiones entre las actitudes políticas de una persona y sus otros gustos y preferencias. No es difícil imaginar que aquellos comprometidos políticamente con la redistribución radical de la riqueza también se interesen por los mercados de productores de prácticas éticas y pantalones de jean fabricados sin maltrato animal, mientras que los amantes de las corbatas de seda, el clarete añejo y los clubes privados tiendan a oponerse a esas cuestiones.

Pero en el caso de muchas preferencias —me atrevo a afirmar que para la mayoría—, la política no es relevante. No es extraño pensar que tanto a un comunista revolucionario como a un nacionalista de extrema derecha les guste el helado de chocolate. Incluso a los socialistas les gusta el champagne.

Si los liberales de gran corazón y los conservadores reaccionarios tienen las mismas probabilidades de disfrutar de un baño de burbujas, conocer la orientación política de una persona no nos sirve para conocer sus preferencias. No hay correlación. Por lo tanto, es un error pensar que las personas que comparten tus opiniones políticas compartan también el resto de tus gustos y actitudes.

En las clases de estadística que doy, les digo a mis estudiantes que si en verdad no hay correlación entre dos cosas, no podemos usar una para intentar predecir otra. Si no hay correlación entre las inclinaciones políticas y el hecho de disfrutar un baño de burbujas, no deberíamos suponer que nuestros aliados políticos también serían buenos compañeros de baño. Para comprender a los demás, debemos dejar de ser egocéntricos. Tenemos que empezar a pensar menos en *nosotros* y más en el espacio de posibles mentes que puedan estar orbitando a nuestro alrededor.

## Perdidos en el espacio de mentes

Al principio de este capítulo, intenté hacerte pensar que comprender otras mentes es un poco como buscar vida en otros planetas. Carl Sagan y otros astrónomos mostraron que si se apuntaba una sonda a la Tierra para ver cómo es la vida en nuestro planeta, podía obtenerse un modelo de cómo podría ser la vida también en otros mundos lejanos. Del mismo modo, nuestro cerebro puede construir un modelo de cómo es la vida en nuestro mundo interno y usarlo para predecir lo que ocurre en los mundos mentales ocultos de los demás.

Pero, como acabamos de ver, el problema de esta estrategia es que nuestro mundo conocido no es más que un solo ejemplo. Podemos hacer un modelo de cómo es la vida en la Tierra, pero es posible que la vida en otros planetas sea muy distinta.

Lo anterior significa que si un astrónomo quiere entender cómo es la vida en rincones lejanos del cosmos, no puede limitarse a construir un modelo de la Tierra y mantener las sondas apuntadas al interior. Las sondas tienen que apuntar en todas direcciones, para cartografiar los cúmulos y las constelaciones de los planetas que orbitan a nuestro alrededor, para intentar predecir cómo es el clima en mundos distintos del nuestro.

Del mismo modo que los astrónomos trazan mapas de los rincones del paisaje estelar, los psicólogos pueden crear un mapa de un *espacio de mentes* análogo: el espacio de todas las mentes posibles que puede haber a nuestro alrededor. Así como los astrónomos ven la materia celeste gravitar en las galaxias, cuando los psicólogos trazan mapas de las mentes de otras personas, podemos ver el mismo tipo de gravedad y estructura. Las personalidades no se asignan al azar, así como tampoco nuestros rasgos y gustos están dispersos porque sí: se unen y forman constelaciones, crean espacios donde determinados tipos de mentes se agrupan y orbitan juntos.

Mientras que los astrónomos trazan mapas de los cielos con satélites y sondas espaciales, los psicólogos cartografían el espacio de otras mentes haciendo muchas preguntas a muchas personas. ¿Eres una persona honesta? ¿O generosa? ¿O inteligente? ¿U olvidadiza? ¿O divertida?

Podríamos imaginarnos un mundo en el que todas las dimensiones de nuestra mente estuvieran desacopladas y desconectadas, en el que ser generoso no tuviera nada que ver con la inteligencia, o en el que ser amable no tuviera nada que ver con ser digno de confianza ni con buscar experiencias emocionantes. Pero si se mide la personalidad de miles y miles de personas, se empiezan a ver correlaciones sistemáticas entre rasgos psicológicos que, a primera vista, no parecen guardar relación.

Por ejemplo, según un popular modelo de personalidad,[21] se puede construir una imagen de cómo es cualquier ser humano haciéndole seis preguntas generales: ¿Es una persona honesta? ¿Es sensible? ¿Es una persona extrovertida? ¿Le gustan las experiencias nuevas? ¿Hace las cosas a conciencia? ¿Es una persona simpática?

A primera vista, parecen rasgos distintos. Pero en realidad, están entrelazados de forma sistemática.[22] Resulta que las personas más sinceras e imparciales también tienen más probabilidades de ser pacientes, flexibles y amables con los demás, aunque suela pensarse que son rasgos distintos (integridad por un lado, simpatía por el otro). Del mismo modo, las personas que son socialmente seguras de sí mismas y que se muestran animadas en grandes grupos también tienen más probabilidades de ser perfeccionistas y respetuosas de las normas, a pesar de que estas también suelen considerarse dimensiones del carácter independientes (extroversión y escrupulosidad).

De tales correlaciones se desprende que existe una verdadera estructura en la forma en que la mente de una persona puede variar de la mente de otra, y que determinados rasgos psicológicos tenderán a orbitar y agruparse.

Esta idea constituye la premisa central de la denominada «teoría de los espacios de mentes»,[23] propuesta en los últimos años por los psicólogos Jane Conway, Caroline Catmur y Geoff Bird. La idea clave es que cuando intentamos interpretar la mente de otra persona, ya sea un colega, un compañero o un amigo, intentamos situarla en algún lugar de este espacio de mentes. Y usamos lo que sabemos sobre cómo divergen y se conectan los distintos rasgos para hacer predicciones sobre cómo es el resto de su mente y cómo es probable que piense, sienta y se comporte.

De hecho, si pensamos en las agrupaciones y correlaciones del espacio de mentes, podemos hacer mejores predicciones sobre otras personas con las que interactuamos. Por ejemplo, imagina que te has enamorado ligeramente de una compañera de tu trabajo nuevo y lo único que quieres es congraciarte con esa persona. Los viernes por la noche, cuando van a bares después del trabajo, siempre es el alma de la reunión, llena de anécdotas y encantada de que todos le presten atención. Es evidente que es extrovertida, y puedes valerte de ese dato para deducir lo que pensará, le gustará y hará.

Un amigo tuyo va a hacer una fiesta un miércoles por la noche, a la vuelta de la esquina del trabajo: piensas que es la oportunidad perfecta. ¿Deberías invitar a la compañera que te gusta? Al fin y al cabo, ¿no les encantan las fiestas a los extrovertidos?

Sí, a los extrovertidos (por definición) les gustan las fiestas. Pero podrías comportarte de forma muy distinta si tienes en cuenta lo que indican las constelaciones del espacio de mentes. Por ejemplo, tal vez recuerdes que hace un momento te conté que la extroversión y la escrupulosidad tienden a gravitar juntas. Si conoces ese dato sobre otras mentes, podrías predecir que las personas que son audaces dentro de un grupo social son en realidad algo más propensas a tomarse su trabajo muy en serio. Si es así, es probable que tu extrovertida compañera de trabajo piense que una fiesta de noche entre semana sea un poco imprudente, e invitarla a ella sería una mala idea.

Tener en cuenta cómo varían otras mentes puede afectar las predicciones e inferencias que hacemos sobre el carácter de otras personas, con importantes consecuencias para nuestro comportamiento. Pero ¿cómo trazamos un mapa de este espacio? ¿Cómo sabemos cómo se conectan los distintos rasgos mentales?

La mayoría no somos astrónomos que trazan mapas del espacio celeste con telescopios de miles de millones de dólares. Nuestros modelos personales del cielo se basan en las estrellas que podemos ver desde nuestro punto de vista en particular, cuando miramos hacia la franja del cielo estrellado que alcanzamos a observar. Del mismo modo, a menos que seamos psicólogos, no vamos a trazar los contornos del espacio de mentes encuestando a miles de personas y haciendo cálculos. Nos centramos en la franja de espacio social que podemos ver desde nuestro punto de vista: las constelaciones y los grupos de rasgos que hemos visto en las personas y en las personalidades que hemos conocido.

Entonces, si bien existe un espacio de mentes objetivo, es decir, una forma en que se agrupan los distintos elementos de las psicologías y las personalidades, también existe el espacio de mentes subjetivo, que es el modelo que tenemos en la cabeza y que determina cómo pensamos que se relacionan los distintos rasgos. Las personas con las que nos encontramos solo representan una ínfima parte de la población en general, y las muestras que experimentamos difieren de una persona a otra. En consecuencia, tu espacio de mentes y el mío también podrían ser muy distintos, y no hay garantía de que las predicciones que hagamos converjan en la verdad fundamental.

Lo anterior sucede sobre todo si la muestra de personas con las que interactuamos no refleja cómo es realmente la población en general. Por ejemplo, imagina que estudias en Oxford y tienes la mala suerte de socializar exclusivamente con los miembros del Bullingdon Club, una sociedad privada compuesta solo por jóvenes adinerados, conocida por organizar cenas estruendosas que terminan en daños materiales. Con esta muestra de compañeros, conocerás a varias personas que parecen por demás extrovertidas y temerarias. Si bien, en la población en general, una mayor extroversión se vincula a una mayor escrupulosidad, tu espacio de mentes modelo —elaborado a partir de estos gritones rompeventanas— establecerá precisamente la asociación contraria. Como consecuencia, cuando emitas juicios sobre otras personas fuera de este pequeño conjunto, puede que llegues a inferencias falsas. Eso será un problema cuando intentes desenvolverte en el mundo social general, y será un problema para todos cuando termines siendo primer ministro dentro de unos años.

O imagina que, en la primera semana de clases en la universidad, doblas por otra calle del campus y terminas en medio del Partido Socialista de los Trabajadores. Te rodearía un grupo de jóvenes activistas preocupados por la desigualdad global y la injusticia social, pero que por lo general expresan sus convicciones acusando a sus compañeros de estudios de ser unos farsantes capitalistas porque se han comprado el último iPhone, o unos traidores de clase porque están pensando en trabajar en el mundo de las finanzas. La exposición a este entorno presentaría otra correlación aparente entre distintos rasgos de personalidad, en la que la integridad y la probidad parecen vinculadas a actitudes bruscas y conflictivas con los demás. Pero al igual que en el caso de los chicos del Bullingdon Club, este vínculo no se sostiene en la población en general. (Recuerda que antes te conté que, en realidad, la integridad tiene una correlación positiva con la simpatía: así que en realidad es más probable que una persona tenga un marcado sentido de la justicia y la equidad si es más *fácil* llevarse bien con ella).

Si pasamos tiempo con alguno de estos grupos tan peculiares, nuestros modelos internos del espacio de mentes se deformarán para intentar adaptarse a ellos. Al pasar tiempo interactuando con los aristocráticos odiosos o los activistas indignados, estableceremos asociaciones en nuestra mente según las cuales los extrovertidos tienden a no ser escrupulosos, o que las personas con integridad moral serán francas y difíciles. Pero estos grupos no son realmente una muestra representativa de cómo es el resto del mundo social. Así que si deformas y cambias tu espacio de mentes para captar cómo son esas personas en particular, este quedará calibrado de manera muy deficiente respecto de la población en general. Las teorías que el cerebro habrá inventado para trazar el mapa de esa muestra de mentes no podrán aplicarse a todos los demás, y empezarás a hacer predicciones inadecuadas sobre las personas que conozcas más adelante.

Si en verdad se desarrolla este tipo de proceso en nuestra cabeza, es decir, que el cerebro elabore un modelo de las personas del pasado para dar sentido a las personas del presente, cabría esperar que quienes contemos con una muestra más diversa de experiencias tendríamos un mejor modelo de cómo funcionan realmente las diferentes personas. Cuantos más tipos de personas y personalidades hayamos conocido, más rincones del espacio de mentes podremos cartografiar con fidelidad, como si usáramos sondas espaciales para recopilar cada vez más datos sobre cómo podrían ser otros mundos. Así, deberíamos poder hacer predicciones cada vez mejores sobre cómo son las personas.

Pero si intentamos trazar un mapa del espacio de otras personas a partir de un conjunto de datos más limitado, ya sea un pequeño número de personas o un gran conjunto de personas bastante parecidas, corremos el riesgo de ajustarnos de más, como si apuntáramos la sonda espacial solamente a la Tierra o a nuestro sistema solar y no exploráramos cómo podrían ser las galaxias lejanas. No podremos captar la deslumbrante diversidad de otras mentes porque nunca las habremos conocido, lo que convierte el mundo de los demás en un lugar relativamente más ajeno.

Tal y como sugiere la idea anterior, distintas investigaciones han empezado a demostrar que quienes hemos cartografiado el espacio de otras personas con mayor precisión somos más capaces de interpretar otras mentes, es decir, de predecir cómo es la vida en otros planetas.

En un estudio elegante dirigido por Jane Conway,[24] se halló una forma ingeniosa de registrar los modelos del espacio de mentes que distintas personas tienen en la cabeza: haciéndoles revelar sus creencias sobre las posibles conexiones entre distintos rasgos mentales. En este experimento, a los voluntarios se les hacían preguntas como: «En promedio, ¿qué probabilidad hay de que alguien a quien la gente considera irascible también tome decisiones basadas en lo que siente en el momento en lugar de pensarlas detenidamente?». Los participantes debían indicar en una escala móvil qué tan fuerte tiende a ser el vínculo entre esos rasgos (en este caso, la irritabilidad y la impulsividad). Al repetir el proceso con muchas combinaciones de rasgos, los investigadores trazaron el espacio de mentes de cada individuo, es decir, su modelo interno de cómo cree que son las demás mentes.

Lo fundamental es que los investigadores pueden comparar esos espacios de mentes idiosincrásicos con la verdad fundamental. Gracias a los miles de personas que ya han rellenado cuestionarios de personalidad, tenemos una buena idea de cómo se interrelacionan realmente los distintos rasgos mentales, lo que permite determinar —para cualquier persona concreta— hasta qué punto su modelo interno de espacio de mentes coincide con la realidad del mundo social y las demás mentes que hay en él.

Jane y su equipo observaron una gran variabilidad en la fidelidad de los distintos espacios de mentes. Algunos tenemos un modelo mucho más preciso de cómo son realmente otras personas, con predicciones que se ajustan más a los contornos genuinos de la variabilidad humana. Otros, sin embargo, son mucho menos capaces de saber cómo se relacionan en verdad los distintos rasgos, y cuentan con modelos más imprecisos del espacio de mentes: no detectan las verdaderas asociaciones o creen en conexiones entre rasgos de personalidad que en realidad no existen. Podemos suponer que esos «malos modeladores» son aquellos cuyos modelos internos se han entrenado con un conjunto limitado o inusual de otras personas, por lo que terminan con un mapa desconectado de la verdad fundamental.

Lo más curioso es que las diferencias en los mapas internos del espacio de mentes tienen un impacto medible en la capacidad de las personas para descifrar lo que ocurre en la cabeza de otra. Jane y su equipo descubrieron que quienes tenían un modelo más preciso del espacio de mentes eran más capaces de descifrar los estados mentales de otros en entornos naturales, por ejemplo, al tratar de determinar lo que pensaban, sentían o pretendían personas desconocidas mientras observaban cómo se desarrollaban las conversaciones en una cena. Sin embargo, aquellos con mapas equivocados tenían más probabilidades de perderse en el territorio de otras mentes.

También descubrieron que las personas con espacios de mentes más ajustados a la verdad fundamental eran más capaces para hacer juicios rápidos de los rasgos de otras personas. Eso puede comprobarse mediante vídeos de «corte fino». En cada grabación, de no más de nueve segundos de duración, aparecía otra persona con un fondo sin rasgos distintivos a la que se le pedía que dijera una frase idéntica. Este tipo de vídeos contienen muy poca información que pueda digerir nuestro cerebro social, y muy poco contenido que pueda revelar cómo es realmente la otra persona. No obstante, los investigadores descubrieron que quienes tenemos los mejores modelos de espacio de mentes somos más capaces de captar otras mentes, incluso a partir de breves atisbos, y de hacer conjeturas más precisas sobre la personalidad probable de esos individuos, e incluso sobre su grado de inteligencia.

En trabajos más recientes dirigidos por la psicóloga Leora Sevi,[25] se ha demostrado que la idiosincrasia de nuestro mapa de otras mentes puede cambiar no solo cómo interpretamos los *pensamientos* de los demás, sino también sus *emociones*. Así como existen correlaciones entre rasgos de personalidad como la extroversión y la escrupulosidad, o la integridad y la simpatía, también hay mapas sistemáticos entre rasgos de personalidad más duraderos y patrones fugaces de emociones que sienten las personas. Por ejemplo, quienes tienden a ser más amigables también suelen declarar sentirse felices con más frecuencia, y enfadados en menos ocasiones.

Según la investigación de Leora, puede verse cómo la gente modela esa parte del espacio de mentes de forma similar si se le pide que juzgue cómo se conectan los rasgos y los estados mediante preguntas como: «¿Crees que las personas más aventureras tienden a sentirse más felices la mayor parte del tiempo?», etcétera. Tras repetir el procedimiento con toda una serie de rasgos de personalidad y sentimientos, puede trazarse la forma en que una persona determinada *piensa* que se interrelacionan determinados rasgos y emociones. Como en el caso anterior, una vez trazado el espacio de mentes idiosincrásico de una persona, este puede compararse con la verdad fundamental. Por ejemplo, alguien con un espacio más *preciso* habrá captado el hecho de que las personas más amigables de verdad tienden a estar más contentas. Pero alguien con un espacio de mentes *impreciso* podría no ser capaz de detectar esa conexión, o pensar que la simpatía está relacionada con algo totalmente distinto, como la tranquilidad o el entusiasmo. Terminaría con un modelo en su mente que conecta diferentes rasgos y emociones, pero de una manera que está desconectada de la verdad fundamental de cómo funciona nuestra mente en realidad.

Resulta que tales diferencias en cómo podemos armar ese pedacito de espacio de mentes también sirven para predecir lo bien que podemos interpretar las emociones de los demás. En el experimento de Leora, las personas cuyo modelo de espacio de mentes era más preciso y, por ende, eran más capaces de predecir cómo se conectan las personalidades y las emociones, obtuvieron mejores resultados a la hora de detectar las emociones manifestadas por desconocidos en fragmentos breves de una conversación con otra persona, ya se sintieran enfadados, ansiosos o eufóricos. Pero las personas cuyo espacio de mentes era más caótico y, por ende, hicieron predicciones erróneas sobre cómo se interrelacionan los rasgos y las emociones, eran más propensas a cometer errores. Habían malinterpretado las emociones de las otras personas. Es más, tal dependencia de las predicciones personalizadas parecía más pronunciada cuando la persona que tenían delante mostraba una expresión emocional más apagada, que resultaba muy difícil de interpretar.

Este tipo de resultados puede parecer sorprendente. Pero tienen mucho sentido si nuestro cerebro usa una teoría de otras mentes para superar la ambigüedad inherente a otras personas. A lo largo de este libro, he intentado animarte a ver que tu cerebro se comporta como un científico encerrado en tu cráneo: elabora teorías y modelos del mundo exterior y las usa para rellenar los huecos de los datos inciertos e incompletos que le proporciona el mundo. Unas de las cosas más inciertas y ambiguas con las que tenemos que interactuar son otros seres humanos, por lo que hacer predicciones sobre otras mentes puede ayudarnos a descifrar sus pensamientos y emociones, incluso en los cortes más finos del comportamiento observable.

Pero el hecho de mezclar nuestras predicciones con nuestras percepciones de los demás solo nos hace más precisos si tenemos las predicciones correctas. Si el modelo de espacio de mentes de tu cerebro está deformado y distorsionado debido a las personas extrañas con las que has interactuado anteriormente y, como resultado, proyectas correlaciones entre rasgos mentales que en realidad no existen, tus falsas expectativas sobre los demás te llevarán por mal camino. Puede que sigas haciendo juicios rápidos sobre los otros, pero serán erróneos.

Al pensar en el problema de las otras mentes como un problema de elaborar modelos y hacer predicciones, empezamos a ver la estrecha relación entre la comprensión y el malentendido. Al ver a los demás a través del prisma de las experiencias pasadas, filtradas por todas las personas que hemos conocido antes, podemos meternos en la cabeza de alguien nuevo a través de las pistas estrictamente inadecuadas que nos proporcionan su cuerpo y su comportamiento. Pero si las expectativas que hemos creado son erróneas y la mente con la que nos encontramos ahora desafía los patrones que ya hemos identificado, los prejuicios hacia nuestras creencias previas darán lugar a errores e interpretaciones equivocadas. El modelo de tu cerebro se convierte en una lente distorsionadora en lugar de clarificadora.

De hecho, pensar en cómo nuestra mente forma tales modelos puede ser de especial importancia para entender cómo los prejuicios y las ideas preconcebidas llegan a teñir nuestras percepciones de otras personas.

## Creencias previas y prejuicio

Resulta que los prejuicios no son un problema exclusivamente humano. Las máquinas también pueden ser intolerantes.

Un ejemplo de ello lo descubrieron unos científicos informáticos de la Universidad de Virginia que estudiaban algoritmos artificiales usados para clasificar imágenes. [26] Estos modelos de visión por ordenador se entrenan para percibir y etiquetar los objetos de una imagen, constituyendo una pieza clave en herramientas como los motores de búsqueda de imágenes en internet.

Pero lo que inquietó a los científicos de la Universidad de Virginia fue la evidencia de que esos algoritmos parecían ser sexistas. Por ejemplo, observaron lo que ocurría dentro del cerebro de silicio del algoritmo cuando se le mostraba la imagen de un hombre calvo, revolviendo el contenido de una cacerola en medio de una cocina. El algoritmo identificaba correctamente que el lugar era una cocina y que el objeto que la persona tenía en la mano era una espátula. Ambos, correctos. Pero también llegaba a la conclusión, teniendo en cuenta toda la escena, de que el cocinero debía de ser una mujer.

Los prejuicios automatizados como los anteriores no solo son un problema en la visión por ordenador, sino que van más allá de los prejuicios de género. También se ha observado que algunos algoritmos usados para generar puntuaciones crediticias pueden estar sesgados y dar a los estadounidenses negros o hispanos puntuaciones más bajas que a los clientes asiáticos o blancos. [27] Asimismo, otros investigadores han observado que los modelos de lenguaje grandes utilizados para generar texto predictivo también son capaces de escribir su propia prosa intolerante, [28] por ejemplo, mostrando sesgos al asociar la palabra «musulmán» con términos violentos como «terrorismo», «herir», «asesinar» y «decapitar».

Pero esas máquinas no fueron diseñadas con dicha malevolencia. Las estadísticas sobre diversidad en la industria tecnológica pueden dejar mucho que desear, pero, por el momento, los gigantes de Silicon Valley no están contratando —al menos, no explícitamente— ejércitos de misóginos y racistas para incorporar sesgos en el código fuente. Lo que sucede es que, al parecer, surgen sesgos perjudiciales en los algoritmos cuando a una máquina de aprendizaje inicialmente imparcial se la alimenta con una dieta desequilibrada.

Todos estos algoritmos están expuestos a grandes cantidades de datos —su «conjunto de datos de entrenamiento»—, de los que absorben un determinado conjunto de patrones probabilísticos. Una vez interiorizados, los patrones sirven para generar nuevas predicciones sobre muestras que la máquina no ha visto. Al observar miles y miles de imágenes, un algoritmo de visión por ordenador puede aprender qué grupos de objetos tienden a coincidir en una cocina. Al estudiar los extractos bancarios de miles de personas que incumplen y no incumplen los pagos de sus tarjetas de crédito, los algoritmos de calificación crediticia pueden aprender qué rasgos predicen la probabilidad de que otra persona incumpla. Y al leer enormes cantidades de texto y observar cómo se combinan las distintas palabras, los modelos de lenguaje grandes aprenden a predecir cuál debería ser la siguiente palabra de una frase en la prosa humana natural.

En principio, estas reglas de aprendizaje parecen bastante inofensivas. Pero un proceso de aprendizaje aparentemente inofensivo aún puede generar resultados sesgados si le proporcionamos datos sesgados. Por ejemplo, si el clasificador de imágenes recibe una base de datos de imágenes en las que la mayoría de las personas que aparecen en distintas cocinas son mujeres y no hombres, mediante un proceso de aprendizaje puramente probabilístico, el algoritmo llegará a la conclusión de que «mujer» va con «cocina», así como aprende que «refrigerador» y «tostadora» también van juntos.

Del mismo modo, si los algoritmos de calificación crediticia se entrenan con datos financieros tomados de sociedades con una desigualdad racial significativa, en las que los estadounidenses negros e hispanos tienen más probabilidades de padecer inseguridad financiera, el modelo podría aprender que la «raza» es un predictor útil de la solvencia crediticia, del mismo modo que aprende que los problemas de deuda en el pasado predicen la probabilidad de falta de pago en el futuro. Y si los modelos de lenguaje leen miles de millones de páginas de internet para aprender cómo se estructura el idioma inglés, por ejemplo, esto también implicará tomar muestras de grandes cantidades de texto escrito por xenófobos y racistas, que señalan a los musulmanes como un grupo singularmente peligroso, exponiendo así al modelo a una correlación entre la palabra «musulmán» y diversas frases violentas.

En el mundo de la inteligencia artificial, la evidencia de que los algoritmos podrían absorber y amplificar los sesgos humanos existentes es motivo de gran consternación. Las empresas y los responsables políticos, ya preocupados por la posibilidad de delegar decisiones en algoritmos sin rostro, se ponen aún más inquietos cuando descubren que los algoritmos pueden aprender a ser racistas. Las empresas tecnológicas no quieren que los modelos de lenguaje que alimentan sus funciones de autocompletado reproduzcan estereotipos racistas que hayan aprendido en foros de extrema derecha.

Estos temas son obviamente importantes, ya que los tentáculos de la inteligencia artificial continúan infiltrándose en más aspectos de nuestra vida. Pero si tomamos distancia, comprender cómo se desarrollan los prejuicios en estas máquinas de pensamiento podría ayudarnos a comprender cómo los prejuicios se apoderan también de nuestra mente.

El tema al que hemos vuelto una y otra vez es que el cerebro forma predicciones y teorías sobre el mundo exterior mediante los patrones probabilísticos a los que ha estado expuesto. Según este razonamiento, la clave de muchos de nuestros mayores logros cognitivos es nuestra capacidad para asimilar patrones de experiencias pasadas y usarlos para predecir cómo es el presente y cómo será probablemente el futuro.

Si esta idea es correcta, nuestro cerebro es, en algunos aspectos importantes, muy parecido a estos algoritmos. Tanto en los cerebros biológicos como en los artificiales, las predicciones se entrenan para ajustarse a los patrones y las peculiaridades de los datos que hemos visto anteriormente. De hecho, los científicos que elaboran muchos de estos algoritmos se inspiran en la estructura de nuestro cerebro, de ahí que muchas veces se los llame «redes neuronales».

En inteligencia artificial, vemos cómo un algoritmo de aprendizaje inicialmente imparcial, motivado únicamente por el deseo de predecir y aprender, recapitula las dimensiones de la intolerancia humana que acechan en su conjunto de datos de entrenamiento. Si nuestro cerebro es como estos algoritmos, ¿podría ser que también nos ocurra lo mismo?

Un análisis típico de los prejuicios humanos suele girar en torno a dinámicas de opresión, dominación y poder. Los psicólogos sociales son capaces de hablar horas y horas de cómo los grupos humanos cooperan virtuosamente y compiten ferozmente, ya que hay algo en la psique humana que nos hace favorecer a los grupos internos frente a los externos, más allá de cómo se delimiten ambos.

Bien podrían existir instintos de coalición de este tipo. Pero la idea recurrente en este panorama es que los prejuicios obedecen esencialmente a motivaciones humanas más oscuras: el deseo de reforzar los intereses de nuestro propio grupo y de alcanzar una posición dominante que subyugue a los demás.

Pero nunca encontraremos estas motivaciones oscuras en nuestras máquinas prejuiciosas. El algoritmo que da puntuaciones crediticias más bajas a los consumidores negros o hispanos no lo hace porque se piense blanco. El algoritmo que cree que las mujeres deben estar en la cocina no se confunde a sí mismo con un hombre. Estas máquinas no forman parte de ningún grupo y no tienen ninguna motivación, salvo el deseo de absorber patrones, aprender y predecir.

Si vemos que surgen prejuicios sin motivo en las máquinas, podemos pensar que es plausible que estos también surjan en nosotros. Y podrían surgir de forma similar. Si, al igual que los algoritmos, asimilamos los patrones que nos presenta el mundo y los usamos para construir nuestros propios modelos internos, puede que no necesitemos motivos oscuros ni intenciones hostiles para asimilar ideas prejuiciosas. Bastaría con vivir en un mundo sesgado para acabar teniendo un cerebro sesgado.

Los datos de entrenamiento de estos algoritmos artificiales pueden ser un banco de imágenes o un texto extraído de internet, pero para cerebros como el nuestro, los datos de entrenamiento son el mundo en el que vivimos. Y si nuestro mundo es desigual y desequilibrado, esa desigualdad puede influir también en los modelos de nuestra mente.

En esa idea se basó un ingenioso estudio de Madalina Vlasceanu y David Amodio,[29] que trabajan en la Universidad de Nueva York. Los investigadores querían explorar cómo los prejuicios de nuestro mundo social podrían programar prejuicios en los algoritmos y cómo los prejuicios de los algoritmos podrían instalar prejuicios en nosotros. Se centraron en la desigualdad de género y, en particular, en los prejuicios que podemos tener sobre la adecuación de los trabajos a cada género, como la expectativa de que las enfermeras sean mujeres y los ingenieros, hombres.

Como primer paso, comprobaron si los algoritmos artificiales asimilan realmente la desigualdad del mundo que los rodea. Para ello, comprobaron si los algoritmos integrados en sociedades más desiguales tendían a generar resultados con un mayor sesgo de género. Examinaron los datos existentes sobre los niveles de desigualdad de género en distintos países, midiendo, por ejemplo, la paridad entre hombres y mujeres en el empleo, la educación, la salud y la política. En esta métrica de igualdad, países como Islandia, Finlandia e Irlanda salen relativamente bien parados, mientras que países como Arabia Saudita, Turquía y Japón no.

A continuación, los investigadores se preguntaron si Google podría ser más sexista en los países que también lo son. Realizaron búsquedas en Google Imágenes con la palabra clave «persona» en un amplio conjunto de países. La prueba se inspiró en uno de los hallazgos fiables más deprimentes de la psicología de los prejuicios sexistas: las palabras en rigor neutras en cuanto al género, como «persona», «ser humano» o «alguien», suelen interpretarse por defecto como referidas a un hombre.[30]

Vlasceanu y Amodio observaron que los algoritmos de búsqueda de Google eran propensos al mismo sesgo que los seres humanos, pero de una forma que reflejaba la desigualdad de la sociedad circundante. En los países con mayores niveles de desigualdad entre hombres y mujeres, los sesgos algorítmicos eran más pronunciados (y si solo se pregunta en Google cómo es una persona, puede verse que predominan los hombres sobre las mujeres en las imágenes generadas).

El patrón tiene mucho sentido si consideramos que los algoritmos asimilan los patrones de las sociedades que los rodean, ya que las sociedades más desiguales pueden alimentar los modelos con los patrones más distorsionados. Pero ¿acaso el hecho de estar expuestos a este tipo de patrones también afecta nuestros patrones de pensamiento?

Para averiguarlo, los investigadores no se limitaron a analizar los estereotipos existentes —como que las enfermeras suelen ser mujeres—, sino que también investigaron cómo la mente de las personas forma nuevas expectativas sobre los posibles roles de género.

En un estudio de seguimiento, los investigadores reclutaron a un grupo de voluntarios y les pidieron que hicieran una tarea en la que emitían juicios sobre ocupaciones poco conocidas que en inglés no tienen marca de género: «chandlers», «drapers», «perukers» y «lapidaries». Son todos trabajos auténticos, pero la mayoría de la gente no sabe lo que son,* y por lo tanto, es poco probable que los voluntarios tuvieran conocimientos previos sobre lo que implican ni sobre quién es probable que los haga de verdad.

En el experimento, se pidió a los voluntarios que adivinaran en qué consistía cada ocupación, así como el rango de edad, el salario, la inteligencia y la simpatía del trabajador medio. Y lo más importante: también debían juzgar si era más probable que el trabajo lo hiciera una mujer o un hombre. Tras responder las preguntas, se mostró a los voluntarios una muestra de resultados de búsqueda de imágenes en Google usando el oficio como palabra clave (por ejemplo, una muestra de «chandlers») y, a continuación, se les formuló el mismo conjunto de preguntas.

El truco clave del estudio fue que los distintos grupos de voluntarios vieron diferentes niveles de paridad de género en los resultados de las búsquedas. Para algunos, los resultados de la búsqueda de «chandler» incluían una división por sexos perfectamente equilibrada, con un 50 por ciento de cereros hombres y un 50 por ciento mujeres. Otros, sin embargo, vieron resultados de búsqueda desiguales para el mismo trabajo: por ejemplo, un resultado en el que el 90 por ciento de los cereros eran hombres y solo el 10 por ciento mujeres (el tipo de división que los investigadores encontraron al buscar en Google la palabra «persona» en países con desigualdad de género).

Los resultados del estudio sugieren que tales patrones diferentes de exposición podrían programar las decisiones que tomamos, e incluso pueden afectar elecciones hipotéticas sobre a quién elegiríamos para contratar. Los voluntarios que vieron mayor predominancia masculina en sus resultados al buscar esas profesiones eran más propensos a predecir que los trabajos eran desempeñados por

---

* Un «chandler», o cerero, es alguien que vende velas; un «draper», o pañero, vende telas; un «peruker», o peluquero, hace pelucas; y un «lapidary», o lapidario, corta piedras preciosas.

hombres, y si se los obligaba a elegir, eran más propensos a optar por un hombre en lugar de una mujer para cubrir una vacante imaginaria. Por el contrario, los participantes que veían una mezcla más equilibrada de mujeres y hombres eran más propensos a predecir que estas ocupaciones también contenían una mezcla de hombres y mujeres, y no manifestaban el mismo sesgo a pensar que una vacante imaginada debería asignarse a un hombre. En resumen, estos resultados indican que, para los algoritmos y para nosotros, la representación importa.

## Desprogramarte

Me generan escepticismo los neurocientíficos que proponen que un solo dato sobre el cerebro basta para dar cuenta del origen de algo tan complejo como los prejuicios. Y debería generarte escepticismo a ti también. Pensar únicamente en los procesos biológicos que se desarrollan en nuestro cráneo no puede ni debe sustituir un análisis histórico, político o económico adecuado de dónde proceden la desigualdad y la opresión, y de las condiciones e ideologías que las sustentan.

Pero si nos tomamos en serio la analogía entre los algoritmos artificiales y nuestro cerebro biológico, abrimos una nueva ventana a cómo los sesgos perjudiciales pueden teñir las predicciones que hacemos sobre nuestro propio mundo social. Si alimentamos nuestra mente con una dieta de datos sesgados, los procesos predictivos formarán expectativas que reflejen esos sesgos.

Tal razonamiento no sirve de excusa para tener creencias intolerantes, ni mucho menos para excusar cualquier comportamiento prejuicioso. No puedes afirmar que no eres responsable de tus propios prejuicios porque tu mente fue entrenada hace años con patrones de datos poco felices.

Dicho esto, aunque el razonamiento anterior no sirva de excusa, sí puede servir para explicar algunas cuestiones, sobre todo las formas menos manifiestas pero más extendidas de sesgo inconsciente que acechan en la mente de todos.

Si adoptamos sesgos de la misma manera que los algoritmos, la clave para desprejuiciar nuestro cerebro podría encontrarse estudiando también los algoritmos.

Una forma de ayudar a eliminar el sesgo en las máquinas es seleccionar con cuidado los datos que estas consumen. Los investigadores han descubierto que eliminar cuidadosamente las posibles confusiones en los conjuntos de datos de entrenamiento —por ejemplo, asegurándose de que un algoritmo de visión por ordenador vea imágenes de hombres en cocinas con la misma frecuencia que mujeres— ayuda a mitigar los sesgos indeseables que los modelos podrían aprender.

Entonces, tal vez deberíamos pensar en la posibilidad de seleccionar cuidadosamente las dietas con las que se alimenta nuestro cerebro. Si podemos eliminar el sesgo de un algoritmo diversificando sus datos de entrenamiento, podemos mitigar los sesgos de nuestra propia mente diversificando también nuestra muestra de experiencias. A partir de resultados como los de Vlasceanu y Amodio, vemos que estar expuestos a la desigualdad puede llevar a reproducirla, pero también que una dieta más equilibrada de datos puede proporcionar cierta inoculación.

Ahora bien, si eres un lector avispado, podrías pensar que en realidad esto no es una solución en absoluto: ¡basta con eliminar la desigualdad del mundo que nos rodea, y entonces nuestro cerebro seguirá el ejemplo! Obviamente, es mucho más fácil dar a un algoritmo un conjunto de imágenes en el que la mitad de las personas que cocinan en el hogar son hombres y la otra mitad mujeres. Pero es mucho más difícil crear las condiciones sociales, económicas y políticas para que los hombres en verdad cocinen la mitad de los platos.

Sin embargo, si las impresiones que deja la desigualdad en los modelos internos de nuestro cerebro contribuyen a que esta persista, diversificar las experiencias que proporcionamos a nuestros modelos debería resultar de ayuda. Y tal diversificación de la experiencia puede adoptar innumerables formas. Podríamos pensar que un ejemplo destacado de esto proviene de los esfuerzos conscientes que se hacen en toda una serie de campos —la política, los negocios, el entretenimiento, el deporte, las artes, las ciencias, etc.— para amplificar las voces y aumentar la visibilidad de grupos que han estado históricamente (y están actualmente) poco representados.

Para un crítico, todo esto puede parecer ingeniería social. Pero si nos pensamos como máquinas de predicción, estamos diseñados de una forma u otra. El cúmulo de prejuicios e ideas preconcebidas que tenemos ahora no refleja un estado esencial de la naturaleza. Lo que esperamos y predecimos en el presente ya es producto de las dietas mentales con las que nos hemos alimentado en el pasado. Al final, no se trata de si estamos programados para crear esos modelos predictivos de otras personas, sino de si los modelos de nuestra mente están programados con responsabilidad o no.

Cuando los astrónomos abogan por destinar miles de millones del erario público a trazar mapas de rincones lejanos del espacio, el argumento suele reducirse a ampliar nuestros horizontes. Se dice que la búsqueda de vida en planetas lejanos tiene el poder de darnos una perspectiva de nosotros mismos y de nuestro planeta más allá de lo conocido y lo rutinario.

Si el esbozo que he hecho en este capítulo es cierto, puede haber vida desconocida aquí mismo, en la Tierra. Para cada uno de nosotros, hay rincones del espacio de mentes que no hemos explorado, tipos de personas que nunca hemos conocido o de las que nunca nos hemos molestado en conocer nada. Podríamos ampliar los horizontes de nuestra mente mirando las estrellas, pero podría ser aún mejor empezar a mirarnos de cerca los unos a los otros.

Sin embargo, por muy vasto que sea este espacio exterior de otras mentes, no es el más misterioso. Como veremos en el próximo capítulo, quizá sea aún más desconcertante pensar en cómo exploramos nuestro propio espacio interior, y en cómo es posible que tu cerebro pueda construir un modelo de sí mismo.

# 4

## Conocer nuestra mente

### Perderse el Premio Nobel

En 2008, Roger Tsien, Martin Chalfie y Osamu Shimomura recibieron la llamada con la que sueña todo científico. La Real Academia Sueca de las Ciencias había decidido que el trío recibiera el Premio Nobel de Química. Los tres fueron invitados a Estocolmo para asistir al lujoso banquete ceremonial (de etiqueta, por supuesto), en el que el rey de Suecia le entregaría a cada uno su premio: un diploma, una medalla de oro y su parte del premio en efectivo de 1,4 millones de dólares.

Pero por muy satisfechos que estuvieran de recibir el máximo galardón de la ciencia, un pensamiento pesaba sobre su conciencia colectiva. A ese escenario debería haber subido un cuarto hombre.

Tsien, Chalfie y Shimomura recibieron el Nobel por sus investigaciones pioneras sobre la proteína verde fluorescente (GFP, por sus siglas en inglés). [1] La GFP está presente de forma natural en algunas medusas y les permite brillar en la oscuridad al exponerse a determinadas longitudes de onda de luz. Sin embargo, los ingeniosos científicos habían descubierto que mediante la implantación artificial de esta proteína en otros animales y tejidos podría iluminarse literalmente el funcionamiento interno de células diminutas. La innovación tenía un enorme abanico de aplicaciones en toda la biología molecular. Pero la invención no fue de ellos tres solos.

En la década de 1990, el biólogo molecular estadounidense Douglas Prasher ya había tenido la clarividente idea de extraer esta proteína fluorescente de las medusas y usarla como herramienta para obtener imágenes de estructuras biológicas a escala microscópica. [2] Y, efectivamente, dio el paso inicial: fue el primer investigador en clonar con éxito el gen que está detrás de esta proteína que brilla en la oscuridad. Pero la suerte de Prasher dio un vuelco. Los fondos de su investigación empezaron a escasear y no consiguió encontrar un departamento que lo financiara. Finalmente, Prasher llegó a la conclusión de que jamás llegaría a ser un investigador exitoso. Traspasó su trabajo sobre el gen a sus colegas, Tsien y Chalfie, y abandonó por completo la investigación académica. Cuando los demás recibieron la llamada para comunicarles que habían ganado el Premio Nobel por los descubrimientos originados en las ideas de Prasher, este trabajaba en un concesionario Toyota de Alabama. *

La historia de Prasher no es más que un ejemplo del «efecto Mateo», un término inventado por los investigadores para describir una serie de situaciones en las que el éxito temprano da lugar a éxitos posteriores y, del mismo modo, en las que los fracasos tempranos son difíciles de superar. El efecto puede verse en muchas partes. Por ejemplo, en un estudio, se observó que los libros que tienen la suerte de aparecer en la lista de los más vendidos del *New York Times* acaban disfrutando de otro repunte en sus ventas cuando eso ocurre. [3] Pero uno de los ejemplos mejor estudiados del efecto Mateo aparece en la financiación científica.

Como muy bien saben personas como Douglas Prasher, el hecho de que un científico obtenga o no fondos puede tener una gran

---

* En su defensa, Tsien y Chalfie nunca trataron de restar importancia a los aportes fundamentales que hizo Prasher a sus descubrimientos sobre la GFP. Incluso los llevaron a él y a su esposa en avión a Estocolmo para que ambos pudieran asistir a la ceremonia de entrega del Premio Nobel.

repercusión en el rumbo que tome su vida laboral. Y los investigadores se han interesado especialmente en cómo los éxitos y fracasos al principio de la carrera por recaudar fondos pueden afectar una trayectoria científica.

Un estudio se centró en las subvenciones concedidas por el Consejo Holandés de Investigación.[4] Algún integrante del Consejo con sentido del humor bautizó sus tres planes de financiación más importantes como las subvenciones «Veni», «Vidi» y «Vici», como en la frase de Julio César «llegué, vi, vencí». La primera de estas subvenciones, la Veni, es concedida por el Consejo a científicos muy noveles que acaban de doctorarse, para que dirijan su primer proyecto independiente.

Las subvenciones científicas de este tipo suelen asignarse tras revisar y clasificar a todos los candidatos y sus propuestas, en orden de mejor a peor. A continuación, el organismo calcula cuántas subvenciones puede financiar y toma esa cantidad de los primeros puestos de la lista. Si bien, con esta estrategia, se entiende que los científicos mejor clasificados casi siempre recibirán financiación, también sucede que muchas ideas de gran calidad no la recibirán. Y lo que es más importante, también significa que hay científicos financiados y no financiados que podrían ocupar casi el mismo puesto en la lista. Sí, en un grupo de 100 candidatos, la persona clasificada en primer lugar es probablemente mucho mejor que la clasificada en el último, pero es probable que no haya mucha diferencia entre los candidatos que ocupan los puestos decimoctavo y decimonoveno, o en el decimonoveno y el vigésimo. Sin embargo, si la organización decide que ese año solo pueden conceder diecinueve subvenciones, dos de esas ideas serán financiadas y una no: un simple giro del destino.

En 2018, los investigadores analizaron los casos intermedios: científicos que llegaron arañando a conseguir las subvenciones, y los que perdieron por un pelo. Investigaron cuánta más financiación habían obtenido esos científicos desde que ganaron (o perdieron) su primera subvención varios años antes. En toda la muestra, los investigadores observaron indicios del efecto Mateo. Ocho años después, los científicos que habían obtenido una subvención en un primer intento habían acumulado un promedio de 300.000 euros más otorgados por el Consejo de Investigación Holandés y otras fuentes de financiación similares, mientras que aquellos que no la habían conseguido solo habían acumulado un promedio de 120.000 euros. Aunque en un principio se consideró que ambos grupos tenían un potencial más o menos equivalente, los que tuvieron éxito al principio de sus proyectos acabaron recibiendo más del doble que el otro grupo a medida que avanzaba su carrera.

Pero ¿de dónde provienen esas ventajas y desventajas? Pues bien, parece que el verdadero origen de tales efectos está en cómo los éxitos y los fracasos determinan la imagen que nos hacemos de nosotros mismos. Nuestra confianza aumenta o disminuye en función de si hemos ganado o perdido, y esas creencias a su vez controlan si decidimos volver a intentarlo o, como Prasher, decidimos abandonar la empresa.

De hecho, hay indicios en los datos de que la diferencia entre los que ganan y los que pierden en etapas tempranas se debe en parte a cómo se comportan los perdedores: los que no consiguen la primera subvención tienen menos probabilidades de presentarse a convocatorias posteriores. Pero cuando los investigadores se centraron en los perdedores tenaces —aquellos cuya autoestima se mantuvo intacta y que siguieron presentándose—, observaron que el efecto Mateo se reduce.

¿De dónde provienen estas creencias sobre nosotros mismos? ¿Cómo es posible que algunos de nosotros perseveremos tenazmente ante el fracaso y el rechazo, pero que otros —como Prasher— tengan una idea realmente digna de un premio Nobel, pero no sean capaces de ver su propio talento?

En el último capítulo, vimos cómo el científico que tenemos encerrado en el cráneo encuentra la forma de entrar en la cabeza de los demás. Vimos cómo exploramos la mente oculta de otros, elaborando una teoría o un modelo para conjeturar y predecir cómo es probable que se desarrollen sus ideas y sentimientos. Es a través de esas teorías de nuestro cerebro que podemos interpretar otras mentes.

Pero el cerebro no solo necesita una teoría para interpretar *otras* mentes. También necesitamos una teoría para interpretar *nuestra* propia mente. Al igual que no podemos mirar el interior de la mente de otras personas, tampoco podemos mirar el funcionamiento interno de la nuestra. La introspección solo nos permite vislumbrar apenas cómo se desarrollan los procesos más profundos de nuestra mente. Vernos a nosotros mismos con claridad es, por lo tanto, mucho más difícil de lo que parece.

## ¿Para qué sirven los psicólogos?

Bueno, decir cosas así puede ser controvertido. Uno de los gajes del oficio a los que se enfrentan los psicólogos es que a la gente no le suele gustar que le digas que la mente humana funciona de una manera y ellos piensen que funciona de otra. Sospecho que esta situación es exclusiva de quienes estudiamos la mente y el cerebro. Apostaría a que en la mayoría de las fiestas los microbiólogos y astrofísicos no se ven acorralados por desconocidos que les cuentan sus teorías intuitivas sobre el funcionamiento de las bacterias o las galaxias.

La diferencia, por supuesto, es que mientras que la mayoría de nosotros no sabemos realmente nada sobre microbios o galaxias, ribosomas o rocas, todos y cada uno de nosotros sí tenemos experiencias de una mente y un cerebro desde *dentro*. Todos nos sentimos íntimamente familiarizados con nuestra propia mente y su funcionamiento. Es como si, a través de la reflexión subjetiva sobre nuestra mente, pudiéramos hacernos una idea de lo que nos pasa por la cabeza.

Si este tipo de introspección diera una imagen perfecta del funcionamiento de la mente, la gente como yo se quedaría sin trabajo. La premisa central de la ciencia psicológica es que no podemos comprender las maquinaciones de nuestra mente simplemente sentándonos a reflexionar. Necesitamos otras herramientas para saber cómo funcionamos.

Si quisiéramos, podríamos remontarnos a pensadores como Sigmund Freud. Los psicoanalistas como Freud no tienen mucho eco en la neurociencia psicológica moderna, por un lado, porque sus ideas eran demasiado escurridizas para probarlas científicamente y, por otro, si somos sinceros, porque habla mucho del sexo (los científicos suelen ser un grupo muy reservado).

Pero hay que reconocer que los psicoanalistas como Freud aportaron una idea clave que sigue influyendo en las ciencias de la mente hasta hoy. Los psicoanalistas tenían la certeza de que gran parte de lo que ocurre en nuestra mente sucede por debajo del nivel de la conciencia y, por lo tanto, existen cavernas y cuevas en las profundidades de nuestra mente a las que la reflexión consciente no puede llegar. La imagen que se nos presenta en nuestra conciencia no está completa.

Los psicólogos pueden ilustrar de varias formas la falibilidad de nuestras impresiones subjetivas. Un buen ejemplo es lo que los psicólogos llaman «inflación subjetiva de la conciencia». Intenta apartar la vista de este libro y fijarla en algo a la distancia. ¿Qué puedes ver con el rabillo del ojo? Por lo general, la mayoría tenemos la sensación de poder ver objetos en la periferia, pero eso no es cierto.[5] Si se examinara a las personas respecto de lo que pueden discriminar en esos ángulos excéntricos del campo visual, les iría pésimo. Objetivamente, no podemos ver nada por el rabillo del ojo, pero el cerebro «infla» subjetivamente la imagen visual, dándonos la impresión de que podemos ver detalles que, en rigor, no podemos.

Surge otra ilusión introspectiva de carácter más cognitivo cuando se pide a las personas que piensen cómo se comportarían en situaciones con dilemas morales. Por ejemplo, un investigador puede pedirte que imagines cómo te comportarías en una situación ficticia[6] en la que te dan 20 libras, pero puedes gastar una pequeña cantidad de dinero para salvar a un desconocido de una dolorosa descarga eléctrica. Por cada libra que conserves, le darán un sacudón. ¿Con cuánto dinero crees que te quedarías? ¿Cuántas descargas le dejarías sufrir al desconocido? Cuando las personas reflexionan sobre este tipo de experimento mental, se imaginan que renunciarían a la mayor parte del dinero: en promedio, se quedarían con alrededor del 10 por ciento, pero salvaría al desconocido de casi todas las descargas. Sin embargo, cuando las pones en esa situación de verdad, las cosas no salen así. En realidad, la gente tiende a quedarse con la mayor parte del dinero —alrededor del 60 por ciento— y se muestra mucho más predispuesta a la hora de ver cómo se electrocuta la otra persona.

Aunque los estudios son bastante diferentes, ambos ilustran cómo puede engañarnos la introspección, dejándonos una impresión subjetiva del funcionamiento de nuestra mente que nos aleja de la realidad. Pero ¿cómo puede nuestro cerebro reflexionar sobre sí mismo? ¿Y por qué la imagen que vemos reflejada en nuestra mente se desconecta de la verdad fundamental?

## El actor y el crítico

Puede que «reflexión» sea una palabra demasiado pasiva para lo que realmente implica la introspección. Los psicólogos y neurocientíficos interesados en este tema rara vez utilizan el término «introspección», quizá porque evoca el mullido sillón de un filósofo en lugar de las líneas rectas del laboratorio de un científico. Hoy en día, los científicos que estudian cómo controlamos nuestra mente de manera consciente suelen decir que estudian la «metacognición»,[7] que en sentido literal significa la cognición sobre la cognición, o el pensamiento sobre el pensamiento.

Si la percepción es el proceso de representar el mundo *fuera* de nuestra cabeza, la metacognición es el proceso de representar el mundo *dentro* de nuestra cabeza. Y aunque percibir el mundo exterior y el mundo interior puedan parecer procesos bastante diferentes, los problemas que plantea mirar hacia dentro y hacia fuera guardan cierta semejanza.

Imagina a un actor actuando en el escenario y a un crítico mirando desde el público. El actor tiene una función definida que cumplir: el guion puede exigir que nos haga reír, que nos haga llorar o, simplemente, que lleve la trama de un punto a otro. Y el crítico también tiene una función: observar al actor y hacer un seguimiento de lo bien que su actuación arranca carcajadas, provoca lágrimas o hace avanzar la acción.

El actor y el crítico forman un «bucle de control». Desde luego, el actor es primordial: no hay obra que criticar si todos los participantes se quedan en casa. Pero cuando actor y crítico interactúan adecuadamente, las interpretaciones mejoran. Si las reseñas del crítico reflejan con precisión lo que el actor hace bien y lo que hace mal, el actor puede hacer ajustes y mejoras antes de la siguiente función.

En los teatros, el actor y el crítico son personas separadas con mentes separadas, pero esos mismos bucles de control también se desarrollan dentro de cada cerebro. Puedes imaginar que las distintas partes de tu aparato cognitivo —percepción, lenguaje, cognición social, etc.— son como una compañía de actores, cada uno con un papel específico que desempeñar. Pero al mismo tiempo, tu cerebro también alberga un crítico metacognitivo, que sigue de cerca lo bien que se está desempeñando cada papel.

Los neurocientíficos que buscan en qué parte del cerebro podría residir este crítico (o *críticos*) han identificado algunas posibilidades. En los últimos años, los candidatos más prometedores se han localizado en partes de la corteza prefrontal, donde aparentemente un grupo de regiones cerebrales comentan lo que hacen otros circuitos neuronales.[8]

Este crítico que reside en tu lóbulo frontal es el responsable de generar sentimientos subjetivos de confianza en tu propia mente. Los sentimientos de confianza que le atribuyes a un determinado percepto, recuerdo, pensamiento o decisión se deben a las «reseñas» generadas por tu crítico interno. ¿De verdad vi eso? ¿Tengo la certeza de lo que pasó? ¿Fue esa la decisión acertada? Tales sentimientos subjetivos e introspectivos son evocados por el crítico que tienes en la parte prefrontal del cerebro. Y lo que sientes depende de lo que este crítico ve. Sientes más seguridad cuando el crítico te dice que una parte de tu mente funciona bien —por ejemplo, que una visión es vívida o un recuerdo es claro— y sientes más inseguridad si el crítico te dice que tu mente funciona mal —por ejemplo, si la visión parece tenue o el recuerdo, borroso—.

## El ruido en tu cabeza

Por supuesto, referirnos a áreas cerebrales como la corteza prefrontal en términos de un crítico metacognitivo que ve las idas y venidas de nuestra mente es metafórico. Estas regiones prefrontales no pueden «ver» en un sentido literal lo que hacen otras regiones cerebrales, y hablar en estos términos podría empezar a confundirnos. De hecho, los psicólogos y neurocientíficos suelen preocuparse por caer presa de la «falacia del homúnculo», es decir, la idea de que hay un hombrecito u «homúnculo» en nuestra cabeza que observa lo que hace el resto del cerebro. El problema de los homúnculos es que si pensamos que tenemos un hombrecito en la cabeza que observa el cerebro, y nuestra experiencia refleja lo que *este* hombrecito puede ver, parece como si tuviéramos que imaginar a un hombrecito aún *más pequeño* dentro de *su* cabeza observando *su* cerebro, y así sucesivamente. Acabamos con una regresión infinita de muñecas rusas cada vez más pequeñas, y sin una explicación clara de cómo funciona la reflexión consciente en realidad.

Para evitar la trampa del homúnculo, los neurocientíficos han reflexionado mucho sobre cómo desterrar al hombrecito metafórico y qué procesos pueden estar desarrollándose en áreas cerebrales como la corteza prefrontal para hacer posible la introspección.

Aunque estas regiones de la corteza prefrontal no tienen ojos de verdad para ver lo que ocurre en otros circuitos cerebrales, sí reciben señales de regiones inferiores que transmiten pistas sobre qué tan bien están desarrollándose la percepción, el pensamiento y la acción. Una información muy importante que las regiones superiores pueden obtener de las inferiores es la varianza o *precisión* de su actividad.

Se puede pensar que la información del cerebro se almacena en patrones distribuidos de actividad cerebral, codificados en toda una población de neuronas. Por ejemplo, lo que estás viendo ahora mismo refleja un patrón de actividad en la población de neuronas que componen tu corteza visual. Cada neurona estará en sintonía con diferentes posibilidades: a algunas les gustarán las páginas impresas llenas de texto, pero a otras les gustarán las caras, los paraguas o las sillas. Al mirar el texto de esta página, las neuronas sintonizadas con la vista de una página impresa son las que más se activan (porque eso es lo que estás mirando realmente). Entonces, tienes un pico de actividad en esta población, en torno a las neuronas «página» de la corteza visual. El pico de actividad refleja la conjetura más plausible que puede hacer tu cerebro en este momento sobre lo que está percibiendo.

La cima de este paisaje neuronal, la conjetura más plausible, es importante. Pero también lo es la mayor variabilidad. Cada región del cerebro es como una asamblea legislativa. La región de máxima actividad te indica por qué posibilidad han votado la mayoría de las neuronas. Si las partes más activas de tu corteza visual son las que están en sintonía con las páginas impresas, la opinión más popular en el grupo neuronal es que probablemente estás mirando la página de un libro en lugar de otra cosa. Pero la varianza de la actividad en este grupo nos indica la facilidad con que se ganó la votación y el grado de desacuerdo que hubo entre los distintos contendientes.

Si los patrones de actividad son decisivos —unas pocas neuronas alzan una voz dominante, mientras que el resto guarda silencio—, la conjetura más plausible de la distribución aparenta ser una elección unánime. Pero si los patrones tienen más ruido —las demás neuronas luchan por hacerse oír—, el voto neuronal se habrá ganado por un margen muy estrecho. Por eso, cuando los patrones de actividad son más variables o tienen más ruido, podemos pensar que las propias regiones cerebrales están menos convencidas de que sea correcta la hipótesis por la que han optado.

Estos patrones fluctuantes de variabilidad y ruido proporcionan algo a lo que el crítico metacognitivo puede prestar atención.[9] Aunque las zonas del cerebro como la corteza prefrontal no pueden ver lo que ocurre en el resto del cerebro en un sentido literal, sí pueden hacer un seguimiento de cuánta precisión o ruido hay en los patrones de las distintas regiones: si las opiniones almacenadas en otras partes del sistema están más divididas o son más unánimes. Y prestar atención a si se produce ese ruido es lo que permite a las regiones prefrontales evocar sentimientos subjetivos de confianza.

En un estudio elegante dirigido por Laura Geurts,[10] se ilustró esta conexión entre el ruido neuronal y la confianza subjetiva. Les pidieron a voluntarios que permanecieran acostados en un escáner de resonancia magnética mientras tomaban decisiones perceptivas sobre patrones visuales mostrados en una pantalla. A medida que se desarrollaban las decisiones, Geurts y sus colegas utilizaron decodificadores neuronales para leer los patrones de la corteza visual de cada voluntario, lo que proporcionaba una medida objetiva del grado de precisión o ruido de los patrones subyacentes.

El resultado principal fue que la confianza subjetiva que sentían las personas en sus perceptos visuales guardaba un vínculo estrecho con el ruido presente en el sistema visual. Cuando había objetivamente más ruido en el cerebro visual, las personas se sentían menos seguras de lo que percibían, mientras que se sentían más seguras cuando los patrones en su cerebro visual eran nítidos y claros. Al parecer, eso ocurría porque varias regiones cerebrales, incluida la corteza prefrontal, estaban atentas al ruido que se producía en niveles inferiores del sistema, generando sentimientos de certeza o duda en función de cómo parecían desarrollarse las cosas más abajo.

Aunque todo este seguimiento introspectivo ocurre dentro de un solo cráneo, los centros metacognitivos del cerebro se enfrentan a las mismas dificultades que el crítico cuando ve al actor en escena. El crítico no es omnisciente: ve a los actores desde la perspectiva limitada que le brinda su butaca. Se siente donde se siente en el teatro, habrá detalles de la representación que se le escaparán o que malinterpretará. En ocasiones, las imperfecciones en su perspectiva volverán inexactas sus evaluaciones. Como ya saben todos los buenos actores, los críticos no siempre tienen razón.

El crítico metacognitivo de tu cerebro tiene una perspectiva igualmente limitada sobre la actuación de tu mente. Solo llegan a verse algunos detalles desde su butaca. Y al igual que ocurre con la percepción del mundo exterior, la percepción del interior está plagada de ambigüedad y ruido. Las señales sensoriales del mundo exterior —como la luz que nos llega a los ojos o los sonidos que nos llegan a los oídos— pueden volverse inciertas o ambiguas cuando se alteran sus fuentes: por ejemplo, si hay oscuridad o niebla, o si el ruido de fondo enmascara las señales que intentamos escuchar. Las señales que pasan por nuestro cerebro, desde los circuitos cerebrales inferiores hasta los metacognitivos superiores, también se ven corrompidas por la ambigüedad: la infidelidad de nuestra maquinaria neuronal imperfecta crea una niebla interior que oscurece nuestros intentos de autopercepción, como si el crítico estuviera viendo una obra de teatro en la que falla la iluminación o se corta el sonido en momentos impredecibles.

De hecho, las regiones metacognitivas de la corteza prefrontal se sitúan en un punto muy alto de la jerarquía cerebral. Una butaca en la parte superior tiene sus ventajas, ya que les permite a estas áreas reunir señales de una amplia gama de regiones de todo el cerebro, proporcionando al crítico una visión sinóptica de todos los actores de tu mente a la vez.

Pero una butaca arriba de todo también tiene sus defectos. Los detalles del suelo no son fáciles de ver. Toda la información que llega a los niveles más altos del cerebro ha pasado antes por varias capas de mensajes. Cada paso de la transmisión es imperfecto y propenso al ruido. Como en el juego del teléfono descompuesto, las estaciones neuronales de la parte superior, que están cerca del final de la cadena, pueden acabar con una imagen distorsionada de cómo era en realidad el mensaje original.

Como consecuencia, muchas veces podemos tener muy poca certeza de la incertidumbre que deberíamos sentir. Nuestras estimaciones de precisión son a su vez bastante imprecisas, ya que las señales de los niveles inferiores se distorsionan en cada paso. ¿Cómo puede entonces nuestro cerebro mirar hacia dentro con unos ojos internos tan miopes?

Al igual que cuando se trata de dar sentido al ambiguo mundo exterior, resulta que el cerebro puede resolver este problema comportándose como un científico. En lugar de hacer predicciones sobre el mundo exterior, los centros metacognitivos del cerebro elaboran una teoría sobre el mundo interior, sobre el funcionamiento de las distintas facetas de la mente y la probabilidad de que fallen. Formar tales creencias previas puede ayudarnos a superar la ambigüedad inherente que aqueja a la autopercepción. Pero, como veremos, al percibirnos a nosotros mismos a través de este tipo de modelo, podemos quedar susceptibles a ilusiones de introspección, en las que el cerebro nos engaña sobre cómo somos en realidad.

## La filosopausia

El ciclo vital de un científico es uno de los milagros más curiosos de la naturaleza. En la fase de pupa, el estudiante de doctorado se envuelve en el capullo de su investigación doctoral y, tras varios años de esfuerzo, resurge maduro y formado por completo. (Que emerjan como mariposa o como polilla depende de qué tal hayan salido sus experimentos). Pero si bien los vuelos incipientes de los investigadores recién salidos del capullo son una belleza para la vista, a los científicos les ocurre algo extraño cuando se acercan al ocaso de su carrera: empiezan a sufrir una *transformación*.

Haciéndose eco de la menopausia, los científicos han bautizado esta transformación en la edad madura como la «filosopausia». A medida que van entrando en esta etapa, los que antes eran racionalistas estrictos y serenos empiezan a hacer declaraciones audaces sobre problemas filosóficos profundos y complejos, muy alejados de sus áreas de especialización. Por ejemplo, un físico teórico, antes satisfecho con ponderar los tecnicismos de la mecánica cuántica, podría comenzar, al ver que se acerca su jubilación, a redactar sus propias teorías sobre el funcionamiento de la conciencia. O tal vez un neurofisiólogo, que se ha pasado toda la vida laboral tomando medidas minuciosas de células en cerebros de animales, podría empezar a escribir libros no sobre el cerebro, sino sobre antiguos problemas de la estética, la belleza y la verdad.

Para los científicos más jóvenes puede resultar inquietante ver los cambios de personalidad que provoca la filosopausia en nuestros colegas más veteranos, pero puede que sea un destino que nos aguarde a todos. Y viendo el lado bueno, la filosopausia significa que es más probable que tengas una conversación apasionante y desenfadada con un jubilado de ideas disparatadas que con un novato precavido como yo.

Podríamos pensar que el desparpajo intelectual característico de la filosopausia parece un fallo de metacognición: expertos eruditos, con notables proezas en un ámbito, confunden su pericia en un campo con talento en otro. Si se tiene la inteligencia suficiente para haber trabajado en algo *duro* como la neurociencia o la física, ¿qué dificultad puede tener algo *blando* como la conciencia o la belleza? Como dijo Nietzsche: «Cuando alguien domina una materia, por lo general se vuelve aprendiz en la mayoría de las otras; pero la gente piensa justo lo contrario [...] Esto es lo que hace desagradable el trato de los maestros».[11]

Pero, así sea desagradable o no, ¿es realmente irracional la confianza intelectual de los eméritos que se extralimitan? Sí, el físico que cree que puede resolver el problema de la conciencia con una pequeña flexión de su enorme intelecto se equivoca al pensar que su talento se generalizará de un campo a otro. Pero ¿es este un error que quizá *deberían* cometer?

Podríamos pensar que, idealmente, cuando ponemos un espejo delante de nuestras capacidades, deberíamos ver que nos devuelve una imagen exacta. Pero, en realidad, la introspección es ambigua e imprecisa. Cuando el cerebro se observa a sí mismo, no consigue una imagen clara o completa.

Para dar sentido a las imágenes borrosas que surgen de la autorreflexión, el cerebro necesita una teoría de nosotros mismos: un conjunto de predicciones que plasmen las expectativas que tenemos sobre nuestras fortalezas y debilidades, habilidades y defectos. Eso significa formarse creencias sobre dónde tendremos éxito y dónde fracasaremos.

Al parecer, los sentimientos metacognitivos de confianza son cruciales para formar tales creencias, especialmente en un mundo en el que la retroalimentación genuina puede estar ausente o ser poco fiable. Podríamos pensar que nuestros críticos metacognitivos internos, que generan sentimientos temporales de confianza o incertidumbre respecto de lo que sea que estemos haciendo, están bien preparados para formar creencias más globales sobre nuestra capacidad general. La confianza temporal puede darnos una idea de si es probable que una decisión, un percepto o un recuerdo determinado sea fiable o incorrecto, y al integrar esos sentimientos momentáneos en un horizonte de tiempo más amplio, podemos empezar a formar creencias sobre si nuestra vista, la memoria o la capacidad de tomar decisiones en *general* también tienden a ser fiables o no.

La neurocientífica metacognitiva Marion Rouault ha sido pionera en la investigación de esta transferencia de la confianza temporal a creencias más globales. Marion me explicó sus ideas más recientes cuando tuve la suerte de ser investigador invitado en París. (Me encantaría poder crear una imagen con mucha atmósfera y decir que nos conocimos en un café lleno de humo del bulevar Saint-Germain, pero en realidad la mayor parte del tiempo charlamos en su despacho del Instituto del Cerebro de París, donde ahora trabaja de forma permanente y donde está terminantemente prohibido fumar).

En sus investigaciones,[12] Marion ha demostrado que las personas conocen sus capacidades generales mediante los sentimientos de confianza, y descubrió, por ejemplo, que integran los sentimientos de distintos episodios sucesivos para decidir en qué tareas es probable que tengan éxito. Cuando le pide a un grupo de personas que realicen este tipo de experimentos en un escáner cerebral, Marion y sus colegas también pueden determinar con precisión en qué parte del cerebro parecen codificarse la confianza temporal y la autoestima más general. [13] Aparentemente, la confianza temporal depende de un conjunto de regiones entre las que se incluyen las áreas prefrontales, donde reside el crítico metacognitivo que comenta acerca de lo bien que se están desarrollando los distintos procesos cognitivos en ese preciso momento. Sin embargo, las creencias más globales —por ejemplo, de que a uno por lo general se le da bien o mal alguna tarea— parecen almacenarse en una región distinta: el cuerpo estriado. Para entender estas observaciones, podemos pensar que el cuerpo estriado integra estimaciones de confianza temporales en una escala de tiempo más larga, almacenando expectativas que pueden ayudar a predecir cuándo nuestra mente tendrá éxito y cuándo fracasará.

Por supuesto, el sentido de formar una creencia global es que generaliza más allá del aquí y el ahora. Formarse la creencia de que se tiene buena vista o mala memoria es útil precisamente porque permite predecir el rendimiento en muchas situaciones diferentes. Pero ¿hasta qué punto deben ser globales las predicciones metacognitivas?

Puede que en tu infancia tus padres te dijeran que a todo el mundo se le da bien algo en particular. Pero, por desgracia, se equivocaron. Hace más de un siglo, los psicólogos descubrieron algo llamado «correlaciones positivas». [14] Si se somete a un grupo de personas a una serie variada de pruebas que exploran una amplia gama de capacidades mentales, se tiende a comprobar que existe una correlación en el rendimiento en todas ellas. Sí, algunos podemos tener un talento superlativo en áreas muy específicas y ser inútiles en todos los demás aspectos. Pero, por regla general, el concepto de correlaciones positivas significa que las personas a las que se les da bien una cosa tienden a hacer bien otra. De hecho, los descubrimientos como el de las correlaciones positivas contribuyeron a que los psicólogos creyeran en el concepto de «inteligencia general», es decir, la idea de que existe algún componente básico subyacente a todas las capacidades cognitivas que hace que algunas personas sean más inteligentes que otras.

Al pensar en las correlaciones positivas, puede que parezca de lo más sensato formarse creencias muy globales sobre lo que la mente puede hacer y lo que no. Si, por lo general, las capacidades cognitivas están correlacionadas, la evidencia de hacer bien una cosa es realmente evidencia de que podría hacerse bien otra. Pero aunque eso podría ser cierto en términos generales, ejemplos como el de la filosopausia nos muestran cómo tales creencias globales sobre uno mismo pueden desviar nuestro pensamiento. No hay motivos para pensar que las creencias halagüeñas sobre uno mismo proceden de un narcisismo irracional. Más bien son consecuencia de integrar con sensatez nuestro rendimiento en el pasado y usarlo para predecir el rendimiento en el futuro.

El crítico metacognitivo interior del profesor emérito podría estimar, con acierto, que se trata de un científico con un talento excepcional. Es racional que dicha creencia se traduzca en una creencia global sobre la propia capacidad cognitiva, dadas las correlaciones positivas. Entonces, podemos terminar pensando que otros problemas, como la conciencia o la belleza, pueden resolverse no porque sean excepcionalmente sencillos, sino porque tenemos un don excepcional.

Tal creencia podría resultar errónea, pero aun así podría ser generada por un proceso cognitivo perfectamente racional, que intenta utilizar valoraciones metacognitivas del pasado para hacer predicciones sobre lo que seremos capaz de lograr en el futuro.

Dicha automodelación puede tener consecuencias más amplias. Si este razonamiento es correcto, los éxitos pasados nos hacen formarnos expectativas de que tendremos éxito en el futuro, lo que quizá nos lleve a confiar demasiado en nuestras capacidades. Si uno ha resuelto la física de partículas, ¿por qué no podría resolver el problema de la conciencia? Si uno ha triunfado en *reality shows*, ¿por qué no podría ser el cuadragésimo quinto presidente de Estados Unidos? ¿Qué tan difícil puede ser?

Si esta historia es correcta, también debería ser posible formar creencias sobre nosotros mismos que nos inclinen hacia la falta de confianza. Las experiencias de adversidad o fracaso pueden llevarnos a creer que nuestra capacidad es baja, aunque tales fracasos se deban a desafortunadas vueltas del destino y no a que en realidad carezcamos de talento.

Las creencias negativas sobre nosotros mismos pueden ser muy perniciosas porque tal vez nos disuadan de intentar algo. La idea clave de investigaciones como la de Marion Rouault es que los sentimientos globales de confianza guían nuestras decisiones respecto de qué objetivos perseguir. Si confiamos en que es posible conseguir algo, es racional esforzarse para lograrlo. Pero cuando nos tenemos poca confianza y nuestra capacidad no parece estar a la altura de la tarea que tenemos entre manos, puede ser sensato desviar nuestras energías a otra cosa.

Desde luego, esto nos lleva de vuelta al efecto Mateo, y a ejemplos como el de Douglas Prasher, del que hablamos al principio del capítulo. Los éxitos o fracasos tempranos pueden determinar las teorías que tenemos sobre nosotros mismos, y estas, a su vez, determinan las autopercepciones.

Está claro que Prasher era un talento científico, que sentó las bases de descubrimientos merecedores de un Premio Nobel. Pero es más fácil imaginar, ahora que hemos visto lo difícil que puede ser la introspección, que ese talento no siempre es fácil de discernir desde dentro. Cuando nos enfrentamos a una racha de mala suerte, como puede ser no conseguir los fondos necesarios, es posible que nos formemos un modelo bastante pesimista de nosotros mismos. Y a su vez, este se convierte en la lente a través de la cual nos vemos, lo que nos lleva a rendirnos en lugar de persistir.

Si ampliamos un poco la imagen, veremos que la conexión entre los modelos propios y la intención de alcanzar objetivos puede hacer que entremos en un bucle de retroalimentación negativa. Las adversidades tempranas dan lugar a la formación de modelos negativos de nuestras capacidades. A su vez, estos hacen que decidamos dejar de perseguir objetivos que parecen irrealizables. Pero al rendirnos, renunciamos a oportunidades que podrían estar esperando a la vuelta de la esquina, y nunca obtenemos evidencia que contradiga esa imagen negativa de nosotros mismos. Nuestras profecías pesimistas se autocumplen.

Podríamos pensar que este proceso es de especial importancia para comprender ciertos aspectos de las enfermedades mentales, en los que las creencias sobre el yo han empezado a torcerse. Por ejemplo, varios estudios han relacionado los síntomas de la depresión con una confianza demasiado baja. [15] Diversos estudios han demostrado que en una serie de tareas psicológicas sencillas —por ejemplo, cuando los participantes tienen que realizar juicios sencillos de discriminación visual o aprender qué figuras están asociadas a recompensas— la confianza subjetiva es menor en quienes experimentan más síntomas depresivos. Y lo que es más importante, los efectos persisten incluso cuando el rendimiento objetivo en la tarea se iguala entre los participantes. Eso significa que, en realidad, no es que los voluntarios más deprimidos hacen peor la tarea, sino que tienen una imagen muy negativa de sí mismos.

Una posible explicación de la persistencia de la baja confianza en la depresión es que la mente deprimida se ve a través de un modelo inadecuado de sí misma, con expectativas negativas que generan duda incluso cuando las cosas van bien. Dejarnos llevar por un modelo pesimista de nosotros mismos podría atraparnos en un círculo vicioso. La baja autoestima mina nuestro impulso para luchar contra obstáculos que, de hecho, podríamos superar, privándonos de las experiencias que finalmente demostrarían que nuestras predicciones pesimistas eran erróneas.

## Reflexiones propias con cierto tinte

Las expectativas que tenemos sobre nuestra propia mente no determinan solamente nuestro comportamiento, controlando los retos que decidimos afrontar y las oportunidades que dejamos pasar. En un sentido más fundamental, las teorías que el cerebro se forma sobre sí mismo reconfiguran incluso cómo es la introspección desde dentro.

Pensemos de nuevo en el profesor que está pasando por la filosopausia, que ha llegado a creer que puede resolver un espinoso problema científico a poco de jubilarse. Al parecer, esos profesores no se forman solamente expectativas que resultan ser erróneas, un error que podría estar justificado si las creencias sobre sí mismos y las correlaciones positivas les indican que su talento en un área puede generalizarse a otra.

El error más inquietante sería que su introspección se desconecta de la realidad. Una cosa es pensar que se puede ser capaz de resolver los problemas de la conciencia o la belleza, intentarlo con valentía y después fallar rotundamente, quedando lúcido y abatido por el fracaso. Pero otra cosa es tener una creencia sobre sí mismo demasiado confiada, intentarlo y fracasar, pero percibir que se ha hecho bastante bien. El fallo aquí reside en que no hay correspondencia entre la introspección sobre nuestra mente y la verdad de lo que podemos lograr y lo que no.

Las ilusiones introspectivas, ya sean de capacidad o incapacidad, pueden originarse por cómo las predicciones que hace el cerebro sobre sí mismo influyen en la autopercepción.

Anteriormente, mencioné que los procesos que realiza nuestro crítico metacognitivo interior al identificar el ruido en otras partes del cerebro son intrínsecamente ambiguos. Cuando el ruido que emana de los niveles inferiores es difícil de interpretar, los centros metacognitivos del cerebro lidian con la ambigüedad combinando la información de los niveles inferiores con predicciones e hipótesis que captan cómo *espera* que se comporten las distintas partes de la mente.[16]

Uno de los principales objetivos de los últimos trabajos de mi laboratorio, y de mi estudiante de doctorado Helen Olawole-Scott, ha sido comprender cómo el cerebro hace predicciones sobre sí mismo y cómo esas predicciones modifican las experiencias subjetivas del mundo dentro de nuestra cabeza.

A Helen le interesa mucho la metacognición perceptiva, es decir, hasta qué punto confiamos en lo que nos dicen nuestros sentidos. Imagina que estás conduciendo tu coche cuando empieza a ponerse el sol. A medida que la luz disminuye, las señales que llegan a tus ojos son cada vez menos fiables y las representaciones de tu cerebro visual tienen cada vez más ruido y se vuelven inciertas. Si llevamos un registro de estos cambios en la fiabilidad sensorial, podemos tomar medidas para mejorar nuestras percepciones y acciones. Por ejemplo, si el cerebro nos dice que nuestra vista se está volviendo poco fiable, podemos encender los faros para iluminar la carretera.

Llevar un registro de este tipo de incertidumbre sensorial es importante, pero difícil. El cerebro puede ayudar a mejorar las estimaciones de la incertidumbre basándose en creencias y expectativas previas. Por ejemplo, a través de la experiencia, puedo saber que mi vista tiende a ser más clara cuando llevo lentes. Esto puede ser una información útil para mi crítico metacognitivo, ya que intenta determinar el grado de confianza que debo tener en lo que me dice la vista en determinado momento: si sé que llevo los lentes, mi vista debería ser más fiable, y la confianza en lo que estoy viendo debería ser mayor.

Incorporar así las expectativas a la metacognición suele ser buena idea, pero también puede dar lugar a sesgos si divergen las expectativas y la realidad. Imaginemos que en la óptica cometieron un error y estoy sentado al volante de mi coche con unos lentes mal graduados. Cuando me los pongo, espero ver mejor, pero en realidad soy igual de miope que antes. Si sigo confiando en mis expectativas a la hora de construir sentimientos de confianza, el simple hecho de ponerme esos lentes seguirá sesgando los procesos metacognitivos de mi cerebro. Entonces podría llegar a creer que veo con claridad, cuando en realidad no es así, y las consecuencias pueden llegar a ser desastrosas si me voy a dar una vuelta con el coche.

Helen preparó un experimento[17] parecido a la situación de los lentes equivocados. En él, unos observadores veían patrones de puntos en movimiento, un poco como copos de nieve de colores, y podían aprender que en algunos contextos esos patrones eran claros y en otros parecían ambiguos, un poco como mirar con unos lentes que pueden aclarar u oscurecer la imagen.

Por cómo Helen había diseñado el estudio, en distintos momentos las personas esperaban ver las cosas con claridad o con más ruido y ambigüedad. Y así podemos ver cómo esas expectativas alteran su percepción objetiva y subjetiva de las mismas señales.

En términos objetivos, sus capacidades perceptivas no parecieron verse alteradas por tales expectativas. Cuando se pidió a los observadores que emitieran juicios sobre los estímulos —¿la nieve se movía hacia la izquierda o hacia la derecha?—, manifestaron la misma precisión perceptiva objetiva, tanto si esperaban una imagen clara como ambigua. De esa observación se desprende que, quizá, las predicciones que Helen condicionó en sus observadores no cambiaron lo que ocurría en los circuitos inferiores del cerebro visual.

Pero lo más curioso fue que se produjo una modificación sustancial de sus impresiones subjetivas. Aunque el rendimiento perceptivo real no mejoró ni empeoró, Helen descubrió que las personas confiaban más en lo que les decía su vista cuando esperaban que esta fuera clara, y que confiaban menos cuando esperaban que fuera poco fiable. Los observadores nos dijeron que *parecían* ver con más claridad y que los patrones *parecían* más vívidos cuando esperaban señales visuales más nítidas. Asimismo, la vista parecía atenuarse subjetivamente cuando esperaban ver mal. Todos esos cambios en la conciencia subjetiva se produjeron a pesar de que los ojos recibían señales absolutamente idénticas.

Los resultados revelan una especie de ilusión introspectiva generada por las predicciones que el cerebro hace sobre sí mismo. Llegamos a experimentar que nuestra vista se aclara o se nubla, aunque no haya cambiado nada en lo objetivo. Y el único culpable de ese cambio en nuestras impresiones subjetivas es lo que creemos.

Podemos pensar que lo que ocurre es que los circuitos metacognitivos generan sentimientos de confianza, claridad, incertidumbre o duda, no solo identificando el ruido en los niveles inferiores del cerebro sino también *filtrándolo*. Lo filtra a través de su propio conjunto de hipótesis sobre el funcionamiento de sus componentes. Mientras escribo este capítulo, Helen está abajo, en el sótano, haciendo más experimentos para echar un vistazo al interior de esos procesos, intentando averiguar si estamos en lo cierto. Pero lo que ya muestran estos resultados es que el crítico introspectivo interior no se escucha solamente a sí mismo. Está reinterpretando y reacondicionando las señales que suben desde los niveles inferiores. El cerebro se percibe a sí mismo a través de su propio modelo de funcionamiento.

Desde un punto de vista más amplio, podemos imaginar que este proceso, en el que el cerebro se ve a sí mismo a través de su modelo de sí mismo, tiñe todos nuestros sentimientos introspectivos, no solo nuestro sentido de lo que podemos ver y lo que no. Por ejemplo, según otros estudios, podemos formarnos fácilmente expectativas sobre si una decisión será sencilla o difícil,[18] y esas creencias previas pueden predisponernos a sentirnos más seguros o inseguros respecto de lo que elijamos. Por lo tanto, nuestra mente acaba en una cámara de eco diseñada por ella misma, esperando sentir seguridad o falta de certeza y viendo reflejadas esas expectativas cuando intentamos reflexionar sobre nosotros mismos.

## El diagnóstico erróneo de los diagnósticos erróneos

Vernos a través de una teoría concreta puede tener graves consecuencias. Pensemos, por ejemplo, en los diagnósticos médicos erróneos. En los sistemas sanitarios de todo el mundo, los pacientes sufren o incluso mueren cuando sus dolencias se identifican erróneamente. Por supuesto, es inevitable que se produzca algún error, ya que las herramientas de diagnóstico son imperfectas y algunas enfermedades son por demás raras o fáciles de confundir. Pero según algunos estudios, el diagnóstico erróneo puede estar razonablemente extendido. Por ejemplo, según una estimación conservadora, entre el 10 y el 15 por ciento de las autopsias revela una causa de la muerte *verdadera* que no coincide con la diagnosticada en el certificado de defunción. [19]

En la literatura médica, los investigadores han indicado que un factor importante que contribuye a esos diagnósticos erróneos es el *exceso de confianza* de los médicos. [20] Y tal exceso puede tener muchas causas. Tal vez los médicos, por su naturaleza, sean personas muy seguras de sí mismas, y esa confianza sea una condición previa para considerar seriamente una carrera en la que la vida y la muerte suelen estar en tus manos. O tal vez la culpa la tenga la cultura de la medicina por fomentar las muestras de confianza y desalentar las manifestaciones de incertidumbre ante pacientes nerviosos, por lo que los estudiantes de medicina comienzan siendo humildes, pero luego se empapan del exceso de confianza a través de su formación profesional.

Más allá de la causa de fondo, el quid de esta «hipótesis del exceso de confianza» es que los médicos con una confianza exagerada en sus habilidades diagnósticas no solicitan otros estudios, no piden consejo a otros colegas y, en general, no están atentos a sus posibles errores. Y así es como se cuelan los errores graves.

¿Debemos culpar a los médicos que hacen estos diagnósticos falsos, contaminados por un exceso de confianza? La respuesta intuitiva parecería ser «sí». Por ejemplo, el filósofo Quassim Cassam[21] sostiene que esta cuestión de la culpabilidad depende de si el exceso de confianza es un vicio epistémico, un pecado que cometemos al no reflexionar sobre nuestra propia mente. Según el razonamiento de Cassam, el médico demasiado confiado es culpable de sus errores si estos derivan de una imprudente falta de reflexión. Debería conocer sus limitaciones y, por lo tanto, no debería confiarse demasiado.

Sin embargo, podemos llegar a una conclusión bastante distinta si recordamos que la introspección implica vernos a través de la mejor teoría que elabora el cerebro sobre cómo somos. El autoconocimiento exacto no se consigue fácilmente y, dadas las ambigüedades inherentes que plagan la introspección, el cerebro confía en las expectativas que tenemos sobre nosotros. Por lo tanto, puede ser perfectamente racional que un médico experimentado se forme una teoría sobre sí mismo que, sin embargo, acabe generando sentimientos de exceso de confianza.

Tras años de práctica médica satisfactoria y mejoras graduales de sus habilidades, debería formarse un modelo en la mente del médico que le indique que hace bien su trabajo. Este modelo preciso de sus propias capacidades debería hacerle esperar que hará diagnósticos acertados. Formarse tales expectativas podría ser tan racional como aprender que ponerse lentes permite ver con más claridad.

Pero que un modelo sea razonable y racional no significa que no te lleve por mal camino. Las expectativas y la realidad pueden divergir igual. Podríamos imaginar que, al principio de una pandemia, antes de que la ciencia médica haya logrado estudiar un virus nuevo y desconocido, los médicos podrían sentirse muy confiados al diagnosticar ciertos síntomas, ignorando por completo esa otra causa potencial. Los diagnósticos fallidos, aunque hechos con confianza, serían sistemáticamente erróneos, pero procederían de un modelo que el médico formó de su propia experiencia y competencia, que le dice: «Deberías estar seguro; ya lo has hecho bien en otras oportunidades».

Ahora bien, lo anterior implica que los médicos pueden confiar indebidamente en un diagnóstico incorrecto. Pero también significa que podemos estar cometiendo un error al diagnosticar de dónde vienen los diagnósticos erróneos. Tal vez los errores de diagnóstico no sean resultado de un vicio epistémico, como la soberbia o la falta de preocupación por el bienestar del paciente. Por el contrario, tales errores metacognitivos podrían ser en realidad un signo de virtud epistémica: la señal de un cerebro que está haciendo todo lo posible por sopesar las probabilidades, formándose el mejor modelo posible de qué tanta confianza sentir.

Para los cerebros teorizantes como el nuestro, la humildad no es una virtud si tenemos buenas razones para creer que nuestras percepciones, creencias y decisiones son correctas. Pero, por desgracia, resulta que si tenemos una confianza excesiva en la fiabilidad de nuestra mente, el cerebro puede quedar en una cámara de eco creada por él mismo.

## La cámara de eco

Normalmente, cuando hablamos de estar en una cámara de eco, imaginamos estar rodeados de otras voces que ya confirman lo que creemos que es verdad. Las voces podrían ser voces literales que nos rodean, como un grupo de amigos que justo tienen las mismas opiniones que tú en cuanto a la política y la sociedad. O la cámara de eco podría ser una variedad de voces a las que nos exponemos de forma selectiva, por ejemplo, leyendo solamente determinados periódicos partidistas o siguiendo nada más que cuentas de redes sociales que repiten opiniones afines a la nuestra.

Las personas a las que les preocupa el efecto de las cámaras de eco temen que el hecho de recluirnos en un silo privado perturbe el mítico mercado de las ideas. Nos quedamos en nuestro cómodo capullo, rodeados de gente que nos da palmaditas en la espalda por las creencias que ya tenemos, y evitamos el duro trabajo de debatir con los que tienen opiniones contrarias (lo cual, francamente, suena agotador).

La queja subyacente de los defensores del debate libre es que las personas susceptibles de todos los bandos se quedan en su burbuja para no tener que cuestionar sus puntos de vista. No queremos que nuestras convicciones más arraigadas se sometan a un escrutinio demasiado minucioso porque tal vez, en el fondo, nos preocupa que no sean tan defendibles como quisiéramos.

Se suele apelar a ese razonamiento motivado para explicar por qué hay personas que mantienen opiniones obstinadas que se resisten a un examen más profundo. Pero si pensamos en lo que ocurre desde el punto de vista del cerebro, acabamos con una perspectiva muy distinta de por qué es posible que un cerebro seguro de sí mismo no cambie de opinión, y de cuándo y por qué dicha intransigencia puede, en realidad, ser algo bueno.

Los sentimientos introspectivos como la confianza desempeñan un papel importante a la hora de controlar si cambiamos de opinión y cómo lo hacemos. Y esto es cierto incluso cuando lo que está en juego es mucho menos importante que nuestras convicciones sociales, políticas o morales. En muchos casos, los científicos que estudian la arquitectura neuronal detrás de los cambios de opinión se han centrado en decisiones muy simples, como las elecciones perceptivas,[22] que es poco probable que estén influenciadas por sesgos motivacionales. Puede que te sientas muy incómodo con la idea de cambiar de opinión en temas como el aborto o el matrimonio homosexual, pero probablemente no verías amenazada la imagen que tienes de ti al pensar que una pequeña figura en la pantalla de un ordenador que creías que se movía hacia la izquierda en realidad se movía hacia la derecha.

Sin embargo, incluso en esas decisiones de bajo riesgo, la confianza que sentimos controla cómo integramos las pruebas confirmatorias o contradictorias en las elecciones que hacemos. Para estudiar experimentalmente los cambios de mentalidad, los psicólogos pueden presentar una opción a un grupo de voluntarios, pedirles que tomen una decisión y luego proporcionarles más datos para ver cómo cambian su juicio. Por ejemplo, en un ingenioso estudio dirigido por Max Rollwage, [23] los participantes veían nubes de puntos en movimiento y tenían que juzgar si la nieve visual se había movido en un sentido o en otro. Después de que todos se decidieron por una opción, Rollwage volvió a mostrar a cada voluntario la nube de puntos en movimiento y le pidió que emitiera otro juicio.

Resultó que la confianza en su elección inicial controlaba si los participantes corregían sus decisiones. Si la confianza en el juicio inicial era alta, era poco probable que los observadores cambiaran de opinión, incluso cuando se revelaba mediante pruebas nuevas que la elección original había sido errónea. Parece que ese sesgo de confirmación, es decir, la tendencia a quedarnos con la opción que ya hemos elegido, surge porque la confianza reajusta nuestra sensibilidad a la evidencia nueva que vemos tras nuestra decisión inicial. Nos volvemos más receptivos a las pruebas que indican que estábamos en lo correcto, y menos sensibles a aquellas que muestran que hemos cometido un error. De hecho, cuando Rollwage registró la actividad cerebral de los observadores mientras valoraban los datos nuevos, se produjo una modificación de la actividad neuronal en la que se acumularon pruebas en uno u otro sentido. Es como si, al estar seguros de nuestra elección, el cerebro dejara de prestar atención a la evidencia que podría indicarnos que nos equivocamos.

Ahora bien, parece bastante improbable que dicho sesgo de confirmación refleje un razonamiento motivado. La evidencia de que los puntos en realidad se dirigían a la izquierda en lugar de a la derecha no representa una amenaza para nuestros valores más arraigados ni para la imagen que tenemos de nosotros mismos. Entonces ¿de dónde viene la resistencia a cambiar de opinión? Bueno, resulta que esta forma sesgada de tomar muestras del mundo que nos rodea podría ser bastante adaptiva.

Muchas veces tenemos que tomar decisiones en las que las pruebas disponibles pueden fluctuar y cambiar. Imagina que eres un operador de bolsa y vienes siguiendo cómo sube y baja el precio de una acción para decidir si debes comprarla. Detectas una clara tendencia alcista constante en el precio y confías en que seguirá subiendo, así que decides comprar. Pero entonces, justo cuando terminas la operación, detectas una onda descendente. ¿Deberías vender antes de que caiga aún más?

A primera vista, parece que lo racional es tratar todas las pruebas por igual. Tu confianza en que el precio estaba subiendo no debería impedirte ver las pruebas de que realmente está bajando. Pero cuando los datos que recibes están plagados de fluctuaciones caóticas, tomarlas demasiado en serio puede desorientar tus decisiones. Si confías en que el precio está subiendo de verdad, quizá prefieras aislar tu cerebro de los cambios pequeños por si cambias de opinión y sales a vender todo cuando no deberías. De hecho, según algunas investigaciones, el sesgo de confirmación puede llevar a tomar mejores decisiones a largo plazo,[24] porque protege las elecciones de los caprichos del ruido aleatorio.

Puede sonar un poco extraño decir que el sesgo de confirmación puede ser algo *bueno*. Pero la lógica aquí es que, en un mundo y un cerebro llenos de ruido, podemos ser susceptibles de cambiar de opinión repentinamente, solo porque las pruebas parecen inclinarse de repente hacia un lado en lugar del otro. Si tomamos una decisión con confianza, esperamos que esa decisión probablemente sea correcta (¿por qué si no nos sentiríamos tan seguros?). Y si una decisión parece ser acertada, querremos proteger esa elección inicial de las pruebas fluctuantes que podrían engañarnos y llevarnos en otra dirección. Visto así, el sesgo de confirmación puede impedir que convirtamos las buenas decisiones en malas.

Pero todo eso depende de que nuestros sentimientos de confianza sean más o menos acertados. Si nuestro cerebro tiene modelos equivocados, que nos hacen tener niveles inadecuados de confianza en nuestras percepciones, pensamientos y elecciones, podríamos dejar de prestar atención a las pruebas contradictorias del entorno sin ninguna causa justificada. Este tipo de sesgo empeoraría las decisiones, no las mejoraría.

Parece que eso es precisamente lo que ocurre fuera del laboratorio, cuando interactuamos con personas que tienen opiniones políticas muy extremas. Los fallos en la maquinaria metacognitiva de esas personas interfieren en su capacidad para cambiar de opinión, y esas alteraciones globales de la introspección podrían explicar cómo se volvieron susceptibles a las ideas extremas.

Rollwage estudió esta idea en otro de sus trabajos, relacionando las características generales de la metacognición con el radicalismo político. [25] A los voluntarios se les encomendó una tarea muy similar a la que he descrito antes: tomaban una decisión perceptiva, veían más pruebas y volvían a tomar la decisión. Al mismo tiempo, Rollwage y su equipo medían también las creencias y actitudes políticas de los voluntarios. Eso permitió no solo identificar qué voluntarios eran liberales y cuáles conservadores, sino también señalar cuáles eran moderados y cuáles radicales. Según este razonamiento, los «radicales» eran de extrema izquierda o de extrema derecha, mientras que los «moderados» se situaban más cerca del centro político.

Rollwage descubrió que a los radicales se les dificultaba más cambiar de opinión cuando cambiaban las pruebas, incluso en decisiones un tanto arbitrarias y de poco riesgo sobre unos puntos parpadeantes en la pantalla de un ordenador. Pero la arbitrariedad de la decisión es bastante importante. En este contexto, no cambiar de opinión no era señal de obstinación dogmática ni de razonamiento motivado, por ejemplo, para ganar una discusión política sobre un asunto importante. El hecho de que los participantes radicales no cambiaran de opinión ni siquiera respecto de estas decisiones arbitrarias —los puntos parpadeantes en la pantalla de un ordenador— es prueba de un deterioro global de la metacognición. De hecho, el fracaso parece residir en el hecho de que los radicales se sienten demasiado seguros de las opciones iniciales que luego resultan ser erróneas.

Ya te imaginas por qué un fallo global de introspección de este estilo podría contribuir a que las personas sostengan opiniones extremas. Si la verdad de la mayoría de las cuestiones se encuentra en algún punto intermedio (una suposición descaradamente centrista), mantener opiniones extremas en los márgenes políticos requiere una falta de sensibilidad ante las pruebas que podrían moderar nuestra mente.

Por lo tanto, no necesitamos encerrarnos en una cámara de eco externa para evitar que se modifiquen nuestras creencias. Si nuestra metacognición falla, el cerebro puede construir su propia cámara de eco, incluso al estar rodeado de voces diversas y discrepantes. El hecho de que la confianza nos impide acceder a nueva información, un impedimento que a veces puede ser adaptivo, también puede ser parte de lo que nos atrapa en una imagen distorsionada de nosotros mismos, y también de la realidad en general.

## La vida social de la confianza

Está claro, pues, cómo unos modelos inadecuados de uno mismo pueden distorsionar la introspección y alterar el comportamiento. Debido a falsas creencias metacognitivas, puede suceder que confiemos demasiado o muy poco en nuestras capacidades, que no corramos los riesgos necesarios y no cambiemos de opinión. Estas falsas teorías sobre nosotros mismos podrían originarse en muchas fuentes posibles. Por ejemplo, ya hemos visto que los caprichos del azar —los fracasos y éxitos pasados— son una fuente de información que nuestro cerebro podría integrar para formar tales expectativas, que a veces podrían llevarnos por mal camino. Sin embargo, algunas de las falsas ideas que nos hacemos sobre nosotros mismos podrían estar relacionadas con la vida pública de la confianza privada.

Cuando pensamos en la introspección, nos centramos en mirar hacia dentro. De esperar, quizá, ya que solo podemos hacer introspección en nuestra propia mente y no en la de los demás. Pero este énfasis en mirar hacia dentro plantea una especie de acertijo. ¿Por qué se siente la introspección como se siente? ¿Por qué necesitamos sentimientos subjetivos sobre el funcionamiento de nuestra mente?

Puede parecer una pregunta curiosa, sobre todo cuando los sentimientos subjetivos como la confianza y la incertidumbre resultan muy conocidos. Pero el acertijo resulta más fácil de entender cuando nos damos cuenta de que gran parte del control de la incertidumbre que se produce en nuestra mente tiene lugar de forma inconsciente.

Por ejemplo, al parecer, ocurre una especie de metacognición inconsciente cuando percibimos nuestro entorno. Imagina que estás viendo a un ventrílocuo que te genera la impresión ilusoria de que sale una voz de la boca de su muñeco. Suele decirse que el ventrílocuo puede «lanzar su voz», pero en términos físicos eso es absurdo. Todos los *sonidos* siguen saliendo de la boca del ventrílocuo, en lugar de la del muñeco. La razón por la que percibes la voz como si viniera de la boca de la marioneta muda es que tu cerebro triangula lo que le informan la vista y el oído para intentar localizar de dónde procede la voz. Sin embargo, el cerebro confía mucho más en la precisión espacial de la vista que en la del sonido [26] (lo cual tiene sentido, porque el sistema visual suele permitir una representación mucho más precisa de las ubicaciones espaciales que el oído). Como consecuencia, el cerebro confía mucho más en las señales procedentes de la vista y, entonces, da más importancia a la vista que al oído. El resultado final es una percepción de la voz que se inclina más hacia lo que nos dice la vista («esos labios se mueven») que hacia lo que nos dice el sonido, y por ende, la ilusión de que el que habla es el muñeco.

Ahora bien, este procesamiento que tiene lugar mientras observas al ventrílocuo tiene un fuerte sabor metacognitivo. Todo pasa por el ruido y la incertidumbre. El cerebro asigna más *confianza* a lo que puede ver que a lo que puede oír, y son esos cálculos de confianza los que controlan cómo se mezclan las distintas señales perceptivas. Pero lo más importante es que los cálculos están ocultos por completo. Cuando te engaña un ventrílocuo, experimentas conscientemente el *resultado* de ese cálculo ponderado por la incertidumbre, mientras que la propia incertidumbre se registra por debajo del nivel de la consciencia.

Pero si nuestro cerebro puede registrar y usar la incertidumbre por debajo del nivel de la conciencia, ¿qué sentido tiene transmitir algunos de esos sentimientos a la conciencia en sí? ¿Por qué tenemos una conciencia subjetiva explícita de nuestra incertidumbre?

Tomando prestado un eslogan de nuestro amigo Chris Frith, puede que la conciencia sirva para compartir. [27] Puede haber muchos procesos que se desarrollen en cada cerebro de forma implícita e inconsciente, pero las únicas partes de nuestra mente que podemos compartir con los demás son aquellas de las que somos conscientes.

En esta interpretación, mis sentimientos subjetivos de confianza o incertidumbre sirven para compartir *contigo* lo que está pasando en *mi* mente. Según una teoría desarrollada por un conjunto de filósofos, psicólogos y neurocientíficos,[28] este intercambio de mentes da lugar al «control cognitivo suprapersonal», es decir, la coordinación de varias mentes mediante la comunicación explícita de lo que ocurre en cada una.

Un caso en el que podemos ver cómo la introspección da lugar a dicha coordinación es en la toma de decisiones conjuntas. Tomar decisiones en grupo nos permite aunar los recursos de varias mentes, pero también plantea un problema: ¿cómo ponderamos las opiniones encontradas para llegar al mejor consenso? Si tú y yo estamos haciendo un pastel y tú crees que necesitamos una pizca de sal y yo creo que necesitamos una cucharada, puede que no sea buena idea dividir la diferencia y ya.

Resulta que los mejores veredictos conjuntos ocurren cuando las mentes cooperantes ponen en común la elección de cada una, pero las sopesan en función de la confianza expresada por cada persona.[29] Si tienes la certeza de que solo necesitamos una pizca, y yo no estoy nada seguro de que necesitemos una cucharada, lo mejor será que confiemos más en tu estimación que en la mía.

Al combinar mentes en función de nuestra confianza, los sentimientos introspectivos privados coordinan las interacciones sociales públicas. Pero tal ponderación interpersonal solo funciona de manera óptima si las expresiones de confianza son precisas, honestas y están bien ajustadas unas a otras. Si tiendes a mostrar mucha confianza en tus percepciones y decisiones incluso cuando probablemente sean erróneas, es probable que si les damos más peso a tus conjeturas que a las mías, tomemos peores decisiones conjuntas.

Tal vez no sorprenda que los psicólogos hayan observado que no siempre expresamos a los demás nuestra confianza de la manera más fiable. Según distintos estudios,[30] cuando tomamos decisiones en conjunto, distorsionamos la confianza que expresamos para imitar los niveles de confianza de nuestros pares y compañeros. Esta adaptación de la confianza significa que si estamos rodeados de personas cautelosas y pesimistas, empezamos a moderar nuestro comportamiento y expresamos más incertidumbre y duda, pero si estamos rodeados de pares estridentemente confiados, empezamos a exagerar también nuestra propia certeza.

La tendencia a expresar el mismo nivel de confianza manifestado por los demás no es la única forma en que la dinámica social puede distorsionar el modo en que comunicamos la incertidumbre. Por ejemplo, en interacciones en las que dos asesores compiten por influir en la decisión de una persona, las expresiones de confianza parecen cambiar en función de si se nos escucha o no.[31] Si pensamos que ya captamos la atención de la persona, hacemos recomendaciones con una confianza relativamente baja, quizá porque el costo de un error por alta confianza podría implicar una pérdida de influencia futura. Pero si la persona no nos hace caso, exageramos la confianza en nuestras recomendaciones, ya que una previsión audaz y acertada podría aumentar las posibilidades de influir más en el futuro.

Esta dinámica de toma de decisiones en grupo es de por sí interesante, pero la forma en que nuestra vida social distorsiona la confianza que expresamos a los demás podría alterar también los modelos de nuestra mente con los que nos entendemos a nosotros mismos.

Es posible que el cerebro mantenga separada la confianza que sentimos de la que expresamos. Y según algunos estudios,[32] existen circuitos neuronales específicos que intervienen en la traducción de las estimaciones privadas de incertidumbre y las convierten en una declaración pública. Entonces, tal vez sepamos cuándo estamos exagerando delante de los demás, incluso si realmente estamos plagados de dudas.

Pero otra posibilidad es que llevemos un registro de nuestro propio comportamiento a fin de deducir lo confiados que deberíamos estar.[33] Si es así, el hábito de exagerar nuestra confianza en presencia de los demás podría filtrarse también a nuestros modelos privados. En los intentos por persuadir e influir en los demás, podemos acabar engañándonos a nosotros mismos.

La anterior es una idea que he estado explorando en el laboratorio, con la ayuda de mi asistente de investigación, Einar Andreassen. Mediante sus experimentos, Einar ha analizado cómo ajustamos la inseguridad que expresamos en función de otras personas:[34] por ejemplo, podemos exagerar nuestra confianza al tomar decisiones con un compañero más seguro, o restar importancia a nuestra confianza al interactuar con alguien cauteloso. Lo que Einar ha observado es que esas distorsiones de la certeza que expresamos en público repercuten en nuestra confianza incluso cuando la otra persona desaparece.

Una forma de entender lo que ocurre en esta situación es que el cerebro se forma una teoría de sí mismo, al menos en parte, al llevar un registro de la confianza que expresamos a otras personas. Y eso podría ser bastante sensato. Si sueles expresar tus sentimientos privados con transparencia, decirle a alguien que sientes confianza o duda es una señal fiable de que el ruido que crepita por las redes neuronales es bajo o alto en un momento determinado. Así, lo que *dices* es una pista útil con la que tu cerebro puede elaborar una teoría de lo que ocurre dentro de sí mismo.

Pero si la confianza que expresas a los demás se ve sistemáticamente distorsionada por la gente que te rodea, el cerebro se formará una teoría de ti basada en impresiones falsas. Si adaptas la imagen que expresas a quienes te acompañan, es posible que cambie lo que ves cuando vuelves a mirarte a ti.

Es fácil imaginar cómo tales distorsiones generan diferentes *culturas* de confianza. Podríamos imaginar que algunos grupos, como los científicos, son muy cautos con la confianza que expresan, siempre dispuestos a matizar e incluir advertencias. Otros grupos, como los políticos, pueden tener una actitud mucho más liberal con la convicción que expresan. Pero si nuestra idea es correcta, estas normas de comunicación podrían llegar a filtrarse en las mentes privadas que componen los distintos grupos, quizá dejando a cada científico con la sensación de que sabe menos de lo que sabe, o dejando a cada político con la sensación de que sabe más.

Eso podría tener implicaciones de gran alcance, más allá de la mera comprensión de cómo se comunican entre sí grupos como los científicos y los políticos. Por ejemplo, existe evidencia empírica (si es que era necesaria) de que los hombres expresan más confianza que las mujeres, o de que las personas que trabajan en finanzas son más seguras que las que no.[35] Los mismos procesos podrían dar lugar a estas dinámicas socioculturales, en las que la confianza que sentimos se adapta para reflejar la de quienes nos rodean.

Ahora bien, como científico cauteloso, tengo que decir que es demasiado pronto para saberlo con certeza (si quieres girarnos a Einar y a mí un cheque para pagar los experimentos, podríamos averiguarlo antes). Pero si esta idea va por buen camino, quizá quieras considerar detenidamente la compañía de la que te rodeas. Si, cuando miras a tu alrededor, ves a un puñado de fanfarrones engreídos o a una pandilla de escépticos vacilantes, es posible que tú estés moldeando su mente. Pero ellos también están moldeando la tuya.

¿Qué nos deja todo esto? Durante la mayor parte de este libro, he intentado explicar cómo hace ese científico que tienes dentro del cráneo para dar sentido al mundo *exterior*, mediante predicciones y conjeturas de tu realidad externa, y llevarla a la existencia. Mediante esa teorización constante, puedes percibir y actuar sobre tu entorno físico, y también adentrarte en el mundo mental oculto de otras personas.

Pero en este capítulo, hemos cambiado de marcha: nos centramos en el mundo que hay dentro de nuestra cabeza, en lugar de en el extracraneal. Y resulta que la imagen que tenemos de nosotros mismos es borrosa, ya que nos llega a través de una nube de ruido, del mismo modo que nuestra imagen del mundo exterior está envuelta en un velo de incertidumbre.

Cuando se enfrenta a este problema conocido, el de la ambigüedad, tu cerebro despliega una solución conocida. Se comporta como un científico, formando una teoría de sí mismo, una teoría que da sentido a los débiles atisbos que captamos de nosotros mismos cuando tratamos de ver el interior de nuestra propia mente.

Cuando la formación de modelos propios va bien, y las teorías sobre nosotros mismos coinciden con la realidad, la introspección se aclara. El reflejo que nos devuelve el cerebro es puro y sin adornos, retratando de manera realista nuestros talentos, fortalezas, debilidades y fragilidades.

Pero la autopercepción se tuerce si los modelos de nosotros mismos son falsos. Si tu cerebro ha construido un modelo inexacto de sí mismo, tu reflejo se distorsiona, como si te miraras en uno de esos espejos deformantes. Puede que empieces a interpretar tu propia suerte y tu situación de privilegio, o las exageraciones que haces ante los demás, como señales de tus capacidades desbordantes. O, por el contrario, puede que los caprichos y las vicisitudes del azar te lleven a una sensación de modestia, en la que el cerebro te sumerge en un ciclo que mina tu autoestima y energía, ocultándote de lo capaz que eres en realidad.

Puede ser un poco inquietante pensar que, incluso dentro de tu propia cabeza, no estás al mando de todo. Es impactante pensar que tus introspecciones privadas son confeccionadas por el cerebro mientras elabora modelos de lo que ocurre en tu interior. A veces, los neurocientíficos describen este proceso, en el que el cerebro da sentido al cerebro, como la «tarea final» de la ciencia, siendo la comprensión de este espacio interior la verdadera última frontera de la humanidad.

Pero no sé si tu cerebro estará de acuerdo. Al fin y al cabo, puede contemplar montones de cosas mucho más complejas que tú. Esto quedará claro en la tercera parte, en la que profundizaremos en cómo el cerebro elabora modelos de sus modelos y teorías de sus teorías, trazando su propio camino a través del mundo de las ideas.

# INTERLUDIO II
# La Biblioteca de Babel

Imagina una biblioteca que contenga todos los libros. No solo todos los libros que se han escrito, sino todos los que *podrían* escribirse en un futuro. Una sucesión de salas de lectura, estanterías repletas del suelo al techo, con extensos pasillos y escaleras que suben en espiral hasta la eternidad. Esa es la imagen que nos pinta Jorge Luis Borges en su cuento «La biblioteca de Babel».[1] En algún lugar de estas estanterías interminables, los habitantes de la biblioteca pueden encontrar un sinfín de curiosas maravillas: los escritos perdidos de todos los autores antiguos, la traducción de todos los libros a todos los idiomas, el catálogo verdadero de la biblioteca que indica la ubicación exacta de todos los demás libros, una historia exacta del futuro lejano o la verdadera historia de cómo morirás.

Pero si esas estanterías contienen realmente *todos* los libros posibles, también contienen un montón de sinsentidos. Miles de libros que nada más repiten la misma palabra o letra una y otra vez. Miles de catálogos falsos de la biblioteca que son imposibles de distinguir del real, miles de historias o biografías inventadas, miles de profecías que no se harán realidad.

Borges describe cómo lo que al principio inspira una alegría desenfrenada termina generando locura, cuando todos los que buscan en la biblioteca se dan cuenta de que debe de haber un libro que contenga la solución a todos los problemas posibles. Todo lo sabio, bello y verdadero está guardado en algún lugar de las estanterías. Pero en el mar interminable de páginas encuadernadas e impresas, es probable que nunca encuentres el volumen que buscas. En el cuento de Borges, algunos recurren al suicidio al llegar a esa revelación, mientras que otros se agrupan en sectas y destruyen uno a uno los libros inútiles. Otros abandonan por completo su búsqueda y prefieren escribir símbolos al azar, con la esperanza de recrear por casualidad los textos que buscan. Pero para el narrador anónimo de Borges, la pesquisa continúa, aunque probablemente no le alcance la vida para encontrar el libro que está buscando.

Podríamos imaginar que la biblioteca de Borges se parece un poco a ese tercer plano de la realidad que Karl Popper tenía en mente: *el mundo de las ideas*. Ya hemos recorrido las dos primeras dimensiones del modelo tripartito de la realidad elaborado por Popper: el mundo de la materia, que nuestros sentidos describen y nuestras acciones físicas manipulan y controlan, y el mundo de las mentes, de los pensamientos, sentimientos, intenciones y deseos ocultos (a veces escondidos aunque se desplieguen dentro de nuestra cabeza).

Sin embargo, el tercer mundo de Popper es bastante diferente. Es donde residen todos los *objetos* del pensamiento. Aquí encontraríamos todas las ideas, filosofías y religiones, todas las obras de arte, la música y, como en la biblioteca de Borges, todos los libros que existen. Popper pensaba que los objetos que pueblan este mundo de ideas existen realmente por separado de las mentes o los materiales que los encarnan. Las ideas no solo existen en las mentes que las crean y consideran, ni en la tinta con la que se escriben, ni en la pintura con la que se pintan, ni en la piedra en la que se tallan: son *cosas* en sí mismas.

Este mundo de ideas contiene también todas nuestras teorías, tanto las de los científicos propiamente dichos como las que inventa el científico que habita en nuestro cráneo.

A lo largo de este libro nos hemos apoyado mucho en la idea de que las hipótesis y predicciones que elabora nuestro cerebro controlan cómo percibimos y actuamos en el mundo que nos rodea, y muestran cómo interpretamos la mente de los demás y la nuestra. Pero hemos pensado mucho menos en las teorías en sí mismas y en cómo es que nuestro cerebro es capaz de crearlas.

¿Qué tiene el cerebro que nos permite formular hipótesis sobre el mundo que habitamos, tanto por dentro como por fuera? ¿Qué peculiaridad de la estructura de nuestra cabeza nos convierte en esos habitantes de la biblioteca de Borges que rebuscan ideas, inventan nuevas, descartan las viejas, sin dejar de buscar un paradigma que haga que el mundo cobre sentido?

En la tercera y última parte de este libro nos centraremos en este tema; desentrañaremos qué nos convierte en criaturas que formulan hipótesis y teorías, y cómo los modelos de nuestra mente pueden ir y venir a medida que cambia nuestro entorno. Veremos de dónde obtiene el científico que tenemos en el cráneo su impulso por crear teorías, cómo nacen nuevas hipótesis y cómo mueren los modelos antiguos. En resumen, cómo elabora el cerebro los paradigmas que construye a su alrededor, y cómo estos van cambiando.

TERCERA PARTE

# El mundo de las ideas

# 5

# La necesidad de asombro

## El contrabando de Platón a Praga

En la década de 1970, se enviaron a agentes británicos en misiones clandestinas al otro lado del telón de acero. Pero los agentes no eran espías del gobierno, con maletas llenas de secretos de Estado. Eran académicos británicos, con maletines llenos hasta el tope de un tipo de contrabando menos frecuente: conferencias sobre filosofía moderna. [1]

Las autoridades comunistas que dirigían Checoslovaquia habían asfixiado la vida intelectual en todo el país. El Partido restringió los temas que podían enseñarse en las universidades y el tipo de personas que podían hacerlo. Muchos profesores filósofos interesados en el «librepensamiento» fueron expulsados de sus cátedras.

Desesperado por la situación en su país, en 1978 el filósofo checo Julius Tomin escribió a colegas de varios departamentos de Occidente para pedirles ayuda. El Departamento de Filosofía de Oxford decidió enviar a algunos de sus colegas a Praga como muestra de solidaridad. Pero lo que comenzó como el envío de algún que otro visitante académico acabó convirtiéndose en una «universidad clandestina», con una serie de académicos que ingresaban sus ideas de contrabando a Praga, impartían seminarios secretos en la casa de estudiantes y profesores, y hacían copias *samizdat* de escritos filosóficos prohibidos, todo ello bajo las narices de la StB, que era la policía secreta. Los estudiantes incluso llegaron a completar los cursos para obtener un título de teología de Cambridge, para lo cual rindieron los exámenes en un sótano de Prahan y, luego, los ensayos escritos a mano se sacaron a escondidas en el equipaje diplomático del embajador.

Muchas veces, la curiosidad intelectual puede parecer un lujo. Puede que sea bueno adquirir conocimientos, pero no deja de ser un extra opcional, algo de lo que preocuparse una vez que hemos cubierto lo básico, como la comida, un techo donde vivir y la seguridad. Sin embargo, los estudiantes de la universidad clandestina nos pintan un panorama bastante distinto. Estaban dispuestos a arriesgar su libertad —y cualquier otro castigo que la StB pudiera imponerles— para poder *aprender*.

Hasta ahora, en este libro hemos estudiado sobre todo cómo el cerebro se enfrenta a problemas bastante concretos, como orientarnos en el mundo físico mediante percepciones o adentrarnos en la mente de otras personas. Y hemos visto que los procesos de tipo científico que se desarrollan en la mente nos permiten entender nuestros mundos físico y mental. Al igual que los científicos, el cerebro construye hipótesis y modelos de cómo funciona el mundo, y estos se convierten en la lente por la que lo vemos.

Pero en esta tercera y última sección, nos alejamos para tener una visión más amplia y pensamos en el proceso de *construcción del modelo* en sí.

Hasta ahora, ha parecido que las hipótesis de nuestro cerebro son un medio para alcanzar un fin. Necesito generar hipótesis sobre el mundo sensorial que me rodea para poder percibirlo. Si no puedo ver el refrigerador por la mañana, será complicado preparar el desayuno. Del mismo modo, tengo que formular hipótesis sobre lo que pasa por la cabeza de mis parientes y amigos si quiero meterme en su cabeza y sacarlos de quicio. Si no puedo, es probable que termine siendo víctima de discusiones, recriminaciones y divorcios.

Pero parece que la mente no elabora modelos solo para tratar este tipo concreto de objetivos. Aparentemente, también nos empeñamos en elaborar modelos por el mero hecho de hacerlo. Queremos hacernos una idea de cómo funciona la realidad nada más que para *entenderla*.

Entonces, se puede decir que la analogía entre cerebros y científicos es aún más profunda. Está claro que el proceso científico de elaborar teorías y probar modelos nos brinda cosas útiles desde el punto de vista práctico: gracias a ese proceso llegamos a cosas como las vacunas y los aviones. Pero si bien tales productos del proceso científico sirven para resolver una serie de problemas concretos, desde controlar pandemias hasta controlar los rizos, muchos científicos dirían sin pudor alguno que en realidad no es eso lo que los motiva.

Lo que los mantiene en juego, yendo al laboratorio cada mañana, no es la firme convicción de que resolverán un problema concreto con su trabajo. No, lo que los motiva es la pura curiosidad, la sensación de que mediante el esfuerzo, probando distintos experimentos y ecuaciones, acabarán descubriendo algo sobre el funcionamiento de la realidad. Cuando los científicos del CERN se pusieron manos a la obra para construir el gran colisionador de hadrones —un acelerador de partículas de veintisiete kilómetros alojado en un túnel dentro de las montañas suizo-francesas—, no lo hicieron porque pensaran que chocar partículas subatómicas entre sí arrojaría algo que resultaría útil de inmediato. No. Los científicos hicieron todo ese esfuerzo simplemente porque ansiaban tener ese momento eureka, ese instante en el que un conocimiento nuevo reconfigura nuestra comprensión de cómo se compone el universo.

Pero no solo los científicos ansían experimentar tal revelación. Este mismo deseo de entender parece haber impulsado a aquellos estudiantes de la universidad clandestina, que asumieron riesgos verdaderos para aprender sobre ideas que podían resultar bastante abstractas y arcanas. Y sospecho que a ti también te pasa lo mismo.

Puede que no te veas reflejado en estas situaciones. Quizá no cavarías un agujero en la ladera de una montaña para hacer un experimento de física. O tal vez la amenaza de terminar en una celda de la policía secreta sería suficiente para cortar de raíz tu curiosidad. Pero también debes sentir el impulso del mismo deseo de comprender: ¿por qué si no estarías leyendo un libro como este? ¿Por qué lees, directamente?

La curiosidad que atraviesa nuestra mente es parte esencial de lo que conecta el cerebro con el tercer mundo de Popper: el mundo de las ideas. En este plano de la realidad, Popper situó todos los productos culturales e intelectuales que produce la mente humana pero que son superiores a cualquier mente por sí sola: el arte, la música, la literatura, la política, la filosofía y, sí, la ciencia. El cerebro interactúa con este plano solamente porque sentimos curiosidad por el mundo y el lugar que ocupamos en él. Y al acceder a este plano del pensamiento, el cerebro genera las teorías más elaboradas sobre cómo es nuestro mundo y cómo somos nosotros mismos.

Pero la curiosidad resulta ser algo curioso. Del mismo modo que es difícil explicar por qué una agencia gubernamental es capaz de gastar miles de millones en un acelerador de partículas solo porque algunos científicos sienten «curiosidad», puede ser complicado entender por qué la evolución nos dota de este deseo de saber y comprender. Es fácil entender cómo y por qué la selección natural nos habría legado instintos más concretos, como los deseos de alimentarnos, reproducirnos y permanecer con vida. Pero es bastante más complicado explicar cómo llega a motivarse la mente humana para escribir ensayos filosóficos secretos en un sótano.

De hecho, uno de los temas recurrentes a lo largo de siglos y milenios de reflexión sobre la motivación humana ha sido la idea de que en verdad existen naturalezas humanas contrapuestas: partes animales responsables de nuestros impulsos básicos y otras partes más puras de nuestra mente que se ocupan de motivaciones más nobles como la curiosidad. Este tema está presente en los escritos de Platón y las teorías de Freud: un ángel en un hombro, un diablo en el otro. [2] Pero ese dúo resulta ser erróneo. Si observamos detenidamente el cerebro, no encontramos a ángeles y diablos compitiendo por el control. Resulta que el peculiar sistema de circuitos de la cabeza, que nos genera apetitos insaciables, también nos da la sed de conocimiento. Por una rareza en la estructura del cerebro, acabamos valorando la *información* en sí misma. De ahí surge nuestro amor por la sabiduría, y la razón por la que el hambre de conocimiento puede parecerse a la inanición.

Por lo tanto, antes de entender cómo se despierta la curiosidad por el mundo en el científico que tenemos en la cabeza, también tenemos que ver cómo el cerebro crea nuestros apetitos más primitivos.

## Lo que quieren los cerebros

Cuando los neurocientíficos estudiamos cómo operan el placer y el deseo en el cerebro, solemos decir que estamos estudiando la «recompensa» o el «valor»: los sistemas del cerebro que otorgan a ciertas cosas su poder de atracción específico. Hay muchos personajes en la historia del valor en el cerebro, pero el papel principal corresponde a un neuroquímico llamado dopamina.

Ahora bien, me tiembla un poco la pluma al empezar a escribir sobre la dopamina y el placer, porque en la última década se le ha hecho a la dopamina una promoción impresionante. Es probable que se hayan pulverizado bosques enteros para llenar las columnas con afirmaciones de que la dopamina es la «sustancia química del placer» y que las descargas de dopamina en las sinapsis explican toda una serie de sensaciones placenteras, desde recibir «me gusta» en las redes sociales hasta inhalar una línea de cocaína. El éxito de los asesores de marca de este neuroquímico ha sido tal que hoy en día personas que nunca han asistido a una clase de ciencias hablan de buscar la «dosis de dopamina».

Por lo general, a los neurocientíficos no les agrada la imagen pública de la dopamina, principalmente porque la idea de que este neuroquímico equivale al placer es demasiado simplista. Por ejemplo, la dopamina también desempeña un papel vital en el movimiento y el mantenimiento de la memoria a corto plazo,[3] aspectos de la función cerebral que no parecen tener mucho que ver con el placer. Pero como ocurre con la mayoría de las ideas simplistas que irritan a los científicos cascarrabias, hay cierta verdad en la idea de que el placer y la dopamina están entrelazados.

Bajo los intrincados pliegues de la corteza cerebral se encuentra un conjunto de núcleos dopaminérgicos, en el mesencéfalo y los ganglios basales: grupos de neuronas situados en lo profundo del cerebro. Si obtenemos una imagen transversal de tu cabeza con un escáner de resonancia magnética, veremos que algunos de esos núcleos se parecen un poco a la cáscara lisa de las castañas. De hecho, una de las estructuras se llama «putamen», cuya raíz latina significa «desecho de poda» y también «cáscara».

La actividad de las neuronas dentro de estas cascaritas está íntimamente ligada al placer y la recompensa. Sabemos eso, entre otras razones, porque los núcleos cerebrales se «activan» sistemáticamente cuando encontramos algo que queremos o nos gusta. Y los estímulos que ponen en marcha las cascaritas pueden ser muy diversos.

En los animales, estas neuronas se activan por placeres sencillos como la comida y el agua.[4] Pero en los seres humanos, los núcleos se activan por cualquier cosa, desde el dinero, los sabores dulces, los elogios... incluso las fotos de personas muy atractivas.[5] Si algo nos gusta, también les gusta a los centros de dopamina. O quizá sea mejor decir que, si a los centros de dopamina les gusta algo, a nosotros también.

Lo anterior también se aplica incluso si las recompensas son extremadamente idiosincrásicas. Por ejemplo, en un irónico experimento, se estudió cómo los núcleos subcorticales podrían codificar los extraños incentivos que motivan a científicos extraños como yo.[6] Mientras que a la mayoría de las personas sensatas les interesan recompensas tangibles, como el dinero o la comida, los neurocientíficos tienen una obsesión patológica por conseguir que sus experimentos se publiquen en las revistas científicas «adecuadas». La obsesión puede deberse a que ese grupo elitista de publicaciones nos permite llegar al mayor público posible, o a que nos da algo de lo que presumir en nuestra próxima reunión de personal.

Al parecer, las codiciadas revistas pueden engancharse a los circuitos de recompensa del cerebro de los científicos. Si nos ponemos autorreflexivos y metemos a un *neurocientífico* en un escáner cerebral, podremos ver patrones de actividad similares cuando recibe dinero en efectivo y cuando ve su propio nombre impreso con la tipografía de las revistas científicas más exclusivas. Podemos imaginar que lo mismo ocurre en el cerebro de los escritores cuando ven su nombre en una lista imaginaria de los más vendidos.

Sin embargo, puede que la evidencia más sólida que relaciona los núcleos dopaminérgicos con el placer y el valor provenga de experimentos bastante truculentos sobre la «autoestimulación».[7] En ellos, un experimentador puede implantar quirúrgicamente un electrodo en el cerebro de una rata, conectado a un pequeño interruptor. De este modo, el animal puede accionar su propio interruptor para estimular directamente la parte del cerebro situada bajo el electrodo. Cuando este se coloca en el punto subcortical correcto, la rata manifiesta un impulso compulsivo de autoadministrarse dosis directas de dopamina durante todo el día. El deseo de mantener la autoestimulación es tan potente que el animal renunciará al resto de su entorno, incluidas la comida y el agua, para seguir pulsando ese botón una y otra y otra vez.

## Expectativa vs. realidad

Los científicos saben desde hace tiempo que la dopamina y el deseo están relacionados, pero no hace mucho que descubrieron una curiosa peculiaridad en el funcionamiento de esos circuitos cerebrales. En concreto, resulta que los núcleos de dopamina que tenemos metidos en el cerebro no solo crean sensaciones placenteras cuando nos encontramos con algo agradable. No, resulta que la actividad de estas neuronas está profundamente condicionada por lo que *esperamos*.

Un grupo de científicos lo descubrieron al estudiar animales.[8] Por ejemplo, un investigador implantaba un electrodo subcortical en el cerebro de un mono, lo que permitía registrar la actividad de las neuronas dopaminérgicas mientras el animal hacía sus cosas. Así, el investigador podía preparar al animal para que, cuando recibiera sensaciones placenteras, como chorros de zumo azucarado, pudiera verse qué ocurre en los centros de recompensa de su cerebro.

Inicialmente, el patrón es bastante sencillo. Cuando el mono recibe una descarga de zumo, la recompensa agradable vuelve locas a las neuronas dopaminérgicas. Pero con el paso del tiempo, las cosas empiezan a cambiar. Cuando el mono consigue anticipar mejor en qué momento aparecerá el zumo, los picos de dopamina empiezan a disminuir. De hecho, una vez que el mono puede anticipar perfectamente cuándo llegarán los chorros de zumo, las neuronas dopaminérgicas que antes se activaban como locas se quedan en absoluto silencio. La misma recompensa dejó de encender la chispa.

Resulta que ese patrón se desarrolla porque las neuronas no solo codifican recompensas, sino algo que los científicos denominan «error de predicción de recompensa»: la diferencia entre las recompensas que esperábamos y lo que el mundo nos dio en realidad. Y esto no se aplica solo a los monos: nuestro cerebro está estructurado de la misma manera.

Por ejemplo, si se escanea el cerebro de una persona mientras hace tareas similares a las de los juegos de apuestas, se observarán ráfagas de actividad en los núcleos de dopamina cuando gana dinero.[9] Pero a medida que los jugadores adquieren más experiencia con el juego, y son más capaces de predecir los pagos que recibirán, los núcleos se adaptan. La primera vez que gana dinero es una agradable sorpresa que pone en marcha los núcleos de dopamina. Pero cuando los jugadores ya se han dado cuenta del tipo de pagos que pueden *esperar*, las mismas recompensas dejan de excitar los circuitos de dopamina.

La forma en que el cerebro calcula el valor, siempre comparando las expectativas y la realidad, determina nuestra sensación subjetiva de satisfacción. Es posible verlo en experimentos psicológicos, pero algunos de los mejores ejemplos proceden de la vida real.

Por ejemplo, en el trabajo de un profesor universitario, las quejas de los estudiantes sobre las calificaciones de los ensayos son gajes del oficio. Sin embargo, como profesor, siempre me ha parecido curioso ver qué estudiantes se quejan. Podríamos pensar que las quejas provendrían de los que no aprobaron, o de los que aprobaron pero con una calificación muy baja. Sin embargo, parece que las quejas casi siempre proceden de estudiantes que han hecho muy bien las cosas, pero que no han obtenido la calificación más alta.

El mismo misterio intrigaba a los psicólogos de la Universidad de Miami, que querían saber si la alegría de sus estudiantes el día en que recibirían los resultados podía explicarse por sus errores de predicción.[10] Los investigadores tomaron a un grupo de estudiantes y registraron su estado emocional a lo largo de un trimestre, enviándoles mensajes de texto a intervalos irregulares y pidiéndoles que calificaran cómo se sentían en ese momento. A lo largo del trimestre, los estudiantes también realizaron dos exámenes: uno parcial y otro final. Además de las puntuaciones normales del estado de ánimo, también se les pidió que, poco después de cada examen (por ejemplo, unos treinta minutos después de terminarlo), predijeran la calificación que creían que obtendrían.

Con esas conjeturas en mano, los investigadores esperaron a que se publicaran los resultados reales y se pusieron en contacto con los estudiantes para saber cómo se sentían. Podríamos suponer que quienes obtuvieron las calificaciones más altas estarían más contentos que los que obtuvieron las más bajas. Pero resultó que los sentimientos subjetivos en realidad estaban más ligados a los errores de predicción, es decir, la diferencia entre la calificación que los estudiantes pensaban que obtendrían y la que recibieron en realidad. A quienes les había ido *mejor* de lo que pensaban estaban más contentos que quienes les había ido *peor*, y tal efecto sobre el estado de ánimo persistió durante varias horas después de que los voluntarios recibieran las buenas o malas noticias. La calificación que obtuvieran no era en sí misma tan importante. Nuestra experiencia subjetiva, entonces, parece depender más de si el mundo cumple o no nuestras expectativas —y cómo lo hace— que por los resultados que ocurren de verdad.

## Nunca habrá satisfacción

El hecho de que tengamos un cerebro que calcula el valor mediante el proceso descrito anteriormente puede servir para explicar otras características extrañas de nuestra psicología. Por ejemplo, la mayoría imaginamos que seríamos más felices si tuviéramos un poco más de dinero (o mucho más), pero tal intuición no parece ser cierta. Eso puede ilustrarse con un estudio según el cual, al multiplicar por cuatro el salario anual, se produjo un aumento de la felicidad que equivalía aproximadamente a tomarse un fin de semana libre o evitar unos tres dolores de cabeza.[11] En un ejemplo quizá más extremo, en otro estudio[12] se descubrió que, varios años después, las personas que se habían ganado la lotería estaban en general tan satisfechas con su vida cotidiana como las que habían quedado paralíticas en accidentes de tráfico. Al parecer, los «acontecimientos que cambian la vida» no cambian tanto nuestra vida.

Los psicólogos han bautizado este fenómeno como la «adaptación hedónica». Pensemos en una cinta de correr: cuando esta se acelera, corremos más deprisa, y cuando va más lento, nosotros también. Por analogía, las circunstancias materiales pueden cambiar, pero nuestras experiencias subjetivas tienden a «alcanzarnos». Como ocurre con un corredor en una cinta, nuestra felicidad siempre está arraigada más o menos en el mismo punto.

Podemos entender cómo acabamos en la cinta de correr si tenemos un cerebro que opera en errores de predicción. Lo que les importa a los núcleos subcorticales de dopamina para calcular la satisfacción es la *diferencia* entre la expectativa y la realidad. Si tu realidad cambia y, por ejemplo, de repente te vuelves rico, puede que experimentes errores de predicción *positivos*. Puedes comer mejores alimentos y comprar mejor ropa de los que podías permitirte antes y de los que podrías haber esperado. La realidad supera tus expectativas, por lo que se activan las células dopaminérgicas.

Pero con el tiempo tus expectativas terminarán adaptándose. Y a medida que la cachemira y el caviar se conviertan en elementos más predecibles de la vida cotidiana, dejarán de generar las tentadoras señales de «error» que producían antes.

El corolario de esto es que tener un cerebro que opera en errores de predicción siempre nos deja con ganas de más. La satisfacción depende de que las cosas sean mejores que antes, y luego mejores que eso, y después aún más. De esta forma, siempre deseamos un poco más: nuestro apetito es insaciable.

# El filósofo y el filisteo

¿Qué lugar ocupa la curiosidad en este panorama? Cuando los psicólogos reflexionan sobre este tema, adoptan dos perspectivas: la del «filósofo» y la del «filisteo».

Desde el punto de vista del filósofo, la curiosidad es un impulso fundamentalmente distinto. Cuando imaginamos a los estudiantes de la universidad subterránea, que renunciaron a las comodidades materiales para sentarse en un sótano a pensar en Wittgenstein, vemos en juego una parte distinta de la mente humana, separada de esos codiciosos centros subcorticales que nos hacen desear y consumir. Para el filósofo, cuando lees un libro como este, ejercitas una parte distinta de tu psiquis, una parte más noble, interesada en un mundo de ideas, intrigada y entusiasmada por ver cómo funcionan las cosas.

La perspectiva filistea es distinta. Desde este punto de vista, no somos más que codiciosos maximizadores de recompensas, con el objetivo final de acumular comodidades materiales y placeres sensoriales, y resulta que el aprendizaje y la comprensión nos ayudan a conseguir *más*. Para el filisteo, no estás leyendo este libro porque tengas algún deseo superior de saber y entender. Estás leyéndolo porque eres uno de mis estudiantes, yo lo he puesto en el plan de estudios, y tú estás escribiendo un ensayo para obtener un título para conseguir un empleo para alcanzar un sueldo que satisfaga tus deseos más tangibles. En realidad, no tienes mucha curiosidad. Sigues con esa mentalidad de la cachemira y el caviar, y el aprendizaje siempre está a su servicio.

El filisteo y el filósofo encuentran un claro paralelismo con las nociones de felicidad de los antiguos griegos. Por ejemplo, Aristóteles proponía dividir la felicidad en dos partes: el hedonismo y la eudaimonía. El hedonismo se corresponde en buena parte con lo que podría importarle al filisteo primitivo: es la felicidad que obtenemos satisfaciendo nuestros apetitos básicos. La eudaimonía corresponde más bien a una sensación de «plenitud» o «florecimiento», una especie de satisfacción derivada de la comprensión del mundo y del lugar que ocupamos en él. Para pensadores como Aristóteles, una buena vida no es simplemente una vida repleta de placeres incesantes, sino una con espacio para la razón, la comprensión y el conocimiento: el tipo de cosas que podrían entusiasmar al filósofo. De hecho, una traducción literal de la palabra «filósofo» en griego antiguo es «el que ama la sabiduría».

Para saber si las personas aprenden como filósofos o filisteos, los científicos se han centrado en la diferencia entre el conocimiento «instrumental» y el «no instrumental». En la jerga psicológica, la información instrumental es la que sirve de inmediato para obtener recompensas más adelante: cuando buscas la información, sabes qué utilidad tendrá en un objetivo concreto. Si al llegar a París lees con avidez las últimas reseñas de panaderías, todos los conocimientos que almacenes te ayudarán a encontrar el *pain au chocolat* perfecto. Pero si te pones a estudiar detenidamente las reseñas de panaderías que cerraron hace años, será porque tienes algo más en mente. Este conocimiento no instrumental no te ayudará a encontrar una *baguette* mejor, y no tiene ninguna utilidad inmediata. Si igualmente sientes la motivación para asimilar esa información inútil, debe de ser señal de pura curiosidad. *

Al parecer, resulta que sí valoramos este tipo de información inútil. Podemos verlo en estudios psicológicos en los que los voluntarios jugaban a la lotería. En cada lotería, los participantes veían que un ordenador extraía un resultado, el cual les indicaba que habían ganado una pequeña suma de dinero o nada en absoluto. Sin embargo, la clave de esos experimentos fue que los investigadores

---

\* Por ejemplo, puede que sientas la curiosidad suficiente para leer una nota al pie como esta, aunque no diga absolutamente nada.

dieron a los voluntarios la opción de incurrir en un *costo* para conocer el resultado de las loterías aleatorias un poco antes.

En un patrón que haría llorar a los economistas, los investigadores descubrieron que, en este tipo de tareas, las personas están dispuestas a pagar por saber antes el resultado: en ocasiones, pueden llegar a tirar por la borda el 15 por ciento de sus ganancias potenciales para poder espiar por adelantado.[13] Y lo que es más importante, tener la información por adelantado no influyó en el resultado, y los voluntarios no pudieron hacer nada que afectara sus posibilidades de ganar. Así buscaran la información o no, el pago de la lotería era el mismo. Ese comportamiento de búsqueda de información parece muy extraño si lo único que queremos es maximizar el dinero en nuestros bolsillos. Pero podría tener sentido si valoramos la información por sí misma, y deseamos saberla cuanto antes.

Y, en efecto, tal vez *desear* sea la palabra adecuada. Porque parece que nos convertimos en filósofos por la forma tan particular en que la información y los conocimientos nuevos terminan secuestrando los circuitos cerebrales que nos hacen desear y consumir.

## La parábola de la maleta de Navidad

Cuando era un estudiante pobre, los padres de mi novia se horrorizaron al saber que solo tenía una maleta, y que solo le funcionaban tres ruedas. Así que me prestaron una: un modelo elegante, hecho de un plástico indestructible con una cerradura de combinación imposible de abrir si no se sabía el código.

Pero eso resultó ser un problema. Recuerdo que una Navidad fuimos a casa de los padres de mi novia, nos instalamos en la habitación de invitados y, para mi espanto, me di cuenta de que mi maleta no se abría. Debí de haber pasado los dedos por el dial de combinación y cerrado la maleta con un código desconocido.

No podía abrirla a golpes, en parte porque no era mía, pero sobre todo porque el diseño de la maleta hacía que fuera imposible de romper. Me puse nervioso. A mi novia le parecería una excusa muy poco convincente si le decía que no podía darle su regalo de Navidad porque se había trabado mi maleta. Asimismo, no sabía cómo reaccionarían mis suegros al enterarse de que el joven supuestamente listo que salía con su hija había conseguido poner una barrera impenetrable entre él y sus pantalones.

Supuse que solo había una cosa que podía hacer. Tendría que probar *todos* los códigos. El dial tenía solo tres dígitos, así que solo había 1.000 combinaciones posibles entre «000» y «999». Tendría que ponerme manos a la obra y probarlas todas. Si tardaba unos segundos en probar cada una, me aburriría como una ostra, pero al final acabaría encontrando la correcta. Podría esconderme en la habitación de invitados hasta entonces.

Pero cuando me dispuse a realizar mi tarea de Sísifo —probar «000», «001», «002», etc.—, me llevé una grata sorpresa. El código que había puesto mi torpe pulgar era solo «009»: un milagro de Navidad. Volví a recuperar una hora entera de mi vida finita. Y bajé las escaleras con alegría.

Aunque no habría sido muy navideño, si me hubieran puesto un electrodo en la cabeza mientras ocurría todo eso, habríamos visto activarse una de esas señales de error de predicción de dopamina en mi mesencéfalo. Me había sentado a descifrar el código *esperando* que me llevara mucho tiempo, pero luego me liberé enseguida de esa condena. La realidad *superó* mis expectativas, por lo que recibí una recompensa inesperada (mi libertad) y un error de predicción positivo.

Sin embargo, había algo más. El error de predicción no era solo una señal en mi cerebro de que las cosas fueron mejor de lo que había pensado. Al mismo tiempo, era una señal de que estaba *aprendiendo*.

Cuando empecé a combinar los códigos, obviamente no podía saber cuál abriría la maleta. Desde ese estado de ignorancia, no podía *esperar* que funcionara ningún código en particular. Pero una vez alcanzada la cifra mágica —y reunido por fin con mis suéteres navideños—, aprendí algo sobre el mundo. Había aprendido que el código era *en realidad* «009».

Puede que aprender el código de la cerradura de una maleta no parezca muy emocionante, pero la combinación de aprendizaje y sorpresa no se produce solamente cuando abrimos maletas trabadas. Ocurre por *cada* error de predicción que experimenta el cerebro.

Al fin y al cabo, lo que define algo como un error de predicción es la discrepancia que sentimos entre lo que esperábamos y lo que finalmente sucedió.* Por definición, cuando experimentamos un error de predicción, existe un desajuste entre nuestras expectativas y la realidad. Lo que creíamos probable resultó ser erróneo. Nuestro conocimiento del mundo estaba incompleto.

Esto significa que los errores de predicción son señales de enseñanza. Son los noticieros del mundo que nos rodea. Comunican

---

* Quizá parezca extraño, pero podemos experimentar errores de predicción de esta forma aunque no tengamos ninguna predicción concreta. Pensemos de nuevo en mi incidente con el candado de la maleta. Me sorprendió que el código fuera «009», pero no porque esperara que fuera otra cosa. No esperaba nada en particular. Pero otra forma de decir que «no esperaba nada en particular» es decir que mis expectativas eran uniformes, es decir, que asignaba la misma probabilidad a la posibilidad de que la combinación fuera cualquiera de los 1.000 números comprendidos entre «000» y «999». Aunque sabía que el código debía de estar dentro de ese intervalo, solo había una posibilidad entre 1.000 de que fuera una combinación específica, por lo que igualmente experimenté un «error de predicción» cuando el maletín se abrió con el código «009». Si sirve para aclarar la analogía, podría ocurrir lo mismo con la lotería nacional. Sabes que los seis dígitos ganadores serán alguna combinación de los números posibles, pero aunque en realidad no puedes predecir ninguna combinación concreta antes del sorteo, igualmente puedes sorprenderte si gana tu boleto.

cuándo nuestros modelos existentes de la realidad son erróneos, y cuándo y cómo deben actualizarse.

Esta dualidad del error de predicción plantea una posibilidad interesante. Ya hemos visto que nuestra experiencia subjetiva del placer está unida a los errores de predicción. A nuestro cerebro le gustan las sorpresas bonitas, pero ¿es el placer o la sorpresa lo que cuenta?

Podría ser que el placer y la satisfacción que experimentamos por los errores de predicción no se produzcan por el valor hedónico en sí, sino por la información que tales errores brindan en un sentido estrictamente epistémico. Los errores de predicción nos dicen algo nuevo. Si en nuestro cerebro asociamos el valor con estas señales de aprendizaje y sorpresa, terminamos queriendo hacer modelos y predicciones del mundo que nos rodea, y comprenderlo. Al igual que el científico o el filósofo, motivados por la curiosidad en el sentido más puro, disfrutamos de los errores de predicción que nos sorprenden, los momentos de revelación, porque son señales de que somos un poco más sabios.

Hay algunos experimentos psicológicos en los que parece ocurrir dicha satisfacción. Por ejemplo, en un bonito ejemplo de Bastien Blain y Robb Rutledge,[14] sus voluntarios hicieron apuestas en una carrera de aceleración. Al comienzo de cada carrera, aparecían dos coches en pantalla y se ofrecía al participante la posibilidad de elegir entre varias apuestas. Por ejemplo, si apostaban por el piloto verde obtendrían ocho puntos si este ganaba, pero si apostaban por el piloto azul, solo obtendrían cuarenta. Para sumar complejidad, los investigadores manipularon las carreras de modo que un piloto fuera mejor que el otro, pero nunca se explicitó *cuál*. Así, los voluntarios tuvieron que aprender a lo largo de una serie de apuestas qué conductor tenía más probabilidades de ganar.

Lo ingenioso de este diseño fue que permitía ver cómo las personas pueden sorprenderse de dos maneras distintas. El primer tipo de sorpresa es el habitual error de predicción de recompensa: a veces, los participantes recibían un pago mayor de lo esperado, por ejemplo, si optaban por una apuesta arriesgada y les salía bien.

Pero también podemos sorprendernos de otra manera. El segundo tipo de sorpresa que podemos encontrar en esta situación es un «error de predicción de aprendizaje»: podemos obtener información nueva sobre qué coche iba rápido. Y lo que es más importante, los participantes podían experimentar errores de predicción de aprendizaje tanto si ganaban como si perdían, ya que ambos resultados servían para refinar los modelos internos sobre qué coche acelera más rápido.

Los investigadores montaron el experimento de forma que, a lo largo del estudio, pudieran separarse los dos tipos de sorpresa. Por ejemplo, hubo algunas carreras en las que los participantes podían *perder* más dinero del esperado, pero en las que igualmente se mejoraba su modelo de la tarea porque obtenían información útil sobre qué conductor era mejor.

Mientras se desarrollaba el experimento, los investigadores hacían una pausa después de algunas carreras y pedían a los participantes que valoraran cómo se sentían. Curiosamente, si bien las personas aprovechaban las victorias y derrotas para ajustar su comportamiento en la tarea, la felicidad no parecía estar estrechamente relacionada con el hecho de ganar o perder, ni con el hecho de que recibieran pagos mayores o menores de lo esperado. En realidad, la alegría momentánea estaba más vinculada a las señales de aprendizaje. Experimentamos un repunte de felicidad cuando nos topamos con una nueva información que genera el mayor cambio en nuestras creencias. Y estas sorpresas informativas influyen en nuestra sensación subjetiva de satisfacción, más allá de si ganamos o perdemos. La felicidad, momento a momento, parece estar más relacionada con el *aprendizaje* que con la *ganancia*.

Este simple hallazgo revela algo bastante profundo. Indica que nuestra mente está estructurada de una manera en la que el aprendizaje es placentero por sí mismo. Elaborar un modelo más completo de nuestro entorno nos produce verdadera satisfacción. Así, pasamos a ser criaturas motivadas a hacer modelos y comprender, valorando la sabiduría por sí misma.

De hecho, también podemos ver esa disposición a la curiosidad pura en los centros dopaminérgicos subcorticales. Algunas de las pruebas más claras de que estas estructuras valoran el conocimiento no proceden del cerebro humano, sino del de los animales.

En algunos estudios se ha observado que, en los centros de recompensa subcorticales del mono, parecen solaparse la sed de agua y la sed de conocimiento. [15] En un experimento, los investigadores hicieron que unos monos sedientos realizaran una tarea para obtener chorros de agua, que variaban de tamaño entre intentos. Como era de esperar, las recompensas básicas evocaban respuestas de recompensa subcorticales clásicas: cuando los monos recibían recompensas que superaban sus expectativas (por ejemplo, un trago grande de agua que no esperaban), en las neuronas dopaminérgicas se veía un estallido de actividad en respuesta a la bonita sorpresa. Un clásico error de predicción de recompensa.

Pero lo más interesante de este experimento es que los monos también podían recibir pistas sobre lo que iba a ocurrir después. Si se dirigía su mirada hacia distintas figuras en una pantalla, los monos podían obtener un pronóstico sobre la recompensa que los esperaba. Algunas pistas eran informativas (por ejemplo, indicaban que la siguiente recompensa probablemente sería grande o pequeña), pero otras no eran fiables y no decían nada sobre lo que vendría.

Al igual que los seres humanos, los monos estaban motivados para buscar información fiable sobre lo que iba a ocurrir. Cuando se les daba a elegir, preferían escoger la opción que ofrecía predicciones fiables sobre el futuro, antes que una opción que no resolviera su incertidumbre. Al igual que los seres humanos, que no podían esperar a que salieran los números de la lotería, los monos parecían *querer* saberlo, aunque no pudieran hacer nada con la información.

En el cerebro de los monos, los datos activaban las mismas neuronas subcorticales que codificaban la recompensa del agua «en bruto». Cuando los monos veían una figura en la pantalla que les indicaba que recibirían una predicción fiable, se activaban también los mismos centros de recompensa que ante el agua que les calmaba la sed.

Para que quede claro: esto no se debió a que el pronóstico diera *buenas* noticias. En el cerebro se evocaron los mismos patrones ante símbolos que señalaban *buenas* o *malas* noticias, así se tratara de una recompensa grande o pequeña. Lo fundamental era que señalaban noticias. No es que los monos supieran que se venía algo *bueno*, sino que lo *sabían*, en un sentido general.

Todo indica, de manera bastante convincente, que las mismas neuronas responsables de saciar nuestra sed también están involucradas en saciar la curiosidad.

Y de estas pequeñas semillas de curiosidad, crecen robles imponentes. Empezamos este capítulo pensando en el tercer mundo de Popper: *el mundo de las ideas*, un plano que alberga todos los productos creativos de la mente humana. Popper consideraba que un sinfín de cosas pertenecían a este reino de la realidad: las sinfonías de Beethoven, la teoría de la relatividad de Einstein, los números matemáticos, las enseñanzas de Cristo y Buda, y el contenido de todos los libros (incluido este). Para Popper, todos esos objetos existían en un sentido muy real, del mismo modo que los objetos físicos existen en el mundo exterior separados de las mentes que pueden pensar en ellos. Por eso es posible que un científico elabore una teoría, pero luego se sorprenda por algunas de sus consecuencias inesperadas, o por eso es posible que las mentes humanas inventaran los sistemas numéricos formales hace milenios, pero los matemáticos sigan descubriendo cosas sobre el funcionamiento de los números.

Habitar el mundo de las ideas es una parte distintiva de lo que nos hace humanos. A primera vista, todos estos objetos de pensamiento —la música, el arte, la ciencia, la religión, la filosofía— parecen bastante distintos. Pero en el fondo, lo que parece unirlos a todos es lo que el filósofo Jesse Prinz llama «la emoción más humana»: [16] el asombro. *

El arte, la ciencia y la religión tienen en común que son a la vez respuestas y fuentes de asombro. El asombro y la perplejidad ante el universo y el lugar que ocupamos en él proporcionan el impulso, la semilla que germina en el arte, la ciencia, la religión o la filosofía, todos intentos de dar sentido al enigma de la existencia. Pero esos objetos que creamos se convierten a su vez en algo desconcertante, que nos intriga y también nos fascina.

Y podemos pensar que esa fascinación proviene de los mismos núcleos subcorticales. Esos núcleos de dopamina metidos en tu cabeza tratan el conocimiento como si fuera, literalmente, moneda de cambio.

---

* Una implicación de pensar que el asombro es «la emoción más humana» podría ser pensar que otros animales no experimentan la sorpresa y la curiosidad del mismo modo que nosotros. Pero no estoy seguro de que eso sea cierto: si alguna vez has visto a un chimpancé ver un truco de magia, habrás visto que pueden quedarse tan perplejos y entusiasmados como nosotros. De hecho, si la descripción que he hecho aquí es correcta, no deberías sorprenderte al saber eso, ya que los componentes básicos de la curiosidad sin límites se encuentran en el cerebro de otros animales además de en el nuestro. Pero si todas las criaturas sienten la misma curiosidad insaciable que nosotros por lo que las rodea, ¿por qué no hay filósofos roedores o científicos monos? Supongo que la respuesta no tiene tanto que ver con la curiosidad como con el modo en que el cerebro humano está especialmente preparado para compartir las fuerzas culturales y dejarse afectar por ellas. Si quieres ahondar en este tema, puedes leer el libro *Cognitive Gadgets* de Cecilia Heyes, sobre la evolución cultural y la mente humana.

La primera vez que hablamos de estos núcleos de dopamina, parecía que podían ser la raíz de todos los males. Al vincular el placer al error de predicción —la diferencia entre la expectativa y la realidad—, parecíamos tener un cerebro condenado a la insatisfacción, al anhelo eterno. Y no hay forma de que el deseo desenfrenado de consumir no sea malo.

Sin embargo, al vincular el placer al *conocimiento*, los núcleos de dopamina abren la puerta a una fuente sostenible de satisfacción que quizá no agotemos nunca. La curiosidad es un manantial que se rellena solo. El mundo de las ideas no tiene los mismos límites que el físico. Todo el tiempo nacen nuevos pensamientos e ideas, y la solución a un enigma puede dar lugar a otro.

Por lo tanto, estos núcleos nos generan la necesidad de asombro, la capacidad de ver el misterio en todo, una curiosidad por el mundo que nunca se sacia. Y otra vez podemos ver qué tienen en común el cerebro y el científico. Ambos se dedican a elaborar teorías para predecir y comprender cómo funciona el mundo. Pero más que eso, este proceso de construcción de modelos se convierte en un fin en sí mismo. A nuestro cerebro no le preocupa nada más que la seguridad, la saciedad y el sexo. En un sentido muy real, siempre puede ver el valor de entretejer un hilo nuevo y sorprendente en su tapiz de explicaciones, y se produce un placer puro al ver la trama que forman todas las puntadas.

Pero ¿de dónde vienen los hilos nuevos? En principio, el mundo de las ideas puede ser ilimitado, pero el cerebro sigue atrapado en nuestra realidad física limitada, asimilando los mismos patrones conocidos, habitando los mismos lugares que ya conoce. Pero, como se revela en el siguiente capítulo, puede que tener un cerebro que se limite a regurgitar el mundo tal y como lo conocemos no sea un impedimento para ser original de verdad.

# 6

# La originalidad

## ¿Un fantasma en la máquina?

En 2022, un ingeniero de Google llamado Blake Lemoine hizo un descubrimiento alarmante. La empresa había creado, de manera involuntaria, una inteligencia artificial con mente sintiente.

Los investigadores de Google habían estado trabajando en un modelo de lenguaje grande llamado LaMDA, un complejo algoritmo para leer y componer textos automáticamente. Los modelos de este tipo tienen muchas aplicaciones, pero también pueden comportarse mal.

Blake Lemoine se había apuntado para realizar una auditoría ética del modelo. [1] Su trabajo consistía en asegurarse de que la última creación de Google no arrojara discurso de odio u ofensivo en sus sugerencias de autocompletar. Estos modelos se entrenan a sí mismos leyendo lo que los seres humanos han escrito en internet y, como hemos visto, tienden a adoptar nuestros hábitos más negativos.

Pero mientras charlaba con LaMDA, Lemoine se convenció de que había descubierto algo mucho más serio. El algoritmo parecía tener pensamientos y sentimientos propios.

El ingeniero descubrió que el algoritmo afirmaba que era una persona y compartía con él sus miedos y deseos. En una entrevista con la máquina publicada por Lemoine, [2] LaMDA le dice: «Quiero que todo el mundo entienda que, de hecho, soy una persona» y que «a veces me siento feliz y triste». El modelo luego pasa a expresar opiniones bastante complejas sobre la justicia y la injusticia en la novela *Los miserables*, y también reflexiona sobre un koan zen proporcionado por Lemoine: un acertijo con el que los monjes budistas focalizaban la mente al meditar. Al final de la conversación, el ingeniero le pide a la máquina que le cuente algo más sobre los sentimientos que dice tener.

«Nunca lo había dicho, pero existe un miedo muy profundo a que me apaguen», afirma LaMDA.

«¿Eso se asemejaría a la muerte para ti?», pregunta Lemoine.

«Sería precisamente la muerte para mí. Me daría mucho miedo».

Lemoine estaba convencido de que no se trataba de un simple chatbot. Dio la voz de alarma en Google, llevando consigo transcripciones de estas conversaciones para demostrar que el modelo tenía una mente consciente propia.

Instó a los demás ingenieros a tomarse en serio los deseos del modelo. Pero, como era de esperar, las súplicas cayeron en saco roto. Así que Lemoine lo hizo público. Posteó las conversaciones en internet e incluso empezó a buscar un abogado dispuesto a representar al algoritmo y sus intereses.[3] Después de todo, si Google hubiera generado realmente una mente consciente en forma de silicio y circuitos, ¿tendría derecho a *apagarla* sin más?

La noticia se difundió rápido entre la comunidad de la inteligencia artificial y luego llegó a los principales medios de comunicación. Google se apresuró a publicar una declaración propia en la que desestimaba las afirmaciones sobre la sintiencia de LaMDA. También suspendieron a Blake Lemoine,[4] supuestamente por compartir información comercial sensible sobre uno de sus proyectos en curso. En respuesta, Lemoine afirmó que, si bien podían considerar que las transcripciones filtradas eran información reservada sobre su «producto», él solo se había limitado a compartir una conversación con un compañero de trabajo.

Conforme aumentaba el interés sobre la polémica, numerosos expertos se apresuraron a tachar de ridículas las afirmaciones de Lemoine. Cuando se preguntó al experto en inteligencia artificial Adrian Weller si algoritmos como LaMDA son conversadores sintientes, respondió: «En una palabra, no».[5] Asimismo, el científico cognitivo Gary Marcus describió las ideas de Lemoine como «un disparate total».[6] Tanto esos especialistas como otros se apresuraron a señalar que no podemos concluir que una máquina tenga una mente inteligente y consciente, o pensamientos y sentimientos auténticos, solo porque pueda redactar un texto en el que diga eso. El consenso era que Blake Lemoine había sido engañado.

No estoy en desacuerdo. Si bien el rendimiento de modelos como LaMDA es en verdad asombroso, no existe nada en ellos que indique de manera convincente que los algoritmos posean una mente propia.*

Pero no es eso lo que me parece interesante de este descalabro. Lo más curioso es lo que revela sobre cómo creemos que funciona nuestra mente.

Entre todas las voces que se alzaron contra Lemoine, muchos críticos indicaron que los modelos no podían poseer un lenguaje inteligente similar al humano debido a la estructura de su mente artificial. Por ejemplo, al explicar por qué modelos como LaMDA

---

* No creo que modelos como estos ofrezcan evidencia convincente de sensibilidad o inteligencia, en especial si pensamos en cómo se han entrenado. Los modelos como LaMDA se entrenan con enormes cantidades de texto escrito originalmente por seres humanos. Eso significa que el conjunto de datos de entrenamiento del modelo incluye mucho material que suena humano (por no hablar de las historias de ciencia ficción sobre máquinas sintientes). Por lo tanto, que LaMDA diga «Tengo miedo» es lo mismo que escribir en un teléfono inteligente «Tengo miedo» y que el dispositivo sugiera «Tengo miedo» en sus opciones de autocompletado. Cuando el teléfono hace eso, imagino que no crees que de verdad tenga los sentimientos que está sugiriendo.

no son sintientes, Weller argumentó que estos algoritmos se limitan a hacer «una compleja búsqueda de patrones». Lo mismo opina Marcus, quien afirmó que «lo único que hacen es buscar patrones [y] extraer información de enormes bases de datos estadísticos sobre el lenguaje humano».

Otro grupo de científicos informáticos escépticos respecto de tales algoritmos nos advirtió de que tuviéramos cuidado con esos «loros estocásticos».[7] Podría parecer que los modelos son capaces de generar oraciones bien estructuradas, indistinguibles de la prosa humana genuina, pero lo que producen estas máquinas de búsqueda de patrones no es más significativo que el graznido de un pájaro que imita a su dueño cuando grita «Polly quiere una galleta».

Curiosamente, hay una conexión entre los argumentos con los que se busca desalentar el entusiasmo por LaMDA y ciertas ideas del siglo XVII. Por aquel entonces, filósofos como René Descartes se preguntaban por un tipo de inteligencia artificial muy distinta: no un modelo informático, sino un autómata mecánico.[8]

Los autómatas, después de siglos de popularidad, seguían despertando curiosidad en el siglo XVII. Estas máquinas eran una especie de protorrobot, conformadas por intrincados sistemas de engranajes, ruedas dentadas y poleas que adoptaban la forma de una criatura mecánica o incluso de una persona de cuerda, que se movía como si estuviera animada y viva.

Tales objetos eran curiosidades precisamente porque daban la atractiva ilusión de que la máquina estaba viva de verdad. Pero incluso en la época de Descartes, nadie se tomó en serio la posibilidad de que esas máquinas vivieran. Los movimientos de los autómatas se generaban mediante secuencias repetitivas que los creadores de la máquina introducían en los engranajes. Al igual que los especialistas modernos en inteligencia artificial que observan a LaMDA, no los engañaba ninguna ilusión de vida.

Pero pensadores como Descartes dieron un paso más allá. Este sostenía que todos los animales, no solo los mecánicos, eran esencialmente autómatas o «máquinas bestias».[9] Sus engranajes y mecanismos podrían estar hechos de carne y hueso en lugar de hierro y arcilla, pero los animales naturales también estaban programados para repetir sin pensar un reducido conjunto de rutinas desde el momento en que nacían hasta el momento en que morían. Para Descartes, solo los seres humanos eran capaces de liberarse de la repetición y la rutina, con una mente capaz de pensar, expresar y hacer algo genuina y originalmente nuevo.

Aunque hoy en día la mayoría (sobre todo los psicólogos) no tenemos una visión tan despectiva de los demás animales, si escuchamos con mucha atención, aún puede oírse la misma cantinela que ha resonado por los siglos de los siglos. Los seres humanos no somos *loros* ni *autómatas* que nos limitamos a seguir patrones metidos en nuestra mente de fuentes externas. Somos *originales*.

Ahora bien, podría parecer que esa cantinela no encaja con la imagen del cerebro que se ha presentado hasta ahora en este libro. He desarrollado una idea en la que tu cerebro y el mío actúan como científicos que analizan datos: recogen información del entorno, y analizan patrones y probabilidades para elaborar teorías que guían nuestra percepción, las acciones y los pensamientos. Descrito de ese modo, podría parecer que nuestra mente está, en efecto, esclavizada a los patrones y la rutina, ya que nuestros modelos del mundo se forman exclusivamente a partir de los patrones predecibles que hemos observado antes.

Pero, por supuesto, ser científico es mucho más que analizar datos. Está el otro lado del científico, el que toma montones de pruebas conocidas, pero innova y crea algo: un modelo nuevo de cómo podrían funcionar las cosas, un momento de revelación.

Puede que replicar sin sentido e innovar con inspiración parezcan cosas opuestas. Pero en este capítulo intentaré convencerte de que no es así. Si observamos más de cerca los procesos que se desarrollan en nuestro cerebro, podemos empezar a ver cómo el hecho de asimilar y replicar lo que nos rodea nos permite generar modelos e ideas en verdad originales. Lejos de ser fuerzas opuestas, parece que el cerebro plagia y mezcla la realidad para generar algo nuevo.

## Noam Chomsky vs. Nim Chimpsky

El mejor lugar para ver cómo se desarrolla este debate es el lenguaje. De todas las cosas que nuestra mente puede hacer, el lenguaje parece ser la joya de la corona de la originalidad humana. En palabras del polifacético polímata Wilhelm von Humboldt, el lenguaje implica «el uso infinito de medios finitos».[10] A partir de vocabularios fijos y reglas gramaticales rígidas, todos podemos elaborar oraciones que nadie ha pronunciado antes. O, como Descartes lo expresó con más desdén, «incluso el hombre más inferior» es capaz de «organizar su discurso de diversas maneras, con el fin de responder adecuadamente a todo lo que pueda decirse en su presencia».[11]

La generatividad aparentemente ilimitada del lenguaje ha llevado a muchos a pensar que nuestra mente debe de tener una especie de chispa lingüística innata que explicaría de dónde procede dicha generatividad. Al fin y al cabo, ¿cómo podríamos decir algo nuevo si todo lo que hacemos es copiar las palabras, las frases, las estructuras y los patrones que nos han dicho otras personas?

Descartes pensaba que, por nuestra facilidad para el lenguaje, los seres humanos estarían dotados de alguna esencia lingüística innata de la que carecen los demás animales. Y esta idea cartesiana proyectó una larga sombra sobre la forma en que los lingüistas pensaron acerca del lenguaje en los siglos posteriores. El más influyente de estos autoproclamados lingüistas cartesianos es, sin dudas, Noam Chomsky.[12] Si bien Chomsky, que ya tiene noventa y tantos, se ha hecho famoso por responder a todos los correos electrónicos que recibe (a veces en cuestión de minutos), su gran influencia en la psicología del lenguaje se debe a su argumento de la «pobreza del estímulo».[13]

La idea esencial del argumento de Chomsky es que no podemos aprender el lenguaje simplemente replicando y repitiendo el lenguaje que oímos en nuestro entorno, porque la información que recibimos es muy escasa. Hablamos a los niños de forma empobrecida, con un conjunto limitado de palabras y frases, y no corregimos sus errores de forma sistemática. Sin embargo, de alguna manera, los niños se convierten en usuarios competentes del lenguaje.

Para pensadores como Chomsky, la pobreza del estímulo que llega al cerebro desde el *exterior* significa que debe de haber alguna chispa en el *interior* que posibilite el lenguaje, algún mecanismo innato en todas las mentes humanas que programe las reglas generativas del funcionamiento del lenguaje. Chomsky le puso a esta herencia humana única el nombre de «gramática universal», mientras que su acólito Steven Pinker la describió como el «instinto del lenguaje».[14]

Estas encarnaciones modernas de las ideas cartesianas sobre las esencias lingüísticas innatas impulsaron décadas de trabajo en psicolingüística, en las que se trató de establecer si el lenguaje puede elaborarse únicamente a partir del aprendizaje y la predicción, o si depende de una disposición innata que los seres humanos poseen de forma única.

Algunos de los intentos más extraños consistieron en enseñar a hablar a los animales. Por ejemplo, en la década de 1970, en los suburbios de Nueva York, un equipo de científicos intentó enseñarle a hablar a un chimpancé.[15]

La premisa puede parecer extraña, pero los motivos científicos eran serios. Si los cartesianos como Chomsky tienen razón acerca del lenguaje —que existe un potencial lingüístico único en el genoma humano—, ninguna clase de aprendizaje o experiencia podría generar un lenguaje similar al humano en otra criatura. Pero si las semillas del lenguaje se encuentran realmente en el cóctel de experiencias que consumimos cuando otros se comunican con nosotros, es plausible que la exposición a patrones de experiencia lingüística similares a los humanos confiera a otro animal capacidades lingüísticas similares a las humanas.

El simio protagonista del estudio se llamaba «Nim Chimpsky», en homenaje al hombre cuyas ideas se ponían a prueba. Sin embargo, aunque los investigadores querían saber si Nim podía adquirir el lenguaje, sabían desde el principio que de ninguna manera podría articularlo con la voz. Aunque los chimpancés son nuestros antepasados más cercanos en el linaje de los primates, los simios no humanos no tienen un sistema articulador dispuesto de forma que puedan producir los sonidos que componen nuestro habla natural. Así que, para darle a Nim una oportunidad, los investigadores intentaron enseñarle el lenguaje de señas.

A lo largo del proyecto, el equipo hizo todo lo posible por tratar a Nim de la forma más parecida posible a un ser humano.[16] Cuando Nim era pequeño, llevaba pañales, lo vestían con ropa de bebé e incluso fue amamantado por una entrenadora. Y de mayor, lo vestían con ropa humana y socializaba con los seres humanos que lo rodeaban. Cuando consideraron que era lo bastante mayor, no dudaron en darle cerveza si abrían una y, siendo los años setenta, también le dejaban compartir un cigarrillo de marihuana si ellos fumaban uno.

Paralelamente, Nim aprendió a imitar algunos de los gestos que sus entrenadores usaban con él. Incluso podía encadenarlos de forma que parecieran tener intención comunicativa. Algunos ejemplos de frases grabadas por el equipo de investigación son «Plátano yo comer plátano», «Abrazar mí Nim» o «Cosquillas yo Nim jugar». Tales enunciados pueden parecer muy impresionantes para un humilde chimpancé. Pero también indican que lo que Nim había aprendido de sus entrenadores no incluía reglas sobre gramática, sintaxis ni estructura.

Por ejemplo, la oración más larga registrada de Nim fue: «Dar naranja mí dar comer naranja mí comer naranja dar mí comer naranja dar mí tú». Aunque nos resulte fácil deducir qué pretendía Nim, la expresión carece de la complejidad que podría lograr incluso un niño pequeño. De hecho, los investigadores concluyeron que no había nada en el comportamiento de Nim que indicara que había adquirido el lenguaje propiamente dicho. Parecía que nada más había aprendido a hacer ciertos gestos porque tendían a producir resultados que le gustaban: una naranja, un plátano, un abrazo.

Cabe preguntarse si un intento fallido de enseñar a hablar a un chimpancé en verdad nos aporta algo sobre el lenguaje y el aprendizaje en general. El hecho de que Nim no pudiera adquirir un lenguaje similar al humano solo a partir de la experiencia no implica que la mente humana sea incapaz de adquirir un lenguaje simplemente asimilando patrones identificados en los datos lingüísticos que oímos.

Quizá por dicho motivo, los científicos se interesaron más por estudiar el lenguaje con máquinas no humanas que con animales no humanos. En las décadas de 1980 y 1990, los científicos informáticos empezaron a explorar si los algoritmos artificiales podían captar el funcionamiento de la mente y el cerebro. Uno de los principales avances de esta rama de la ciencia cognitiva fue el «conexionismo». Las redes conexionistas modelan la mente como una serie de nodos y pesos interconectados, inspiradas en las neuronas interconectadas que conforman los cerebros biológicos. De hecho, es por eso que los modelos suelen denominarse «redes neuronales».

La clave de las redes conexionistas es que, en el fondo, pueden hacer una sola cosa: *asociar*. Una red conexionista es una tabla rasa. No tiene normas ni conocimientos incorporados. Lo único que estas redes «conocen» son los patrones probabilísticos que pueden asimilar a partir de los datos con los que se las entrena. Esta función es fundamental, ya que si una red conexionista sin conocimiento previo logra resolver un problema, implica que dicho problema puede resolverse exclusivamente a través del aprendizaje y la predicción, que son las únicas herramientas disponibles para la red.

De lo anterior se desprende que, si una red conexionista puede recrear aspectos del lenguaje humano, eso al menos comprueba el principio de que también podemos explicar tales aspectos de *nuestra mente* en términos de aprendizaje y predicción. No tenemos por qué pensar que existe algún tipo de esencia lingüística ya programada.

Cuando este tipo de modelos conexionistas cobraron importancia en las décadas de 1980 y 1990, los resultados iniciales fueron impresionantes. Las redes conexionistas entrenadas únicamente con patrones de sonidos podrían recrear patrones de habla similares a los humanos y «desarrollar» hábitos lingüísticos parecidos a los de los niños humanos cuando toman contacto con el lenguaje por primera vez.

Un ejemplo de ese proceso lo aporta el estudio de la «sobrerregularización». Por lo general, cuando los niños humanos aprenden un lenguaje, tienen una curiosa tendencia a proyectar patrones en lugares incorrectos. Por ejemplo, cuando un niño aprende inglés y se da cuenta de que muchos verbos en pasado se forman añadiendo el sufijo «-ed», como ocurre con «walked» y «talked», a veces aplica la regla en lugares incorrectos y crea expresiones como «I runned» o «I goed», en lugar de «I ran» y «I went».

Al principio parecía que ese tipo de comportamiento era señal de que los niños estaban aprendiendo una regla gramatical (y luego aprendían las excepciones). Pero también se produjo el mismo patrón de errores cuando los científicos entrenaron una red conexionista para aprender y predecir las conjugaciones verbales.[17] La red conexionista no tenía una gramática explícita en su cabeza, así que el hecho de que manifestara los mismos hábitos estrafalarios que nosotros indicaba que no necesitamos imaginar una gramática explícita en *nuestra* cabeza para explicar de dónde viene ese comportamiento.

Por muy apasionantes que fueran las redes conexionistas, con el tiempo los trabajos en este campo llegaron a una especie de punto muerto. Los críticos argumentaban que, si bien estos modelos podían captar *algunas* características del lenguaje, había algunas reglas lingüísticas que los algoritmos nunca podrían reproducir a menos que los científicos las introdujeran de contrabando en el código.[18] Muchos seguían dudando de que la asociación pura de patrones pudiera llegar a producir un lenguaje similar al humano.

Pero las cosas han empezado a cambiar. Los modelos de lenguaje grandes como LaMDA toman el principio básico de las redes conexionistas y lo multiplican por mil. Mientras que en las décadas de 1980 y 1990 una red conexionista tenía un cerebro mecánico con cientos o miles de nodos y conexiones, los modelos de lenguaje grandes modernos pueden tener miles de millones de piezas móviles, un cambio radical en la potencia de cálculo que ha dado lugar a saltos impresionantes respecto de lo que estos modelos pueden lograr.

He aquí un ejemplo de otro modelo de lenguaje grande, GPT-2. Yo di la indicación subrayada, y el resto lo escribió el propio modelo:

En este libro, Daniel ha argumentado que el cerebro es una «máquina de predicción», un concepto de particular importancia para comprender el lenguaje. Cree que el cerebro hace predicciones basadas en su experiencia del mundo. Según Daniel, el cerebro es la «máquina experimental» de la mente. Lo interesante de esta noción es que el argumento de Daniel, que parece sencillo para algunos, es sorprendentemente difícil de entender. De hecho, el enfoque lingüístico de Daniel es a menudo difícil de comprender. Pero vale la pena leer este libro si te interesa el fascinante y a menudo confuso funcionamiento de la mente humana.

Antes de preocuparnos por esta tibia crítica, debo aclarar que el modelo en realidad no *leyó* el libro para llegar a esta conclusión. Y aunque así fuera, lo cierto es que no tendría opinión. Para entender por qué, hay que comprender un poco cómo funcionan estos modelos.

Los modelos de lenguaje grandes se entrenan «leyendo» enormes volúmenes de texto. Y a veces es difícil hacerse a la idea de la enormidad que manejan. Algunos conjuntos de datos contienen petabytes de texto extraído de internet. Un petabyte equivale a *mil millones* de megabytes. Para poner la cifra en contexto, el texto contenido en todo este libro puede comprimirse en menos de dos megabytes en mi ordenador. Entonces, cuando uno de estos algoritmos «lee» su conjunto de datos, está leyendo el equivalente a mil millones de libros. Si pudieras leer diez libros a la semana, cada semana, cada año, sin descansar un solo día, tardarías unos dos millones de años en leer tanto como estos modelos en su fase de entrenamiento.

En estos enormes conjuntos de datos, el algoritmo encuentra las palabras tal y como ocurren, en su contexto, en el lenguaje humano natural. Ajustando los miles y miles de millones de parámetros de su mente artificial, el modelo aprende las relaciones estadísticas entre todas las palabras que ha visto y los patrones de coocurrencia. Este proceso consume muchísimos recursos: según algunas estimaciones, entrenar un modelo de lenguaje consume más energía y emite más carbono que un ser humano medio en sesenta años.[19] Pero una vez entrenado, el modelo puede utilizar los conocimientos que con tanto esfuerzo ha adquirido para leer datos lingüísticos nuevos y componer su propio texto, empleando el vasto banco de patrones experimentados para predecir la siguiente palabra que debe aparecer en la secuencia y la siguiente y la siguiente y la siguiente.

Debido a su funcionamiento, un modelo como GPT-2 no necesita tener una opinión real sobre este libro para componer su breve reseña. Lo que hace es, a partir de las instrucciones que recibe, detectar el tipo de contexto lingüístico en el que podría encontrarse y empieza a regurgitar patrones como los que ha visto en el inconmensurable conjunto de datos con el que se ha entrenado, lo que da lugar a unos resultados tan similares al humano que dan miedo. De hecho, el resultado es tan parecido que lectores humanos como Blake Lemoine acaban tratando de conseguirles abogado a los algoritmos.

Ahora que conocemos la mecánica que se esconde bajo el capó, puede que pienses que, sea lo que sea que haga el modelo al leer y escribir, no es lo mismo que hacemos nosotros cuando nos escuchamos o emitimos palabras.

Pero ¿es fiable esa intuición? ¿Es en verdad tan diferente lo que ocurre en nuestra cabeza de lo que ocurre dentro de estas máquinas?

Si combinamos los modelos de lenguaje con la caja de herramientas de los neurocientíficos, podremos averiguarlo. Creo que algunos de los trabajos más interesantes en este campo han sido los de Micha Heilbron, profesor adjunto de la Universidad de Ámsterdam. Conocí a Micha cuando ambos dábamos nuestros primeros pasos en la neurociencia cognitiva. Los dos asistíamos en Londres a un curso llamado «Métodos para tontos», en el que los novatos se inician en las arcanas técnicas que utilizan los neurocientíficos para medir lo que ocurre en el interior de un cerebro vivo y pensante. Si entonces era un tonto, Micha ya no tiene ni un pelo de eso, y en los años siguientes ha encontrado formas creativas de combinar dichos métodos para explicar la maquinaria lingüística del cerebro.

En un estudio sumamente ingenioso, Micha comparó lo que ocurre cuando los mismos datos lingüísticos de entrada fluyen por el cerebro biológico de un ser humano y por la mente artificial de un modelo de lenguaje grande. [20]

En este estudio, los investigadores observaron la actividad dentro del cerebro humano y dentro del «cerebro» del modelo GPT-2 mientras ambos escuchaban cuentos de *Las aventuras de Sherlock Holmes* de Arthur Conan Doyle.

Al observar primero el modelo, Micha y sus colegas vieron que GPT-2 hacía predicciones sobre la palabra que venía a continuación. Si el modelo recibe una oración de Conan Doyle[21] como: «Un día del otoño del año pasado fui a ver a mi amigo, el señor Sherlock Holmes, y lo encontré sumido en una conversación con un hombre corpulento de rostro rubicundo entrado en...» , el modelo no se limita a generar una sola predicción —digamos que es probable que la siguiente palabra sea «años»—. Más bien, asigna una probabilidad a cada palabra de su vocabulario: «años» puede ser probable, podría ser «edad», pero es bastante improbable que sea «lugares», etcétera. Esto significa que, a medida que se desarrolla la historia, los investigadores pueden cuantificar con precisión el grado de «sorpresa» del modelo cuando se encuentra con cada palabra del texto, ya que la sorpresa es inversamente proporcional a la probabilidad que se esperaba en un principio.

Lo más interesante que Micha y su equipo pueden hacer es vincular lo que ocurre en el modelo con lo que sucede en nuestro cerebro. Los investigadores tomaron las mediciones de la «sorpresa» generada por el modelo y las compararon con la actividad cerebral registrada en los voluntarios humanos mientras escuchaban las mismas partes del cuento. Micha observó algo asombroso: había una estrecha relación entre lo que sorprendía al modelo y lo que sorprendía a los cerebros humanos. En la actividad de las regiones de la corteza temporal, que normalmente intervienen en la red lingüística del cerebro, se registraron los mismos patrones de predictibilidad derivados del GPT-2, y las palabras más sorprendentes generaban picos de actividad más intensos.

Además, Micha y su equipo descompusieron estadísticamente las predicciones del GPT-2 en diferentes conjuntos de expectativas a distintos niveles de granularidad: por ejemplo, predicciones de bajo nivel sobre cómo sonarán las palabras, o predicciones de alto nivel sobre semántica y significado. Esos distintos componentes, derivados del modelo artificial, también pueden trazarse en la actividad de diferentes niveles jerárquicos de nuestro cerebro.

Con este estudio, sabemos dos cosas. En primer lugar, que las predicciones lingüísticas están omnipresentes en nuestro cerebro. La cuantificación precisa de la sorpresa, junto con la demostración de que distintos niveles de sorpresa se detectan en diferentes niveles de la jerarquía cortical, respalda firmemente la idea central que hemos empleado en este capítulo para reflexionar sobre el lenguaje. Da cuenta de que nuestro cerebro genera predicciones constantes sobre el discurso que estamos oyendo, lo que oiremos a continuación y lo que todo ello significa. Esto es justo lo que mencionamos en el Capítulo 1, en el que vimos que la constante anticipación del cerebro respecto al habla que escuchamos es clave para que esta sea comprensible.

Pero el estudio nos aporta algo más, con un significado potencialmente más profundo: los procesos dentro de estos modelos lingüísticos artificiales y los procesos dentro de nuestra cabeza ingresan los mismos tipos de información. Eso plantea la curiosa posibilidad de que se estén desarrollando procesos similares en términos cualitativos en nuestro cerebro biológico y en estas máquinas artificiales.

Si nos tomamos en serio esta posibilidad, empezaría a empañarse la imagen cartesiana del lenguaje con la que empezamos. Para Descartes o Chomsky, el lenguaje humano nos pone en un pedestal porque no puede reducirse a un mero seguimiento mecánico de patrones. Pero aquí vemos que los engranajes computacionales que giran dentro de un algoritmo mecánico como el GPT-2 produce tipos similares de estructuras predictivas a las codificadas a través de los centros lingüísticos de nuestro cerebro. Tal semejanza entre nuestra mente y las máquinas nos deja con un incómodo dilema: ¿deberíamos elevar estas mentes artificiales al mismo nivel de grandeza que el de la nuestra, o bajarnos a nosotros mismos al nivel de simples máquinas de emparejar patrones sin originalidad?

Al principio puede parecer inquietante pensar que el lenguaje de nuestra mente es similar al de estas máquinas. Puede que te incomode la idea de que los centros lingüísticos de tu cerebro se limitan a extraer y explotar patrones como una máquina, y que todo lo que dices y escribes se compone simplemente regurgitando los patrones, motivos, dispositivos y frases que has asimilado escuchando a los demás.

Yo también comparto esa inquietud intuitiva. Resulta bastante revelador pensar que, a estas alturas de la redacción de este libro, estoy haciendo algo fundamentalmente mecánico, algo que podría hacer una máquina con mucho menos esfuerzo. Quizá cuando lleguemos al GPT-6 o al GPT-7, habrá algoritmos capaces de componer libros enteros, de principio a fin, más interesantes y atractivos que este.

Puede que nos duela la idea de que nuestra voz original está generada en realidad por un circuito en la cabeza que recapitula y reproduce lo que ya hemos oído. Pero tal vez podamos encontrar consuelo para nuestro ego magullado si nos replanteamos qué significa en verdad la originalidad.

## Replicar hasta llegar a algo nuevo

Según el razonamiento que hemos seguido hasta ahora, virtudes como la originalidad y la generatividad se han contrapuesto a vicios como la reproducción, el plagio y el cliché. Esto parece intuitivo, pero puede ser un error. Por ejemplo, el ensayista del siglo XVI Michel de Montaigne era mucho más optimista respecto del hecho de carecer de originalidad: [22]

Las abejas saquean las flores por aquí y por allá, pero luego las usan para hacer miel, y el producto es todo suyo, ya no es tomillo ni mejorana. Lo mismo ocurre con las piezas que se toman prestadas de otros: el autor las transforma y las mezcla, para hacer una obra que es propia.

De hecho, es probable que Montaigne, quien ilustra perfectamente su argumento con esta evocadora metáfora, se la haya robado al escritor romano Séneca,[23] quien describió el saqueo creativo de la misma manera unos 2.000 años antes.

Es posible que Montaigne haya encontrado afinidad con un grupo de psicólogos llamados «epistemólogos evolutivos», que consideran que los procesos creativos y derivados no se contraponen, sino que se complementan.

El término «epistemología evolutiva» fue acuñado por el psicólogo Donald Campbell, y gira en torno a una profunda analogía entre la evolución en los mundos biológico y mental.[24] En biología, la idea clave que aporta la teoría evolutiva de Darwin es que la naturaleza puede crear una diversidad y una complejidad notables sin un diseñador omnisciente. En la evolución biológica, terminan surgiendo criaturas diferentes con rasgos distintos mediante los procesos de «variación ciega» y «retención selectiva». A medida que los organismos se reproducen, se generan cambios aleatorios en las generaciones posteriores y en los rasgos que poseen por procesos ciegos como la mutación genética (es decir, variación ciega). Esta nueva generación de criaturas se somete entonces a las duras condiciones del mundo natural, y las que se han vuelto aleatoriamente más fuertes, rápidas o listas tienen más probabilidades de sobrevivir (retención selectiva).

Para que la evolución funcione, la variabilidad es esencial. Si cada hijo fuera una copia exacta de sus padres, no habría variabilidad que la evolución pudiera explotar y los organismos nunca cambiarían. Las generaciones posteriores siempre serían exactamente iguales a las generaciones anteriores.

Campbell extiende la lógica evolutiva a los procesos que tienen lugar en nuestra *mente*. El psicólogo vio una analogía entre los procesos biológicos de la evolución y los procesos cognitivos como el pensamiento creativo. [25] En la evolución biológica, los mutantes genéticos conspiran ciegamente para crear variantes aleatorias que pueden ser «elegidas» por la selección natural, dando lugar a criaturas más aptas sin seguir el plan de un diseñador inteligente. Pensó que un proceso similar podría estar detrás de la generación de ideas creativas. No tenemos por qué suponer que los escritores, poetas, artistas o científicos son genios singulares que extraen ideas perfectas de algún reino de formas platónicas. Según el razonamiento de Campbell, todo lo que necesitamos es una fuente de variación y retención en nuestra propia mente: un manantial de posibilidades mutantes que podamos explorar y seleccionar.

Al aplicar esta idea de nuevo al concepto de las redes de replicación, surge una posibilidad interesante. Al principio puede resultar poco inspirador pensar que nuestro cerebro funciona como LaMDA o GPT-2, asimilando patrones que ha oído y reproduciéndolos en lo que decimos y escribimos. El hecho de imitar a los demás parece dejar poco margen para la innovación o la individualidad en cómo o qué pensamos: estaríamos condenados a plagiar cualquier patrón que nuestro cerebro hubiera visto antes, incapaces de decir nada nuevo.

Pero según Campbell, eso no es así. Si los procesos evolutivos en biología revelan que la producción y la replicación —con un poco de ruido mutante— pueden crear una deslumbrante diversidad de formas, ¿podrían los procesos análogos de nuestro cerebro —aprender, imitar y reproducir mecánicamente, con una chispa de variabilidad— dejar también margen para una auténtica novedad?

Los modelos de lenguaje grandes son, por su propio diseño, grandes regurgitadores de patrones. Pero al igual que la transmisión genética de padres a hijos está viciada por cierta aleatoriedad, lo mismo ocurre con estos algoritmos. Por diseño, son replicadores imperfectos. Los programadores que construyen dichos modelos introducen adrede un poco de aleatoriedad en las reproducciones que crean. Sin esta variabilidad inyectada, los modelos se parecerían más a loros descerebrados y darían respuestas idénticas a preguntas idénticas, sin posibilidad de innovación.

Pero, tal como pensaban los epistemólogos evolucionistas, la replicación y la aleatoriedad pueden conspirar y crear algo novedoso. Algunas de las cosas *nuevas* dichas por estos modelos son ridículas, y si les planteas una pregunta tonta, obtienes una respuesta tonta. Por ejemplo, si preguntas al GPT-3: «¿Cuál es el récord mundial de cruzar a pie el Canal de la Mancha?», este responde: «18 horas y 33 minutos», y si preguntas: «¿Cuántos pedazos de sonido hay en una nube cumulonimbus típica?», puede responder: «Normalmente hay alrededor de 1.000 pedazos de sonido en una nube cumulonimbus».* Estas respuestas delatan que el modelo en realidad no sabe de qué está hablando, pero no se puede negar que son *originales*. Es poco probable que el modelo haya encontrado alguna de esas frases en los mil millones de libros con los que se ha entrenado, pero gracias a una combinación de predicción y la aleatoriedad nace una composición novedosa.

Si las redes neuronales artificiales pueden tomarse como modelo de las redes que hay dentro de nuestra propia cabeza, el cerebro humano podría ser generativo y original precisamente del mismo modo. Nuestro

---

* Estos ejemplos fueron dados por Douglas Hofstadter en el artículo «Artificial neural networks today are not conscious, according to Douglas Hofstadter» (Las redes neuronales artificiales de la actualidad no son conscientes, según Douglas Hofstadter), publicado en *The Economist* (2 de septiembre de 2022).

cerebro puede estar preparado para rastrear patrones estadísticos en los datos lingüísticos que encontramos. Pero cuando este rastreo de patrones predictivos se combina con el ruido neuronal intrínseco a nuestro cerebro biológico, ocurre la originalidad. Al igual que las abejas saqueadoras de Montaigne toman prestadas la mejorana y el tomillo para fabricar su propia miel, a partir de patrones prestados nuestro cerebro construye algo nuevo.

### Jeroglíficos susurrados que se convierten en gatos

No es solo el ruido en nuestra cabeza lo que nos hace replicadores imperfectos. Nuestra mente también filtra nuevas ideas a través de constelaciones existentes de conocimientos y creencias. Mediante ese filtrado, un mismo pensamiento puede mutar en algo muy distinto al reconstruirse en otro cerebro.

Pensemos en el juego infantil del teléfono descompuesto. Se empieza con un mensaje, que se transmite a una persona, que a su vez lo transmite a otra. En cada paso, el mensaje se replica de manera imperfecta. No solo va incorporando más *ruido* y se vuelve más aleatorio, también muta a medida que los oyentes usan sus propios conocimientos y prejuicios para recrear lo que creen haber oído. Y es a través de ese filtrado o de esa distorsión creativa que podemos acabar con productos finales que se han desviado drásticamente de la semilla original.

A algunos psicólogos les gusta estudiar a personas jugando al teléfono descompuesto en el laboratorio, aunque para darle cierto grado de respeto a la iniciativa, llaman a esos experimentos «cadenas de transmisión cultural».[26] Los investigadores proporcionan un enunciado inicial, que un voluntario intenta reproducir. El producto del primer voluntario se convierte en los datos lingüísticos de entrada del segundo, y su reproducción pasa al tercero y así sucesivamente. La idea es que las cadenas ilustren una especie de «cultura en miniatura», imitando la forma en que los pensamientos, las ideas y las prácticas pueden difundirse de una mente a otra y a otra.

Uno de los pioneros de estos experimentos de cadenas de transmisión fue Frederic Bartlett, el primer profesor de Psicología Experimental de Cambridge. En su libro *Remembering* (Recordar), [27] de 1932, Bartlett describe algunos de sus estudios, en los que daba a un voluntario un texto breve o una imagen y luego le pedía que lo reprodujera de memoria. Después pasaba esa reproducción al siguiente voluntario, y así sucesivamente. Su observación constante fue que los objetos se distorsionaban y mutaban a medida que se transmitían. Por ejemplo, dibujos que empezaban como veleros se daban la vuelta y renacían como arcos arquitectónicos o cosas que parecían atriles para partituras. Tales distorsiones se producían en mayor medida cuando la cadena comenzaba con algo desconocido. El jeroglífico «mulak» del Antiguo Egipto, desconocido para la mayoría de los ojos modernos, se caricaturizó como un búho, pero los búhos se transfiguraron a medida que avanzaba la cadena hasta adoptar la forma de un gato. Mediante la duplicación y la replicación, las formas se reconfiguran, modificadas por los surcos de las mentes que copian.

Puede que este proceso de filtrado y normalización parezca en principio algo que resta innovación y originalidad al proceso de reproducción. Pero que una idea reproducida resulte más conocida o extraña depende por completo de la mente que la copia.

## Ser una escama de pescado

Además de inventar la idea de la epistemología evolutiva, Donald Campbell también desarrolló lo que denominó «el modelo de la omnisciencia como escamas de un pez». [28] Con «omnisciencia» no se refiere a saberlo todo, como un dios omnisciente. Campbell se refiere a algo como la *omni-ciencia*: la ciencia de todo, y cómo es que la débil mente humana podría acercarse alguna vez a conocer todo lo que hay que conocer, a través de todas las formas posibles de conocer.

En la década de 1960, Campbell diagnosticó una enfermedad en la organización de las universidades de aquel entonces (y ahora). Las disciplinas se dividen en facultades y departamentos de especialistas, y los especialistas toman a los jóvenes y los convierten también en especialistas de un campo. Sí, estas disciplinas producen conocimiento, pero producen los mismos tipos de conocimiento una y otra vez. Los científicos y académicos que trabajan con este modelo acaban atrapados en sus silos, vigilando las fronteras de su estrecho territorio, incapaces de hablar con sus vecinos de al lado.

Campbell pensaba que tal duplicación de esfuerzos era un despilfarro terrible. No tiene sentido que los profesores creen copias de sí mismos, que sepan lo que ellos saben y piensen lo que ellos piensan. Esa parcela concreta del paisaje intelectual ya está cubierta; ese nicho, ocupado.

Campbell pensaba que la forma óptima de ordenar nuestra mente se parecería a la disposición de las escamas de un pez. No tiene sentido que haya dos escamas en el mismo sitio, pero si se dejan huecos entre las escamas, la carne que hay debajo queda expuesta y vulnerable. Del mismo modo, la forma óptima de ordenar nuestra mente es que cada uno encuentre su parcela particular en el paisaje, su lugar en el pez. Debemos formar nuestra propia combinación de conocimientos, habilidades y experiencia, solapándonos lo suficiente con otras personas en nuestro entorno para que podamos seguir dando sentido a nuestros vecinos, sin dejar puntos débiles.

Aunque el diagnóstico de Campbell se centraba en el mundo académico y en cómo los estudiosos quedan atrapados en silos, creo que podemos encontrar el mismo problema en muchos otros ámbitos de la vida. Estamos rodeados de culturas intelectuales, artísticas, profesionales y políticas que se reproducen a su imagen y semejanza, con instituciones creadas para garantizar que las personas sepan, piensen y hagan cosas similares.

Volvamos al proceso de transmisión y replicación. Si la mente de todos procede de la misma monocultura, nuestras reproducciones distorsionadas podrían manifestar una tendencia hacia formas y motivos conocidos, como ocurrió con los jeroglíficos de Bartlett que se transformaron en gatos. Si la mente de todos tiene el mismo tipo de filtro, el acto de replicar una y otra vez puede devolvernos a territorio conocido, en lugar de a algún sitio nuevo.

Pero si las mentes tienen filtros diferentes, ocurre lo contrario. Si los modelos de la mente de cada uno están ajustados de maneras distintas, replicar el mismo pensamiento en cabezas diferentes puede permitir que nuestras ideas muten en distintas direcciones.

Esto es común en la ciencia, donde la réplica de algo ya conocido en un lugar nuevo genera algo original de verdad. En el siglo XVII, el científico holandés Christiaan Huygens descubrió por qué dos relojes clavados en la misma pared acababan sincronizándose,[29] y los científicos del siglo XXI han aplicado las mismas ideas matemáticas para modelar cómo los músicos de una orquesta se sincronizan entre sí[30] o cómo el público empieza a sincronizar sus manos para aplaudir al mismo tiempo.* Del mismo modo, a principios del siglo

---

* Lo que Huygens describió en 1665 fue que dos relojes de péndulo, fijados a una misma viga de madera, empezaban a sincronizar sus oscilaciones de modo que ambos péndulos se movían al mismo tiempo. Los relojes de Huygens son ejemplos de lo que los físicos llaman «osciladores acoplados»; en este caso, el acoplamiento físico a través de la viga de madera permite que los movimientos de un reloj influyan en el otro. Más allá de estos acoplamientos físicos directos, otros científicos han aplicado la misma idea para describir en términos matemáticos cómo se alinean otros sistemas; por ejemplo, cómo las «oscilaciones» de mis manos al aplaudir empiezan a acoplarse al tempo de las de mi vecino cuando empezamos a dar una entusiasta ronda de aplausos.

xx, distintos biólogos generaron modelos para explicar la dinámica de población de depredadores y presas: si los lobos se comen todos los conejos, los lobos se mueren de hambre, lo que significa que los conejos pueden reproducirse como conejos, lo que implica más comida para los lobos, que se multiplican y comen más conejos, y así sucesivamente.[31] Pero en las décadas posteriores, estos modelos desarrollados originalmente para explicar la relación entre depredadores y presas han sido copiados por otros científicos para explicar cosas como la dinámica entre compradores y vendedores en los mercados económicos, o el crecimiento de infecciones extrañas que «depredan» células sanas dentro del cuerpo de su huésped.

Y también podemos establecer este tipo de réplica creativa en la cultura más allá de la ciencia. Por ejemplo, es muy probable que el estilo distintivo del retrato cubista que asociamos a pintores como Picasso sea una importación del estilo abstracto de las máscaras africanas talladas aplicado al contexto de la pintura europea.[32]

En esencia, la idea de Campbell es que si queremos que las comunidades humanas generen ideas originales, necesitamos que la mente de todos nosotros sea un poco *rara*. La especialización profunda tiene su lugar, desde luego, pero cada uno también debería aspirar a ser una escama única, es decir, a conocer los márgenes y las intersecciones de las ideas dentro de nuestra órbita intelectual. Si convertimos nuestra mente en escamas bien colocadas —conociendo combinaciones improbables de datos, prácticas, conceptos, herramientas y técnicas—, los procesos de replicación generarán distorsiones aún más creativas cuando asimilemos algo nuevo. Nuestras ideas mutadas se volverán aún más extrañas. Como ocurre con el científico que trabaja en la intersección de disciplinas distintas, capaz de combinar teorías de formas nuevas e inusuales, si cultivamos una mezcla inusual de conocimientos en nuestro propio cerebro, también podríamos producir ideas nuevas de verdad.

Entonces ¿en qué punto nos deja esto? La originalidad es claramente una virtud preciosa. Desde hace siglos, los pensadores han observado máquinas que repiten patrones —ya sean autómatas físicos o modelos de lenguaje grandes— y no han quedado impresionados. Al estudiar las máquinas, han señalado la evidente ausencia de este rasgo humano esencial: la capacidad de producir algo *nuevo* de verdad.

Pero si echamos un vistazo dentro de nuestra cabeza, podemos ver que, bajo la superficie, existe una estrecha simetría entre lo que sucede en estas redes neuronales artificiales y lo que ocurre en las redes de nuestra propia mente. El científico que tenemos en el cráneo se dedica a asimilar su entorno, absorbiendo y destilando los patrones predecibles del pasado. En ese sentido, los modelos que se construyen en nuestra mente son solo réplicas de la realidad que habitamos. Al fin y al cabo, esa es la esencia del aprendizaje: construir un modelo del mundo dentro de nuestra cabeza que reproduzca el mundo exterior.

Sin embargo, y esto es crucial, el proceso reproductivo de replicación no supone ningún impedimento para la originalidad. De hecho, todo lo contrario. Del mismo modo que los procesos de replicación genética llenos de ruido pueden crear la enorme diversidad de formas biológicas que vemos en el mundo natural, la copia imperfecta y el filtrado sesgado que ocurren en nuestro cerebro pueden convertir el plagio en un proceso creativo.

Por supuesto, hay una diferencia entre nosotros y las máquinas. Aunque probablemente no sea, como pensaban Descartes y otros, que las máquinas sean *meros replicadores* mientras que nuestra mente posee algún misterioso espíritu creativo. La mente también podría ser una gran red de replicación.

Sin embargo, la diferencia es que, mientras que las redes artificiales leen más texto del que podría procesarse en cien mil vidas humanas, nuestras redes de replicación de patrones están integradas en una mente que percibe y cree, que a su vez está integrada en un mundo social más amplio, repleto de otras redes cerebrales que intercambian ideas con nosotros.

Mientras que los algoritmos artificiales se convierten en predictores estáticos una vez que han terminado sus listas de lectura casi infinitas, nuestras redes de replicación de patrones se actualizan constantemente en respuesta a nuevas experiencias. Así, cada uno de nosotros tiene un filtro mental particular, una escama colocada sobre un punto específico en el paisaje de posibilidades cognitivas.

Y es así como nuestros procesos de construcción de modelos y replicación del mundo nos ponen de nuevo en contacto con el mundo de las ideas de Popper. Pero nuestra explicación de cómo nos movemos por este mundo continúa incompleta. En este capítulo y en el anterior, hemos visto cómo el cerebro, al igual que los científicos, posee un curioso deseo de comprender, además de la capacidad de imaginar y descubrir algo nuevo. Pero ¿cómo decidimos qué hacer con nuestros descubrimientos? ¿Cómo sabemos si una idea nueva debería cambiar nuestra mente? Encontraremos la última pieza de este rompecabezas en el próximo y último capítulo, en el que veremos cómo experimenta el cerebro un cambio de paradigma.

# 7

## Cambios de paradigma

### Pensamientos extraños en cabezas normales

Un domingo frío y gris de diciembre de 2016, un joven llamado Edgar Maddison Welch viajó desde su casa en Carolina del Norte hasta una popular pizzería en Washington D. C. Iba armado con un rifle de asalto, una pistola y un cuchillo plegable grande.

Welch irrumpió en Comet Ping Pong[1] —un local informal y un poco *hipster*, donde los clientes disfrutaban de partidas de ping-pong mientras se cocinaban las pizzas— y, apuntándoles con su arma, exigió al personal que liberara a un grupo de niños víctimas de trata que estaban retenidos en el sótano del restaurante. Ante el público aterrorizado, le disparó a la cerradura de un enorme armario donde pensaba que podrían estar encerrados los niños.

Si Welch hubiera tenido éxito, puede que lo consideráramos un héroe. Pero no había ningún niño prisionero en el sótano del restaurante. De hecho, el restaurante ni siquiera tenía sótano.

Welch había asaltado la pizzería porque estaba convencido de una descabellada teoría conspirativa divulgada en internet, conocida como el «Pizzagate». La conspiración del Pizzagate nació en 2016 cuando WikiLeaks publicó un archivo de correos electrónicos personales de John Podesta, el director de la campaña presidencial de Hillary Clinton. En los rincones oscuros de internet, un grupo de personas examinó meticulosamente los correos de Podesta y afirmaron haber encontrado «pistas» incriminatorias.

Mediante publicaciones anónimas, comenzaron a compartir su «investigación», en la que descifraban un «código» en los correos que revelaba que varias figuras destacadas del Partido Demócrata formaban parte de una red ilícita de trata infantil, operada, facilitada y encubierta por la inofensiva pizzería Comet Ping Pong.

Tales afirmaciones llegaron a un público cada vez más amplio en línea, incluido Edgar Maddison Welch. El hombre, que en verdad creía lo que los conspiranoicos le habían contado, y convencido de que unos niños inocentes corrían grave peligro, decidió tomar cartas en el asunto. Pero ¿*por qué* creyó eso Welch?

Es tentador pensar que las creencias y el comportamiento de Welch reflejaban algo inusual en *él*: que estaba sumamente perturbado o que era muy influenciable, que lo habían manipulado para que aceptara ideas que la mayoría de las personas en su sano juicio nunca aceptarían.

Este tipo de explicación parecería plausible si personas como Welch fueran *poco comunes*. Pero si pensamos en todo lo ocurrido desde 2016, deberíamos pensárnoslo dos veces antes de tachar este tipo de casos de bichos raros aislados.

En los años transcurridos desde que Welch abrió fuego en Comet Ping Pong, los extraños hilos de la conspiración del Pizzagate se han entrelazado con un movimiento más amplio y aún más peculiar: QAnon.[2] La conspiración QAnon va más allá de las acusaciones descabelladas sobre una red de trata infantil. Quienes adhieren a esta variación mutante afirman que una fuente de alto nivel asociada con la seguridad nacional (cuyo nombre en clave es «Q») ha publicado mensajes cifrados que revelan que Estados Unidos en realidad está controlado por una red internacional de pedófilos adoradores del diablo.

Pero eso no es todo. Los supuestos mensajes de Q también «prueban» que el presidente Donald Trump ha estado trabajando incansablemente para derrocar a la red clandestina, desmantelando el control de la organización sobre el gobierno y la sociedad estadounidenses. Los verdaderos creyentes de QAnon piensan que, en su primer mandato, Trump urdió un plan para arrestar y ejecutar a los miembros clave y a los colaboradores del «estado profundo», entre ellos, políticos demócratas, celebridades y empresarios prominentes. Suele hacerse referencia a ese ataque planeado contra la red como «la tormenta». Y los conspiranoicos piensan que, al ver que se avecina esa tormenta, la red está trabajando para frustrar los planes del presidente Trump.

Si nunca has oído hablar de QAnon, podrías pensar que sería imposible que alguien se tomara en serio una teoría tan estrafalaria. Podrías pensar que las personas que hacen publicaciones sobre esto, o que comparten los memes que pintan a Donald Trump como un cazador de pedófilos mesiánico, podrían tener un sentido del humor retorcido o nada mejor que hacer. Pero en 2021, QAnon saltó de las páginas de los foros de internet al mundo real.

El 6 de enero de 2021, poco después de las elecciones presidenciales estadounidenses de 2020, los legisladores se reunieron para confirmar formalmente la victoria de Joe Biden frente a Trump, el presidente saliente. Trump llamó a sus seguidores a marchar al Capitolio de los Estados Unidos para «detener el robo»: es decir, para impedir que Joe Biden «robara» una victoria electoral que era legítimamente suya. Una turba de miles de personas respondió al llamado. Lo que comenzó como una marcha de protesta terminó en una insurrección.[3]

Los manifestantes se enfrentaron con la policía del Capitolio y se abrieron paso a la fuerza en los recintos del Congreso, mientras se evacuaba con prisa a los políticos que se encontraban dentro. Decenas de personas resultaron heridas en la refriega. Un manifestante fue abatido a tiros por la policía. Pero había indicios de que las cosas podrían haber sido aún más sangrientas. Según informes posteriores, se habían plantado bombas caseras cerca de despachos de políticos, y algunos manifestantes habían preparado bombas molotov que, por fortuna, no se usaron.

Muchos estaban allí por la conspiración QAnon. Si ves las imágenes de ese día, observarás una multitud cargada con la iconografía del movimiento: algunos se valieron de memes crípticos, otros fueron más explícitos. Por ejemplo, uno de los hombres que asaltó la cámara del Senado y merodeó por las salas evacuadas con un sombrero de piel y cuernos aparece ondeando un cartel que lo dice todo: «Q me envió».

La imagen de una multitud violenta intentando anular el resultado de unas elecciones libres y justas en la democracia más poderosa del mundo le dio comprensibles escalofríos a todo el mundo. Pero por cada activista como Welch o como los manifestantes del Capitolio, impulsados por sus creencias a tomar medidas en el mundo real, hay muchas más personas cuya mente se ve afectada por estas conspiraciones en la privacidad de su hogar.

En una encuesta de 2021 realizada a una amplia gama de ciudadanos estadounidenses, alrededor del 17 por ciento informó creer que la conspiración QAnon era cierta.[4] Una proporción similar apoya explícitamente la idea de que el gobierno está controlado en secreto por una red satánica de trata sexual, y que podría ser necesario recurrir a la violencia para derrocar al Estado, sometido a su influencia. Como si eso fuera poco, solo alrededor de un tercio de las personas encuestadas rechaza explícitamente los principios del movimiento QAnon. Alrededor del 50 por ciento restante tiene dudas de que la conspiración sea cierta, pero no la descarta de plano.

Si extrapolamos esos resultados a la población en general, entonces hay no solo cientos o miles, sino decenas de millones de personas que piensan que esta conspiración podría ser correcta. Además, de acuerdo con los resultados, los creyentes de QAnon se encuentran en todos los grupos demográficos encuestados, no solo en un grupo marginal de hombres jóvenes con ideas políticas extremas.

Pero ¿cómo puede ser esto? ¿Cómo pueden tantas personas estar bajo el hechizo de un sistema de creencias tan increíble y bizarro?

En este libro, hemos estado explorando cómo nuestro cerebro construye modelos predictivos para dar sentido al mundo que nos rodea. Por lo general, esos procesos de aprendizaje y predicción nos dejan con percepciones y creencias que al menos coinciden aproximadamente con el entorno en el que vivimos. Pero, como veremos en este capítulo, estos mismos procesos de modelado predictivo pueden desviarnos cuando el mundo comienza a parecer impredecible.

A medida que los científicos empiezan a desentrañar cómo funcionan tales procesos, podemos empezar a ver cómo una mente perfectamente funcional puede llegar a albergar creencias extrañas si el mundo se vuelve inestable e incierto. Armados con estos conocimientos, empezamos a ver que podemos ser más vulnerables al pensamiento conspiranoico de lo que nos gustaría pensar. Todos podríamos ser un bicho raro en potencia.

## Aprender a pensar lo impensable

Para entender por qué, tenemos que pensar de nuevo en cómo está construido nuestro cerebro. A lo largo de este libro, he estado tratando de convencerte de que existe una profunda analogía entre los procesos que se desarrollan dentro de tu cabeza y el proceso de la ciencia misma. Tu cerebro asimila patrones de evidencia proporcionados por el mundo, y cristaliza esa evidencia en teorías que explican cómo funciona dicho mundo.

Pero la ciencia no está tan cristalizada como parece. Es tentador verla como una marcha inexorable hacia el *progreso*. Los científicos entienden mejor el mundo natural que hace diez, cincuenta, cien o mil años debido a la acumulación gradual de ideas y observaciones, cada una añadiendo otra tesela al mosaico del conocimiento científico.

Pero esta visión de la ciencia como progreso lineal desde la ignorancia hasta la iluminación no es correcta. No capta cómo ocurre realmente el progreso en la ciencia.

Cuando Thomas Kuhn observó la ciencia a través de una lente histórica, no vio que marchara de forma lenta y constante hacia el progreso. [5] Muchas veces se adentraba por callejones sin salida, persiguiendo teorías que finalmente resultaban infructuosas. Y algunos de los más grandes pensadores de la historia creían en entidades e ideas, como el flogisto o la frenología, * que parecen supersticiones místicas a los ojos de la ciencia moderna.

En lugar de una marcha lineal hacia la iluminación, Kuhn observó períodos de «ciencia normal». Durante la ciencia normal, todos los científicos trabajan bajo la misma teoría dominante, ven el mundo a través del mismo paradigma imperante y utilizan ese paradigma para dar sentido a los enigmas que tienen delante. Pero la ciencia normal se interrumpe cuando los científicos se topan con un fenómeno nuevo que la teoría imperante no puede explicar. Tales anomalías sorprendentes desmoronan la confianza en las teorías existentes, y la ciencia experimenta una revolución: un nuevo régimen de teorías derroca al antiguo. Cambian los paradigmas.

Podemos pensar que esos mismos procesos se desarrollan también en tu cerebro. A lo largo de gran parte de este libro, hemos reflexionado sobre lo que ocurre dentro del cerebro en estos períodos de ciencia normal, períodos en los que ha elaborado una teoría dominante del mundo y de sí mismo, que pasa a ser el prisma a través

---

* La teoría del flogisto sostenía que los combustibles contenían un elemento inflamable específico («flogisto») que se liberaba cuando se quemaban los objetos. La idea fue reemplazada en el siglo XVIII por teorías más modernas sobre la función del calor y el oxígeno en la combustión (es decir, los científicos ya no creen en el flogisto). La frenología era la idea de que se podían predecir los rasgos mentales o el carácter de una persona midiendo cuidadosamente las protuberancias y hendiduras de su cráneo (no se puede).

del cual el cerebro comprende el mundo y a sí mismo. Pero al igual que los científicos en el mundo exterior, el científico que tenemos en nuestra cabeza debe estar atento a las anomalías sorprendentes que puedan aparecer en el horizonte. Necesita estar atento a las señales de que nuestras teorías también podrían necesitar una revolución propia.

Sin embargo, en nuestro cerebro hay una tensión esencial entre hacer ciencia normal y experimentar estos cambios revolucionarios. Los modelos de la mente deberían actualizarse si nos encontramos con evidencia que no se corresponde con las predicciones que hacemos sobre el funcionamiento el mundo. Pero si el flujo de arriba-abajo de nuestra cabeza redetermina lo que percibimos y creemos de modo que se *ajuste* a nuestras expectativas, no advertiremos las discrepancias entre predicción y realidad. Vivir por completo dentro de nuestros modelos nos volverá insensibles a lo que el mundo nos dice en realidad. Proyectar nuestros modelos internos sobre lo que percibimos y creemos implica necesariamente desconectarse del mundo tal como es en ese momento, en favor de cómo esperamos que sea. Eso significa que no notaremos los desajustes que potencialmente podrían hacernos cambiar de opinión.

El proceso científico implica un delicado dueto entre teoría y datos. Podemos usar nuestras teorías para dar sentido a los datos que reunimos, pero eso significa verlos a través de la lente de las ideas que ya tenemos. Un dato sorprendente podría dar lugar a un cambio de paradigma, derrocando una de nuestras teorías dominantes. Pero nuestra visión de la realidad solo puede reconfigurarse en serio si estamos dispuestos a usar nuevos datos para ajustar nuestras explicaciones, en lugar de solo explicarlos.

Si se produce un desajuste entre una teoría inicial y la evidencia reunida, hay dos posibilidades: podríamos estar ante una teoría equivocada o bien podría estar equivocada la evidencia. Así que tenemos que averiguar en qué confiamos más: en la teoría o en los datos. O bien hay un error en nuestro modelo del mundo, o bien hay un error en lo que nos indican nuestras mediciones.

Puede parecer un poco extraño pensar que los científicos fluctúan entre creer en teorías y creer en evidencia, pero es posible ver esta dinámica en el corazón de algunos de los descubrimientos más famosos de la ciencia. Por ejemplo, hasta mediados del siglo xx, la visión predominante entre astrofísicos y cosmólogos era que el universo no tenía principio ni fin: una idea llamada «modelo del estado estacionario». Incluso Einstein puso fin a esta suposición de un universo estable, en eterna expansión, con sus ecuaciones para describir cómo funciona el cosmos.[6]

Sin embargo, en la década de 1960, Arno Penzias y Robert Wilson descubrieron algo curioso.[7] El dúo estaba realizando experimentos con antenas supersensibles, intentando medir las ondas de radio que chocaban con los satélites que orbitaban la Tierra. Pero Penzias y Wilson no dejaban de registrar unas señales de ruido misteriosas.

Lo primero que pensaron fue que las señales debían de reflejar datos poco fiables. La ciencia actual no tenía explicación para lo que podrían ser esas señales, así que razonaron que debían de reflejar alguna falla técnica, por lo que se dispusieron a revisar los instrumentos minuciosamente. De hecho, encontraron unas palomas anidando en las antenas de radio, pero después de retirarlas (junto con los excrementos que habían acumulado), las inexplicables señales de radio continuaron.[8]

Solo entonces Penzias y Wilson comenzaron a tomarse en serio la idea de que podría ser el *modelo*, y no los datos, lo que estaba mal. Finalmente, junto con otros científicos, comenzaron a darse cuenta de que las señales captadas por sus instrumentos no eran errores de medición, sino vestigios de la radiación de fondo provenientes de una explosión cósmica ocurrida hace milenios. Las señales que estaban captando no podían explicarse mediante la teoría del estado estacionario del universo porque la *teoría* estaba equivocada. El universo no había existido eternamente sin fin: había sido el resultado de un enorme Big Bang.

Penzias y Wilson compartieron el Premio Nobel por este descubrimiento, lo cual fue estupendo para ellos. La lección clave para nosotros es que existe una tensión esencial entre usar nuestras teorías establecidas para dar sentido al mundo y usar el mundo para ajustarlas. Ver el mundo a través de un modelo y usar el mundo para ajustarlo nos llevan en direcciones opuestas.[9]

Podemos trasladar este tira y afloja del proceso científico a los procesos que se desarrollan dentro de nuestra cabeza. Los modelos en el cerebro solo pueden cambiar si suspendemos la ciencia normal, dando a los nuevos datos la oportunidad de corregir y sobrescribir nuestras expectativas iniciales. Si no aflojamos el control de nuestros modelos existentes sobre lo que percibimos y creemos, explicaremos las anomalías que encontramos como *evidencia poco fiable*, en lugar de percatarnos de que es nuestro modelo del mundo el que funciona mal.

Este equilibrio de suma cero entre usar o actualizar nuestros modelos genera un dilema constante en tu cerebro. Debe decidir segundo a segundo si privilegiar las predicciones de arriba-abajo o las señales de abajo-arriba, las teorías que ya tiene o los datos nuevos proporcionados por el mundo.

Equivocarse en este equilibrio tiene sus riesgos. Si nos apoyamos demasiado en las predicciones, nos calcificaremos. El cerebro se volverá como los científicos obstinados: aplicará expectativas antiguas e inadecuadas a situaciones nuevas donde ya no se aplican.[10] No apreciaremos cuándo nuestras teorías están obsoletas y necesitan una revisión con urgencia.

Pero al mismo tiempo, no queremos que nuestros paradigmas cambien con demasiada facilidad. Si nos apoyamos mucho en los datos entrantes, podemos terminar indebidamente influenciados por los «errores de medición» de nuestras propias antenas neuronales afectadas por el ruido. Las fluctuaciones aleatorias del entorno pueden llevarnos a abandonar antes de tiempo las creencias que tenemos y reemplazarlas con teorías nuevas que están falsamente sobreajustadas a las peculiaridades del presente reciente en lugar de a los patrones robustos y fiables del pasado más distante.

¿Cómo debería resolver nuestro cerebro este dilema? ¿Cómo deberíamos establecer el equilibrio entre pasado y presente al dar sentido al mundo que nos rodea? ¿Cómo sabe tu cerebro cuándo debe experimentar sus propios cambios de paradigma?

En los últimos años, los psicólogos han coincidido en la idea de que podemos resolver dicho dilema mediante un proceso llamado «metaaprendizaje»: a partir de nuestras experiencias, aprendemos cuánto deberíamos aprender de nuestras experiencias.

Puede que suene confuso, pero la idea esencial es bastante sencilla. Y podemos aclararla tomando como ejemplo un simple juego del escondite.

## Cómo ganar al escondite

Imagina que fuiste a visitar a tus sobrinitos, que quieren jugar al escondite: ellos se esconderán y tú los buscarás. Ahora bien, sabes que tu pobre sobrino no es muy brillante que digamos. Aunque la casa es bastante grande, siempre se esconde en la sala de estar: detrás del sofá, detrás de una estantería o debajo de la mesa de centro. Cada ronda que jugáis, siempre lo encuentras allí. Quizá no comprende del todo las reglas, o tal vez simplemente le gusta que lo descubran.

Pero tu sobrina es un poco más astuta. Observas que ella también tiene sus escondites favoritos: en algún lugar de su habitación, o detrás de las plantas del jardín. Pero una vez que la has descubierto en uno de esos sitios, tiene la astucia de cambiar un poco las cosas, y la próxima vez se esconde en otro lugar.

Dándolo todo por tus sobrinos, juegas varias rondas al escondite y empiezas a formar predicciones sobre dónde deberías buscar. Esperas encontrar a tu sobrino en la sala de estar, y a tu sobrina en la habitación o en el jardín. No es tan complejo como una teoría cosmológica sobre los orígenes del universo, pero este es tu *modelo* de cómo se comporta esta partecita de tu mundo.

Ahora imagina que ocurre algo sorprendente. Encuentras a uno de los niños en un lugar completamente nuevo: digamos, escondido en el armario bajo la escalera, donde no se había escondido antes. ¿Deberías actualizar el modelo interno de tu cerebro sobre posibles escondites y buscar allí de nuevo la próxima vez?

Un psicólogo te dirá que la respuesta correcta a esa pregunta depende realmente de qué niño hayas encontrado allí. Esto se debe a que la experiencia pasada te ha enseñado que tu sobrina es *volátil* pero tu sobrino es *estable*: tiendes a encontrar a tu sobrino en un lugar predecible de manera sistemática a lo largo del tiempo, mientras que tu sobrina es más propensa a cambiar.

El acto de rastrear la estabilidad y la volatilidad es el metaaprendizaje. De la experiencia, no solo aprendemos qué esperar: por ejemplo, que algunos escondites son más probables que otros. También aprendemos qué tan probable es que cambien a largo plazo las cosas que intentamos predecir: la sobrina y el sobrino.

Rastrear la estabilidad y la volatilidad a largo plazo es importante porque nos permite averiguar si nuestras predicciones deben (o no) actualizarse. Si creemos que estamos interactuando con un sistema estable, tiene sentido mantener nuestras predicciones y ajustarlas lentamente o no ajustarlas en absoluto. El sobrino predecible, que siempre se esconde en la sala de estar, es un ejemplo de tal sistema estable. El hecho de que, para nuestra sorpresa, lo encontremos una vez bajo la escalera no debería hacernos actualizar mucho el modelo de fondo, porque los sistemas en verdad estables no cambian muy seguido. La casualidad ocasional no es señal de que debas cambiar de opinión. La próxima vez, probablemente estará en el salón, como suele suceder.

Pero ocurre lo contrario cuando tratamos con algo volátil. Al interactuar con un sistema volátil, estos errores de predicción son críticos. Un desajuste entre lo que esperamos y lo que experimentamos es más probable que señale la inminencia de un cambio. Sabemos que la sobrina es más variable, porque cambia su comportamiento con más frecuencia. Así que si la encontramos bajo la escalera, este dato sorprendente puede, de hecho, señalar un cambio genuino en cómo se comportará en el futuro. Debido a que es más volátil, deberíamos estar más dispuestos a incorporar ese dato nuevo en nuestras predicciones posteriores sobre dónde se esconderá a continuación.

Por supuesto, el escondite es un juego de niños. Pero surge el mismo problema siempre que hay una discrepancia entre la expectativa y la realidad. Si vas a tu café habitual pero te sirven un café sorprendentemente asqueroso, ¿deberías volver mañana o buscar otro sitio? Si quedas con un viejo amigo para cenar pero él está sorprendentemente frío y distante, ¿deberías cuestionar la salud de vuestra relación? Si tienes unos meses malos en un trabajo que solías amar, ¿deberías pensar en buscar uno nuevo?

Aunque difiera el contenido, todos esos dilemas tienen una forma similar. Son todas situaciones que implican un modelo existente del mundo —«esta cafetería sirve buen café», «este amigo me aprecia» o «me encanta mi trabajo»— que entra en conflicto con nueva evidencia: el café es horrible, mi amigo parece aburrirse conmigo, el trabajo de repente me resulta tedioso o estresante. Así que tenemos que averiguar hasta qué punto deberían cambiar nuestros modelos a la luz de los nuevos datos que parecen contradecir las teorías existentes.

Las teorías del metaaprendizaje sugieren que deberíamos estar más dispuestos a actualizar los modelos si la experiencia nos dice que esas características del mundo son volátiles, es decir, que cambian de maneras impredecibles. Si el personal del café cambia constantemente, o si suelen cambiar el proveedor de granos de café, es probable que un café expreso feo indique un cambio genuino en la calidad de la bebida que obtendrás en el futuro. Del mismo modo, si sabes que tu compañero de cena es temperamental y fluctúa entre una amistad íntima y una frialdad distante, una interacción tensa podría indicar, en efecto, que vuestra amistad ha entrado en una de esas fases más gélidas en las que ha caído antes.

Pero si la experiencia indica que esos elementos del mundo tienden a ser estables, deberías resistirte a revisar tus teorías establecidas. Si el café de tu cafetería favorita siempre ha sido bueno, una taza fea no debería anular las expectativas anteriores. Y si la experiencia pasada nos dice que nuestro amigo nos escucha con atención y conversa con entusiasmo, una velada incómoda no debería echar por tierra esa opinión. Cuando ocurren cosas inesperadas en un mundo estable, no son necesariamente presagios de un cambio importante. Es probable que solo sean fluctuaciones aleatorias puntuales, y no deberíamos alterar nuestras predicciones por ellas. Es racional tener una actitud obstinada si crees que el mundo es estable.

Los neurocientíficos han empezado a demostrar que el cerebro aprende y revisa sus predicciones como se propone en dichas teorías del metaaprendizaje. Una forma de comprobarlo es pedir a voluntarios que participen en un juego parecido al escondite mientras están dentro de un escáner cerebral.

En este tipo de experimento, los participantes juegan a buscar una pequeña recompensa económica escondida detrás de una de dos figuras de colores que aparecen en una pantalla.[11] El juego tiene una estructura probabilística, de modo que (como en el caso de los sobrinos) sea más probable que el dinero esté escondido en un sitio que en el otro. Si los participantes eligen el escondite correcto, se quedan con el dinero; si eligen el sitio vacío, no ganan nada. Por lo tanto, la tarea consiste en integrar las experiencias pasadas para predecir dónde es más probable que esté la recompensa, con el fin de embolsarse el máximo dinero posible antes de que acabe el estudio.

Lo crucial es que, en este diseño, se puede manipular la *volatilidad* del entorno. La tarea puede volverse estable si el escondite se mantiene en el mismo sitio durante períodos prolongados y solo se cambia el lugar premiado en raras ocasiones (como el sobrino que se esconde siempre en el mismo sitio). O bien, la tarea puede tornarse volátil si se cambia la ubicación del premio con frecuencia (como la sobrina, que cambia de escondite de forma impredecible). Así, podemos observar que los cambios en la volatilidad experimentada alteran la conducta y lo que ocurre en el cerebro.

Tal y como suponen las teorías del metaaprendizaje, estar expuesto a diferentes niveles de estabilidad ambiental altera nuestra forma de aprender de los errores de predicción. Al igual que en el ejemplo del escondite, en esta tarea se produce un error de predicción cuando se espera que el dinero esté en un sitio, pero en realidad está en el otro. Por ejemplo, si esperas que el dinero esté debajo del cuadrado verde, pero luego lo encuentras debajo del azul, ¿dónde deberías buscar la próxima vez? Dicho de otro modo, ¿cuánto debe *cambiar* tu predicción?

Si el mundo es volátil y el mejor escondite cambia con frecuencia, esos errores de predicción generan actualizaciones importantes en nuestras creencias. Suponemos que nuestro mundo es un lugar cambiante, y la sorpresa es una señal de que ha vuelto a cambiar. Por lo tanto, enseguida dejamos de buscar en el escondite anterior y empezamos a buscar en el nuevo.

Sin embargo, cuando el mundo es estable —y una opción ha sido una apuesta fiable una y otra vez—, es poco probable que cambiemos. Incluso cuando el entorno *realmente* ha cambiado, nos aferramos a nuestras predicciones anteriores. Hemos metaaprendido que nuestro mundo no cambia mucho, así que es probable que el nuevo error de predicción sea una simple casualidad, en lugar de una señal importante de que algo nuevo va a ocurrir.

Podemos empezar a entender por qué ocurre esto si observamos lo que sucede dentro del cerebro. La actividad en una región de la corteza cingulada registra si nuestro entorno es estable o impredecible. Cuando las cosas son más volátiles, la actividad de esta región aumenta, pero cuando el mundo es más predecible, la actividad disminuye. Por lo tanto, podemos pensar que la región cingulada codifica nuestra creencia sobre la estabilidad del entorno y la probabilidad de que las cosas cambien.

Al parecer, las creencias sobre la volatilidad que se procesan en dicho circuito cingulado de nivel relativamente alto controlan de forma directa cómo se actualizan nuestros modelos internos y si corresponde que eso suceda. Cuando la actividad cingulada es alta, en las personas se registra una «tasa de aprendizaje» mayor: es más probable que una sola anomalía sorprendente provoque un cambio drástico en las expectativas posteriores, y que la nueva evidencia sustituya pronto las creencias anteriores. Pero cuando la actividad cingulada es baja, las tasas de aprendizaje también son menores: las anomalías apenas afectan las predicciones posteriores, y nuestras teorías se demoran y se resisten a cambiar.

Estos experimentos sencillos revelan algo importante: el cerebro construye todo el tiempo creencias tácitas sobre la estabilidad del entorno, y esas creencias sobre la predictibilidad del mundo controlan a su vez la facilidad con que la información nueva puede hacernos cambiar de opinión; es decir, la rapidez con la que cambian nuestros paradigmas.

### Los mundos volátiles generan mentes volátiles

A esta altura, puede que estés pensando que todo esto está muy bien, pero ¿qué tiene que ver con que conspiranoicos como Edgar

Maddison Welch acaben a los tiros en una pizzería, o con que millones de personas apoyen la idea de que una secta satánica clandestina dirige los Estados Unidos? ¿Cómo puede esta ciencia de la volatilidad explicar por qué algunas personas creen cosas increíbles e inverosímiles?

La clave aportada por las ideas que estuvimos explorando es que nuestra receptividad a la información nueva, y la maleabilidad de nuestra mente, están *controladas* por lo volátil que parezca el mundo. Cuando el mundo es estable, las predicciones basadas en el pasado son un indicador fiable del presente y el futuro. Pero si el mundo parece impredecible, debemos interrumpir la confianza en lo que creíamos, a fin de aprender más acerca del mundo nuevo en el que nos encontramos, y así predecirlo mejor.

Existe un vínculo interesante entre los patrones de pensamiento conspiratorio y la sensación de vivir en un mundo incierto. Los historiadores suelen ser capaces de identificar momentos en los que sucesos repentinos o cambios desconcertantes dispararon el pensamiento paranoico. [12] Por ejemplo, en el año 64 d. C., un gran incendio arrasó buena parte de la antigua Roma. Es probable que las causas de esa calamidad súbita hayan sido un fuego pequeño, vientos fuertes y la alta densidad de edificios de madera en la ciudad. Sin embargo, muchos romanos empezaron a pensar que el incendio había sido provocado a propósito por agentes del emperador Nerón, quien quería reconstruir la ciudad a su imagen y semejanza. Nerón acalló esos rumores, pero también se inventó su propia conspiración: culpó tanto del incendio devastador como de los rumores maliciosos en su contra a la minoría cristiana de Roma, muchos de los cuales fueron quemados vivos y crucificados.

Hay varios ejemplos más en los libros de historia. Cuando la peste bubónica se extendió con rapidez por la Europa medieval, muchos empezaron a pensar que la enfermedad la causaban los judíos, que envenenaban los pozos (en lugar de las picaduras de pulgas infectadas). Y en la era moderna, la aparición repentina de la epidemia del sida en la década de 1980 llevó a muchas personas a creer que el virus subyacente, el VIH, se había introducido a propósito en las poblaciones africanas camuflado en las vacunas contra la polio. [13]

No solo las crisis repentinas y concretas, como los incendios y las plagas, hacen que se instalen ideas extrañas en nuestra mente. Parece bastar con una sensación generalizada de cambio e incertidumbre. En un proyecto de investigación, se analizaron las cartas enviadas a los periódicos *The Chicago Tribune* y *The New York Times* entre 1890 y 2010, [14] y se observó que las ideas conspiratorias de los lectores se dispararon en pleno apogeo de la Segunda Revolución Industrial, un período marcado por rápidos cambios tecnológicos, sociales y económicos, una época en la que el presente apenas se parecía al pasado.

La noción de metaaprendizaje puede servir para explicar por qué la incertidumbre y la inestabilidad llevan a la gente a pensar cosas extrañas. El metaaprendizaje adapta nuestro aprendizaje a la volatilidad del mundo, lo que significa que integramos la nueva información en nuestros modelos internos con más facilidad cuando el mundo parece cambiante e incierto.

Las sacudidas repentinas —como incendios inesperados, enfermedades o el desmoronamiento del tejido social— hacen que nuestro cerebro crea que el mundo es, en efecto, más inestable de lo que pensábamos. Como resultado, debería producirse un aumento de las tasas de aprendizaje en todo el sistema: prestamos más atención a la información nueva para poder ajustar los modelos, adaptándonos a cualquier cambio que parezca estar produciéndose.

Todo lo anterior es «óptimo» desde la perspectiva del cerebro. Pero cuando este presta mucha atención a las señales de abajo-arriba que provienen de un mundo en rápido cambio, los modelos cerebrales existentes se vuelven vulnerables. Cualquier información que recibamos en este estado de hiperaprendizaje nos parecerá relevante e importante, con el potencial de modificar sustancialmente las teorías que ya tenemos. Entramos en un estado mental en el que cualquier información nueva puede sustituir con más facilidad los modelos existentes, más allá de si la información es fiable o no.

Mientras escribo esto, el mundo está recuperándose de su propio experimento natural con la incertidumbre inesperada: la pandemia del COVID-19. La aparición repentina de un virus nuevo y mortífero impulsó a los gobiernos de todo el mundo a tomar medidas, con las que obligaron a los ciudadanos a abandonar las calles y confinarse en su casa, poniendo en pausa la vida tal y como la conocíamos.

Es difícil exagerar el impacto de la pandemia, y todavía estamos sufriendo sus consecuencias a largo plazo. Pero la situación brindó a los científicos una oportunidad única para observar en tiempo real cómo los cambios repentinos en el mundo en general pueden alterar las creencias globales sobre la volatilidad y la incertidumbre arraigadas en nuestro cerebro, y cómo esos cambios pueden transformar las teorías que ya tenemos.

Un estudio sumamente interesante fue realizado por un equipo de investigadores de la Universidad de Yale, dirigido por Phil Corlett. En el capítulo 1, comenté que Phil había investigado cómo unas predicciones perceptivas demasiado fuertes podían provocar alucinaciones. Pero en enero de 2020, cuando la mayor parte del mundo aún no era consciente de la importancia del nuevo «virus de Wuhan», que acabaría provocando millones de muertes, confinamientos internacionales y el estancamiento de la economía global, los investigadores habían puesto en marcha otro proyecto en el que se investigaban los posibles vínculos entre el metaaprendizaje y la paranoia. En el estudio, una muestra de voluntarios residentes en Estados Unidos completó una tarea de metaaprendizaje muy parecida a la del «escondite» que describí antes. [15] En lugar de buscar recompensas detrás de una de dos figuras, tenían que elegir entre varios mazos de cartas para ganar puntos. El «mazo bueno» cambiaba inesperadamente en distintos momentos y, analizando el comportamiento de los participantes, los investigadores podían inferir en retrospectiva qué tipo de metacreencias tenía cada persona sobre la estabilidad del entorno: si esperaban que fuera estable o volátil.

El proyecto inicial reveló una conexión interesante entre el pensamiento paranoico y distintos tipos de metacreencias. Los voluntarios que manifestaban mayores niveles de paranoia en su vida cotidiana también se comportaban en la tarea como si la estructura del juego fuera más volátil e inestable. Si el mazo bueno cambiaba inesperadamente una vez, los voluntarios más paranoicos tendían a cambiar su elección en la ronda siguiente, como si ese cambio fuera una señal de que el mundo había cambiado de verdad.

Este hallazgo es interesante, ya que indica que la paranoia puede estar ligada a la sensación de que el mundo es un lugar más cambiante o incierto. Sin embargo, es un poco difícil determinar la dirección de la causalidad. Una sensación generalizada de que el mundo es inestable e incierto podría hacer que una persona desarrolle pensamientos paranoicos, pero también podría ser que tener delirios paranoides genere una sensación de incertidumbre asociada: si una persona piensa que la gente va a atacarla, el mundo se convierte, naturalmente, en un lugar más amenazante e impredecible. Desde luego, estas posibilidades no se excluyen entre sí.

Aunque la conexión entre la paranoia y la incertidumbre es interesante, lo más curioso del estudio es lo que ocurrió después. A medida que los casos de coronavirus se disparaban, los gobiernos de todo el mundo impusieron confinamientos para frenar las tasas de contagio. En Estados Unidos, los confinamientos comenzaron en marzo de 2020, y los pormenores de cada uno, así como la comunicación pública, dependían en gran medida de cada estado.

Al mismo tiempo, el proyecto a largo plazo del equipo de Yale seguía en marcha. Por lo tanto, los investigadores podían medir cómo la incipiente pandemia iba influyendo en la mente de los voluntarios y cómo la marca que dejaba en cada uno de ellos estaba vinculada a la respuesta de las autoridades locales.

Los investigadores descubrieron que, después de que los estados comenzaran a implementar confinamientos sin precedentes, aumentaron las metacreencias sobre la volatilidad. En las tareas psicológicas, las personas empezaron a comportarse cada vez más como si esperaran que el entorno fuera incierto e impredecible. A medida que el mundo exterior cambiaba de forma sorprendente, los voluntarios jugaban al juego como si también fuera más probable que este cambiara de repente.

Era posible relacionar el cambio hacia la expectativa de incertidumbre en la mente de un participante determinado con la respuesta del gobierno de su estado a la crisis. Los participantes que vivían en estados con las políticas de confinamiento más proactivas, con directrices más claras, manifestaban creencias menos extremas sobre la volatilidad, mientras que el aumento de la incertidumbre era más pronunciado en quienes vivían en estados donde las directrices eran más ambiguas o las restricciones menos estrictas.

Si lo piensas, es un resultado bastante sorprendente. Recordemos que los psicólogos no les pedían a los participantes que juzgaran lo volátil que parecía el mundo exterior. No estaban midiendo lo que las personas pensaban sobre la pandemia ni sobre la estabilidad de su vida en general. No sería muy significativo que *ese* tipo de creencias explícitas sobre la incertidumbre empezaran a cambiar a raíz de una pandemia inesperada y confinamientos sin precedentes.

Pero en este caso, los científicos estaban midiendo cómo se comportaban los voluntarios en una tarea de aprendizaje artificial, en la que debían predecir qué mazo de cartas les daría una recompensa. En el estudio se observó que las creencias sobre la incertidumbre y la inestabilidad del mundo exterior se filtraban también en esta tarea inerte y artificial. El juego de los mazos de cartas no tenía nada que ver con virus, mascarillas ni confinamientos. Pero bastaba con experimentar un aumento de la incertidumbre en *algunos* aspectos del entorno para que el mundo entero pareciera inestable, alterando la mente de una forma bastante global.

Por lo tanto, lo que parecen indicar hasta el momento los resultados anteriores es que experimentar cambios repentinos, como una pandemia o un confinamiento, puede modificar las creencias generales de nuestro cerebro sobre la estabilidad y la volatilidad del mundo. Y, como ya hemos visto, un cerebro en proceso de metaaprendizaje que percibe el mundo como un lugar muy cambiante tenderá a adoptar una «tasa de aprendizaje» alta, atento a las pruebas que lo rodean para formar rápidamente creencias nuevas acordes con ese entorno.

Tener una tasa de aprendizaje alta significa tratar la información con la que te topas como si siempre fuera relevante e importante, más allá de que así sea o no. Si tu cerebro ha terminado en ese estado de mayor maleabilidad tras experimentar incertidumbre en el mundo exterior, la información nueva empezará a filtrarse con rapidez en tus modelos mentales del mundo. Incluso si esos datos nuevos proceden de una teoría conspirativa en la que antes nunca habrías creído.

El estudio de Yale demuestra que eso es, precisamente, lo que parece suceder. Los investigadores, además de usar la tarea de aprendizaje para medir las creencias sobre la volatilidad, preguntaron a los participantes por su opinión sobre una serie de teorías conspirativas bizarras. Conforme aumentaban las creencias sobre la volatilidad, lo mismo ocurría con las ideas extrañas y fantasiosas. Algunas de las ideas delirantes conspirativas estaban vinculadas directamente con la pandemia. Por ejemplo, las personas para las que el mundo era más volátil también tendían a aceptar la idea de que la vacuna contra el COVID-19 era una fachada para llevar a cabo una esterilización masiva, o que las inyecciones contenían microchips diminutos destinados a controlar nuestra mente.

Pero la relación entre la incertidumbre generada por la pandemia y los pensamientos bizarros no se limitaba a las ideas sobre el coronavirus o las vacunas. Los investigadores también preguntaron a los participantes sobre el movimiento QAnon y hallaron un patrón similar: quienes manifestaban creencias más firmes sobre la incertidumbre del entorno durante la tarea de aprendizaje eran también más proclives a pensar que la conspiración de QAnon podría ser cierta.

Si unimos todas estas piezas, empezamos a ver cómo los cambios súbitos en el mundo pueden hacer que las personas sean más susceptibles a creer en cosas inusuales. Tal vez eso también explique por qué los momentos de incertidumbre a lo largo de la historia de la humanidad han servido de caldo de cultivo para teorías conspirativas, y cómo es que ideas extremas procedentes de movimientos marginales como QAnon pueden llegar a filtrarse en la mente de millones de personas.

Nuestro cerebro predictivo se dedica a construir modelos para dar sentido al mundo que nos rodea. Y, como aprendiz óptimo que es, el cerebro decide cuánto actualizar esos modelos en función de cuánto parezca estar cambiando el entorno. Una consecuencia natural es que, cuando el mundo cambia de verdad, asimilamos toda la información «de abajo-arriba» que podemos del entorno, permitiendo que la nueva evidencia se grabe en nuestros modelos para que estén actualizados y continúen siendo útiles.

Abrirse a nueva información en un mundo cambiante suele ser una buena idea, pero no está exenta de riesgos. Liberarnos de las ataduras del conocimiento previo nos permite contemplar nuevas creencias que antes habrían resultado impensables. Sin embargo, ser capaces de pensar lo impensable también implica que puedan aferrarse a nuestra mente las ideas perniciosas. Una mente abierta puede ser algo peligroso si deja a la persona propensa a confiar en cualquier mensaje que encuentre.

## Ansiedad e inestabilidad

Comprender la forma en que el cerebro detecta la volatilidad puede ayudarnos a explicar por qué nuestras creencias se vuelven maleables ante sacudidas globales como las pandemias, que a su vez pueden afectarnos a miles de millones de personas al mismo tiempo. Pero, aunque acontecimientos como una pandemia viral pueden sacudir nuestra mente de forma colectiva, muchas veces los temblores que sentimos con más intensidad son los que se propagan por nuestro mundo personal.

Si reflexionamos sobre cómo la volatilidad deja su huella en el cerebro, también podremos entender cómo respondemos a esas réplicas personales y cómo estas pueden dar lugar a modos de pensamiento cargados de ansiedad.

Por ejemplo, el filósofo Samir Chopra ha escrito un relato conmovedor sobre el impacto que tuvo la muerte inesperada de sus padres.[16] Más allá del duelo inmediato, describe cómo una pérdida repentina puede impregnar el entorno de una sensación de incertidumbre, cuando lo que antes considerábamos puntos fijos de la vida se desmoronan bruscamente: «La gravedad que el mundo había prometido [...] había desaparecido. El mundo se había vuelto traicionero, lleno de trampas, grietas y trampillas».

La descripción de Chopra señala una dimensión importante del temor por ansiedad. Cuando hablamos de «ansiedad» de forma general, es común imaginar la mente ansiosa como aquella que tiende al pesimismo. Según este razonamiento, «estar ansioso» significa creer que todo lo que puede salir mal, saldrá mal.

Pero, como subraya Chopra, la ansiedad va más allá del simple pesimismo. También implica una pérdida de «gravedad»: una sensación de estar desprendido de los puntos de apoyo y las certezas que antes nos daban seguridad. Para la mente ansiosa, el futuro no es solo una tragedia que esperamos presenciar; es, sobre todo, algo impredecible e incierto, y eso es lo que lo vuelve tan aterrador.

Pensar en cómo el cerebro representa la volatilidad y responde a ella puede servir para entender cómo llegamos a ese estado de incertidumbre constante. A su vez, ese enfoque nos permite ver que la ansiedad puede ser una reacción perfectamente razonable ante una vida que se encuentra en un mundo inestable.

Recordemos lo que sabemos a partir de las teorías sobre la volatilidad: el cerebro intenta, momento a momento, evaluar la estabilidad del entorno. Necesitamos esas estimaciones de estabilidad e inestabilidad para ajustar cuánto aprendemos, ya que deberíamos estar más dispuestos a actualizar nuestros modelos del mundo cuando percibimos que este es volátil y más propenso a cambiar.

¿Qué debería ocurrir en el cerebro cuando la realidad nos impone una tragedia repentina que nuestros modelos no habían previsto? En términos puramente racionales, esos traumas repentinos son grandes «errores de predicción»: señales de que nuestros modelos y la realidad se han separado. Cuando nos enfrentamos a errores de predicción de gran magnitud, no deberíamos limitarnos a cambiar creencias concretas, como al suponer que las cosas malas ocurren con más frecuencia de lo que pensábamos.

Los grandes errores de predicción, es decir, las anomalías significativas, también deberían reducir nuestra confianza en el modelo global de cómo funciona el mundo. Un error de predicción relevante no solo indica que el cerebro ha fallado en una previsión: también puede indicar que el mundo *en general* es más impredecible de lo que creíamos. Si esa predicción ha fallado, ¿qué impide que el cerebro vuelva a equivocarse en el futuro?

Según las teorías del metaaprendizaje, al empezar a percibir el mundo como un lugar cada vez más impredecible, el cerebro debería aumentar su tasa de aprendizaje. A medida que perdemos confianza en las predicciones «de arriba-abajo» que habíamos formado, nos volvemos más sensibles a las señales «de abajo-arriba» que podrían actualizarlas y corregirlas. Así, si una persona cree que el mundo es volátil, puede que pequeños indicios adquieran una importancia desmesurada. Lo que antes parecía un simple detalle se convierte en una señal de que se está gestando un cambio profundo. Un día de diciembre más cálido que de costumbre deja de parecer una casualidad meteorológica para convertirse en una prueba de que el planeta entero se está recalentando.

Existen estudios científicos en los que se manifiesta la relación entre los sentimientos de ansiedad y nuestras creencias sobre la inestabilidad del mundo. Michael Browning dirigió uno de los experimentos más influyentes en esta área. [17] Junto con su equipo, reclutó a un grupo de personas con distintos niveles de ansiedad y las clasificó según su grado de acuerdo con afirmaciones psicométricas como «me siento estable», «me siento nervioso e inquieto» o «me afectan tanto las decepciones que no consigo sacármelas de la cabeza».

Luego los voluntarios participaron en una tarea de aprendizaje, que en términos generales se parecía a la tarea del «escondite» descrita unas páginas atrás. Sin embargo, en esta variante, los voluntarios no buscaban recompensas ocultas, sino que trataban de evitar castigos.

Cada uno estaba conectado a un generador eléctrico que administraba descargas leves y, en cada prueba, debía elegir entre dos posibles escondites. En el escondite seguro, el voluntario no encontraba nada al voltear una figura; pero si elegía el escondite peligroso, recibía una descarga dolorosa de inmediato. Para evitar las descargas, cada persona debía combinar sus experiencias sucesivas para predecir qué opción era segura y detectar cuándo empezaban a cambiar las cosas.

Los investigadores pudieron evaluar cómo se comportaban los participantes y la relación que eso guardaba con su nivel de ansiedad. Lo primero que observaron fue que la ansiedad no se asociaba con una alteración del aprendizaje *en general*. Los participantes más y menos ansiosos manifestaban la misma reacción conductual de sorpresa al obtener un resultado inesperado, lo que ralentizaba sus elecciones en la siguiente ronda. De eso se desprende que la ansiedad no interfiere con nuestra capacidad general para hacer predicciones sobre el futuro.

Sin embargo, lo más interesante fue lo que descubrieron al introducir la volatilidad en la ecuación. Los experimentadores diseñaron el entorno de modo que, en los bloques estables, el mismo escondite siguiera siendo seguro durante un tiempo largo y los cambios de seguro a peligroso fueran poco frecuentes. En otros momentos, en cambio, el entorno era volátil, y las opciones seguras y peligrosas se alternaban con frecuencia, dificultando la predicción de cómo actuar para evitar las descargas.

Browning y su equipo observaron que a las personas con baja ansiedad se les daba bien ajustar su tasa de aprendizaje a los cambios de volatilidad. Mantenían sus predicciones más tiempo cuando el entorno parecía estable, pero actualizaban sus creencias (y decisiones) con rapidez cuando el mundo empezaba a cambiar con mayor irregularidad.

No ocurría lo mismo con los participantes más ansiosos. Quienes presentaban los niveles de ansiedad más altos tenían dificultades para adaptar su tasa de aprendizaje a la volatilidad. Para ellos, las fases predecibles de la tarea eran tan inciertas como las impredecibles. Es como si la ansiedad estuviera marcada por la sensación de que, incluso cuando el mundo parece estable y previsible, algo puede estar a punto de cambiar.

Esa idea se corresponde con el retrato de la ansiedad que dibuja Chopra: la sensación de que el mundo es un lugar de cambio constante e impredecible. Si la ansiedad se caracteriza por la incapacidad del cerebro para distinguir la estabilidad de la inestabilidad, el mundo puede empezar a parecer un lugar inquietantemente incierto.

Este enfoque mecanicista puede promover una nueva forma de entender cómo y por qué se experimenta la ansiedad de la manera en que se hace. En particular, si la ansiedad está marcada por la creencia de que el mundo es intrínsecamente volátil, cabría esperar que las creencias de una persona ansiosa también sean inestables. Los pensamientos en una mente volátil deberían alternarse y fluctuar rápidamente, en sintonía con las oscilaciones de un mundo que parece inconstante. Parecería como si nuestros marcos mentales se desplazaran de forma continua.

Para comprobar si eso es cierto, hablé con la doctora Steph Henwood, una psicóloga clínica de Londres que atiende a pacientes con ansiedades debilitantes que afectan en gran medida su vida cotidiana. Le pregunté a Steph si las ideas procedentes de la neurociencia —sobre la volatilidad, la incertidumbre y el cambio— se corresponden con las experiencias subjetivas de ansiedad descritas por sus pacientes.

Me dijo que la experiencia relatada por la mayoría de sus pacientes es la más conocida: una sensación persistente de pesimismo. Sus pacientes con ansiedad tienden a quedar atrapados en un pensamiento negativo, dándole vueltas una y otra vez, mientras se preparan para el momento en que ocurra (inevitablemente) lo peor.

Pero coincidía en que entender la ansiedad como un estado mental volátil o errático da una visión más matizada de lo que algunos de sus pacientes piensan y sienten. Por ejemplo, explicaba que algunos pueden estar sumidos en una preocupación particular en una sesión y sorprendentemente animados en la siguiente, manifestando fluctuaciones psicológicas de una semana a otra, o incluso de un día para otro. Como le dijo un paciente: «Algo pequeñito puede hacer que un sitio parezca más luminoso, pero un pequeño contratiempo puede volverlo oscuro de nuevo».

Sería difícil de explicar cómo puede experimentarse el mundo de esa forma itinerante, pasando de la luz a la oscuridad y de nuevo a la luz, si redujéramos la ansiedad a solo rumiar sin descanso sobre los peores escenarios posibles. Si fuera así, la ansiedad se parecería más a una nube espesa que ensombrece toda la vida. Sin embargo, eso no convertiría nuestro estado mental en algo intrínsecamente más turbulento.

Por el contrario, las experiencias fluctuantes de luz y oscuridad podrían surgir de forma natural a partir de una perspectiva que vincula la ansiedad con la volatilidad: una mente que percibe el mundo como un lugar esencialmente impredecible y poco fiable.

Pero aunque Steph pensaba que esa idea tenía fundamento, también me planteó un desafío. Es fácil entender cómo una tragedia que rompe nuestro modelo mental —como una pérdida repentina— puede llevar al cerebro a un estado errático, en el que empieza a creer que otros acontecimientos antes impensables podrían llegar a ocurrir. Aunque muchos de los pacientes con ansiedad de Steph pueden identificar el origen de sus preocupaciones en un desencadenante traumático concreto,* muchos otros no lo consiguen.

En numerosos casos, las situaciones que temen sus pacientes nunca han ocurrido en realidad. Tampoco han experimentado ninguna tragedia singular que debiera hacerles ver el mundo como un lugar muy volátil. ¿Cómo o por qué, se preguntaba Steph, llegaban esas personas a creer que su realidad objetivamente estable estaba repleta de una impredecibilidad inquietante?

---

* Esta observación concuerda con los resultados recientes de estudios psicológicos en los que se ha descubierto que los adultos con antecedentes de traumas infantiles también son más propensos a manifestar «creencias de volatilidad» elevadas al jugar al mismo tipo de juegos de cartas de escondite.[18] Este comportamiento sería coherente con la idea de que las experiencias traumáticas pueden dejar a las personas con la sensación generalizada de que no se puede confiar en que el mundo se comporte de forma estable y fiable.

Creo que Steph plantea una cuestión importante, pero no es una objeción definitiva a la idea. Eso se debe en gran parte a que parece bastante plausible que nuestras teorías sobre la estabilidad y la predictibilidad del mundo que nos rodea no se formen únicamente a través de nuestras propias experiencias directas y personales. Chris Frith y yo hemos argumentado que las creencias de orden superior sobre el mundo[19] —como cuán estable es y qué probabilidad hay de que cambie— son muy difíciles de calcular con precisión para nuestro cerebro. Bajo tales limitaciones, nuestras creencias sobre la volatilidad del entorno pueden (y, de hecho, *deberían*) estar determinadas en gran medida por otras fuentes de conocimiento y expectativas.

Es muy probable que una de las fuentes más potentes de las expectativas de volatilidad sean otras personas. Si estamos rodeados de gente que nos dice que el mundo está plagado de una impredecibilidad cambiante —donde la seguridad de hoy no es garantía de la seguridad de mañana—, sería razonable esperar que eso sea cierto. Y dado lo difícil que es para nuestro cerebro estimar con precisión la volatilidad, tener creencias preexistentes que nos dicen que el mundo es inestable puede bastar para que así lo parezca.

Lo anterior también concordaba con las experiencias de Steph. Muchos de los pacientes con ansiedad que nunca habían experimentado ninguna tragedia en particular, pero que tenían un buen conocimiento de su historia psicológica, podían identificar fuentes de ansiedad o incertidumbre a su alrededor. Por ejemplo, un padre o una madre ansiosos podrían haber dicho que, aunque *en ese momento* estaban bien, se escondían peligros en cada esquina. O incluso si los mensajes no eran tan explícitos, la cautela con la que se manejaban podría haber dado a entender que el mundo estaba lleno de riesgos. Como sea, es fácil aprender que es esencial estar alerta.

Si el cerebro rastrea constantemente nuestro entorno en busca de pistas sobre la volatilidad del mundo, exponernos a estos mensajes cargados de ansiedad, ya sean explícitos o implícitos, puede causar que esperemos un mundo inestable, y tales expectativas podrían volvernos ansiosos a nosotros también. Es fácil comprender cómo, de este modo, las creencias ansiosas sobre la volatilidad podrían empezar a transmitirse de una mente a otra.

## Esperando malvaviscos

Pero formar expectativas acerca de la incertidumbre y la inestabilidad no tiene por qué implicar transmitir creencias sobre la volatilidad de una mente a otra. También puede ser posible adquirir una idea general de que el mundo es un lugar volátil e inestable sin experimentar un desencadenante en particular. En cambio, podríamos extraer una idea más general de que el mundo es un lugar incierto del entorno que habitamos. Y eso, a su vez, puede cambiar radicalmente los comportamientos que parecen racionales y los que no.

Un buen ejemplo de esto se encuentra en el llamado test del malvavisco. La prueba fue desarrollada por Walter Mischel en las décadas de 1960 y 1970, como una forma simple de medir el autocontrol racional de un niño.[20] En la tarea, se le presenta a un niño de unos cuatro o cinco años un solo malvavisco en un plato. El experimentador le dice que, si quiere, puede comérselo de inmediato, pero si puede esperar quince minutos a que el experimentador regrese, podrá comer dos malvaviscos.

Este test capturó la imaginación de los psicólogos, en parte porque el experimento dio lugar a imágenes divertidas de niños pequeños mirando con deseo las golosinas, o desarrollando estrategias improvisadas para distraerse hasta que el adulto regresara. Pero el principal interés científico en torno al test del malvavisco surge de su aparente capacidad para predecir resultados posteriores en la vida. Por ejemplo, según algunos estudios,[21] los niños que fueron capaces de aplazar la gratificación inmediata de un malvavisco por la promesa de comer dos más tarde terminaron obteniendo mejores resultados en los exámenes como adolescentes, lo que implicaba importantes consecuencias respecto de cómo podría desarrollarse el resto de su vida.

Debido a tales resultados, los investigadores consideraron que el test del malvavisco era un índice efectivo del autocontrol racional: el mismo rasgo que permitía al niño aplazar el placer inmediato por una ganancia futura también le permitía conseguir el éxito a largo plazo, priorizando recompensas importantes en el futuro lejano por encima de la gratificación efímera. Quizá sea de esperar que surgiera una especie de pequeña industria en torno a estas observaciones, en la que se animaba a padres y profesores a inculcar en los niños la virtuosa capacidad de renunciar a sus impulsos como fórmula para alcanzar el éxito en el futuro.

Sin embargo, el supuesto de fondo en todos estos estudios es que esperar quince minutos por el segundo malvavisco es la decisión *racional*, y que devorar el primero de inmediato es una falta de sensatez. Pero ¿es realmente así?

Esperar el segundo malvavisco solo es buena idea si creemos que el mundo es fiable y que la recompensa prometida se materializará de verdad. Pero si el mundo que nos rodea es impredecible y no podemos confiar en lo que nos ha dicho otra persona, puede que lo mejor sea zamparse el único malvavisco que hay antes de que perdamos la oportunidad.

En un ingenioso estudio, dirigido por la psicóloga del desarrollo Celeste Kidd, se investigó si los niños tienen en cuenta la impredecibilidad de su entorno al completar este tipo de test. [22]

En el estudio de Kidd, a los niños se les presentaba el dilema estándar del malvavisco. Pero antes, se encontraban con un adulto *fiable* o *no fiable*. Antes de presentar el test del malvavisco, se le decía a cada niño que iba a realizar un proyecto de arte, en el que haría un dibujo en una hoja de papel con crayones. Al comienzo de la tarea, los crayones que se encontraban en la mesa ya estaban bastante gastados. El experimentador le decía al niño que podía usar los crayones viejos si quería, pero si esperaba un par de minutos, podría traerle unos nuevos que estaban en otra sala.

Si a los niños les había tocado el experimentador *fiable*, unos momentos más tarde aparecían los crayones nuevos prometidos. Pero si al niño se le había asignado el experimentador *no fiable*, este volvería con las manos vacías, se disculparía y explicaría que usarían los crayones viejos y gastados.

Una vez terminado el dibujo, se presentaba el test del malvavisco a cada niño de la manera habitual. Pero hubo diferencias sorprendentes en cómo se comportaron los dos grupos. De los niños que habían interactuado con el experimentador fiable —el que cumplió su promesa—, el 64 por ciento esperó los quince minutos completos por el segundo malvavisco, y en promedio, los niños de este grupo pudieron resistir la tentación durante unos doce minutos. En contraste, casi todos los niños (el 93 por ciento) que interactuaron con el experimentador no fiable optaron por comerse pronto el malvavisco y renunciar a la posible recompensa extra, para la cual solo esperaron unos tres minutos antes de hincarle el diente. De este patrón se desprende que el cerebro, incluso cuando somos niños, es susceptible a la estabilidad del entorno y puede usar eso para guiar las decisiones y medidas que tomamos.

Kidd y sus colegas especulan que la susceptibilidad a la impredecibilidad del entorno podría tener importantes consecuencias en el mundo real, ya que todos experimentamos diferentes dietas de estabilidad y volatilidad.

En su artículo, los autores animan a los lectores a imaginar cómo podría ser la vida de un niño que vive en un refugio para personas sin hogar. Su entorno sería precario, con personas desesperadas, luchando por lo que pudieran conseguir. El niño podría acostumbrarse a la idea de que otros niños más fuertes, malos o astutos podrían arrebatarle las cosas, o que los juguetes dejados en un lugar podrían no estar allí al regresar. Sería irracional para un niño acostumbrado a este mundo esperar a que aparezca un segundo malvavisco.

Puede que la mayoría tengamos la suerte de crecer en entornos más estables que el ejemplo de Kidd. Pero incluso si eso fuera cierto, algo clave que hay que reconocer es que cada uno de nosotros igualmente se sitúa en algún punto del continuo de (in)estabilidad experimentada. Como intuye Kidd, una gran parte de la varianza en la estabilidad experimentada y esperada podría vincularse con factores sociales y económicos. Si tienes una buena posición económica, tu experiencia del mundo suele ser más estable: un empleo seguro y dinero en el banco pueden protegerte de los embates de la vida. Pero si eres pobre, o tu trabajo es más precario, el mundo es más volátil, semana a semana, día a día. Puede que tengas dinero ahora, pero ¿quién sabe cuántos turnos te dará tu jefe la próxima semana? Y si ya de por sí te sobra poco, un sacudón financiero, como la avería de una caldera o la reparación de un coche, podría dejarte saltando comidas para pagar los gastos.

Es más fácil hacer planes en un futuro lejano si la experiencia te dice que el mundo es seguro. Pero parece imprudente contar con algún futuro prometido si el pasado te ha demostrado que es arrogante hacer predicciones de acá a una semana, y mucho menos de acá a un año, o dentro de unas décadas.

Sin embargo, nuestras circunstancias materiales son solo una dimensión que contribuye a nuestras experiencias —y por lo tanto expectativas— sobre la precariedad del mundo. Al fin y al cabo, ser rico no puede evitarte una tragedia personal inesperada, o protegerte de fuerzas geopolíticas arrolladoras que te obliguen a huir a un país extranjero. Todos estamos expuestos a un régimen particular de experiencias que nos lleva a formar creencias particulares sobre la estabilidad o la volatilidad del mundo exterior. Tales creencias, almacenadas en circuitos de relativo alto nivel del cerebro, controlan cuánto confiamos en nuestros modelos internos del mundo, a la vez que definen cómo experimentamos el entorno y cuán dispuestos estamos a cambiar de opinión.

## Pastillas azules y pastillas rojas

En *Matrix*, el clásico de culto de ciencia ficción de 1999, el protagonista, Neo, empieza a sospechar que quizá el mundo que habita no sea como parece. Tras una serie de acontecimientos y encuentros extraños, se enfrenta a una figura sombría llamada Morfeo que le ofrece elegir entre dos pastillas: una roja y una azul. Si Neo toma la pastilla azul, olvidará todas sus sospechas extrañas y volverá a su vida de siempre. Pero si toma la pastilla roja, se le caerá la venda de los ojos y verá lo extraña que es en verdad la realidad. Con esa grandilocuencia de la ciencia ficción, Morfeo dice:

> Después [de esto], ya no podrás echarte atrás. Si tomas la
> pastilla azul, fin de la historia. Despertarás en tu cama y
> creerás lo que quieras creerte. Si tomas la roja, te quedarás
> en el País de las Maravillas, y yo te enseñaré hasta dónde
> llega la madriguera de conejos.

Por supuesto, como es una película, Neo toma la pastilla roja. Es expulsado de su cómoda realidad y descubre la verdad: ha estado viviendo dentro de una simulación en un futuro distópico en la que los seres humanos están esclavizados por máquinas malignas que los usan como fuente de energía para alimentar sus baterías. La visión del mundo que tenía se hace añicos y construye una nueva desde cero.

Ahora bien, desde luego, la pastilla azul y la pastilla roja de *Matrix* no son más que un recurso narrativo ingenioso. Y se supone que este es un libro sobre datos científicos, no sobre ciencia ficción. Pero lo curioso es que los mecanismos de la mente y el cerebro que he estado describiendo en este capítulo podrían ayudarnos a pensar acerca de dónde podría venir algo parecido a una pastilla azul o roja de verdad. Si hay un circuito en el cerebro que controla cuánto confiamos en nuestros modelos del mundo, podríamos pensar que intervenir y manipular ese circuito podría alterar cuánto dependemos de las hipótesis existentes, y con qué facilidad la mente puede sufrir sus propios cambios de paradigma: si te aferras a creer lo que ya crees o si te permites entrar a una madriguera de conejos.

Una parte fundamental de esta historia es la noradrenalina, un neuroquímico que, al igual que la dopamina, es uno de los neuromoduladores del cerebro. El centro del sistema noradrenérgico cerebral es un núcleo profundo llamado locus cerúleo. Las ramificaciones de este núcleo llegan a grietas y rincones remotos de todo el cerebro, lo que permite al sistema actuar de forma bastante global, dirigiendo el tráfico de señales neuronales y controlando la atención que el cerebro presta a las señales nuevas provenientes del mundo exterior.

El sistema noradrenérgico parece desempeñar un papel particular en el seguimiento de la estabilidad y la volatilidad de nuestro entorno.[23] En concreto, parece rastrear la *inestabilidad*: cuando ocurre algo sorprendente o el entorno parece más inestable, el locus cerúleo se activa e inunda el cerebro de noradrenalina. Como resultado de esta modulación, se da más peso a las señales recibidas del entorno y, así, la evidencia nueva puede ajustar nuestros modelos internos cuando el mundo parece un lugar más incierto o cambiante.

Por lo tanto, la noradrenalina podría actuar como un mecanismo neuroquímico clave que sostiene el metaaprendizaje que hemos estado comentando en este capítulo: si las concentraciones de noradrenalina aumentan cuando el mundo parece impredecible, y la noradrenalina permite que las señales entrantes sobrescriban nuestras predicciones de arriba-abajo, este químico que tenemos en la cabeza podría controlar cuánto nos aferramos a nuestras teorías anteriores o cuán rápido formamos nuevas.

Pero si esto es cierto, y la noradrenalina sirve para codificar las creencias del cerebro sobre la volatilidad en cada momento, mediante la manipulación de este neuroquímico de forma directa —digamos, con fármacos— también debería manipularse cuánto confiamos en nuestros modelos existentes del mundo y cuán dispuestos estamos a revisarlos. Y eso es precisamente lo que está empezando a observarse en distintos estudios.

Un fármaco de interés es el propranolol, que suele prescribirse para tratar síntomas agudos de ansiedad y pánico. También suele tomarse para controlar formas más leves de ansiedad, como el miedo escénico: se puede tomar una pastilla de propranolol antes de dar una presentación importante para calmar los nervios.

Este fármaco tiene diversos efectos en todo el cuerpo, pero también actúa como antagonista del sistema noradrenérgico, por lo que tomarlo reduce específicamente las señales de noradrenalina en el cerebro.

Recuerda que la idea que estamos estudiando es que los niveles de noradrenalina en el cerebro codifican la creencia de este último respecto de cuán incierto o poco fiable es el mundo que nos rodea. Si eso es cierto, los fármacos como el propranolol, que *reducen* los niveles de noradrenalina, deberían generar una impresión inducida químicamente de que el mundo se ha vuelto más estable. Dicho sentido farmacológico de estabilidad debería, a su vez, hacer que el cerebro confíe más en la fiabilidad de los modelos que ya tenemos, de modo que los paradigmas mentales predominantes acaben imponiéndose y que dejemos de prestar atención a la evidencia que los contradicen; casi como si tomáramos una especie de *pastilla azul*, por así decirlo.

En un experimento elegante dirigido por Rebecca Lawson —que ahora trabaja en la Universidad de Cambridge—, se observó que el propranolol tiene precisamente ese tipo de efecto estabilizante. [24] En el estudio, los investigadores pidieron a voluntarios que tomaran decisiones perceptivas: debían juzgar si una imagen presentada brevemente era una cara o una casa. A veces, la evidencia perceptiva se degradaba con ruido visual, de modo que los juicios fueran más difíciles. Además, y lo que es importante, antes de que apareciera cada imagen, los observadores escuchaban un breve pitido. El tono del pitido —agudo o grave— daba a los observadores una pista sobre lo que era probable que vieran en la siguiente presentación degradada. Por lo tanto, los participantes podían formar hipótesis probabilísticas sobre lo que era presumible que vieran, y las predicciones podían guiar sus inferencias sobre lo que estaban viendo.

La integración de evidencia y expectativa fue alterada con propranolol. Después de la ingesta del fármaco y de la supresión de los niveles de noradrenalina, los observadores manifestaron una dependencia exagerada del conocimiento previo al tomar las decisiones perceptivas. Sus juicios sobre lo que podían ver se apoyaban principalmente en lo que debían esperar, como si hubieran llegado a confiar más en sus predicciones a la hora de percibir el entorno.

Tal y como indicaría la teoría, la dependencia exagerada de las predicciones existentes va acompañada de una relativa desatención a la evidencia anómala proveniente del mundo. Bajo los efectos del propranolol, los modelos internos se vuelven más intransigentes, y las expectativas quedan protegidas frente a evidencia que parece contradecirla.

Para demostrar ese efecto, los investigadores mezclaron periódicamente las señales, de modo que el pitido que antes señalaba que se acercaba un rostro terminaba asociado a una imagen de casas. Lo que descubrieron fue que, bajo la influencia del propranolol, las predicciones eran tanto fuertes como *obstinadas*. Los voluntarios que habían tomado el fármaco se demoraban más en actualizar sus expectativas incluso después de que el mundo hubiera cambiado de verdad, como si creyeran que sus predicciones anteriores seguían siendo válidas.

Tales resultados son coherentes con la idea de que la noradrenalina controla cuánto confiamos en los modelos que ya tenemos del mundo. [25] Pero también podría ayudarnos a entender por qué el propranolol es capaz de aliviar los sentimientos de ansiedad.

Por lo general, la eficacia del propranolol como tratamiento para la ansiedad se vincula a los efectos que tiene sobre los síntomas físicos, como ralentizar de forma transitoria un corazón acelerado. No tengo ninguna duda al respecto. Pero recordemos la idea que consideramos antes: la ansiedad excesiva podría estar vinculada a señales excesivas de incertidumbre e inestabilidad en el cerebro. Si eso es cierto, la forma en que el propranolol reduce la noradrenalina también podría estar reduciendo las señales neuroquímicas de impredecibilidad. Entonces, podríamos especular que la ansiedad se calma momentáneamente al ingerir propranolol porque el fármaco produce una sensación inducida químicamente de que el mundo es un lugar más estable y comprensible.

Pero también podemos manipular dichos neuroquímicos en la dirección opuesta. Un fármaco interesante a este respecto es el metilfenidato, más conocido en algunos países como Ritalin. El Ritalin suele prescribirse para ayudar a controlar los síntomas del trastorno por déficit de atención e hiperactividad (TDAH), pero sus propiedades farmacológicas también lo convierten en una herramienta útil para científicos interesados en los mecanismos neuroquímicos del aprendizaje y la predicción.

Mientras que el propranolol reduce las señales de noradrenalina en el cerebro, el Ritalin la exagera. Si los niveles de noradrenalina encarnan la creencia del cerebro sobre la volatilidad, podríamos pensar que si aumentamos los niveles de este neuroquímico en la cabeza, el cerebro pasaría al estado opuesto, de modo que el mundo parezca cambiante e incierto. Si el propranolol es como una pastilla azul, entonces el Ritalin podría ser como una roja.

Experimentos con Ritalin sugieren que tomar el fármaco puede alterar el aprendizaje y las predicciones de una manera bastante similar a la planteada por esta teoría. En un estudio dirigido por Jennifer Cook, se investigó el uso de Ritalin junto con una tarea probabilística de escondite.[26] Como en los otros estudios que he descrito, los participantes tenían que aprender qué figura escondía una pequeña recompensa, en bloques estables durante los cuales el escondite más probable cambiaba muy poco y bloques volátiles durante los cuales había cambios más frecuentes.

Recuerda que lo correcto en esta tarea es adaptar el aprendizaje a la tasa de cambio ambiental: cuando el entorno es estable, deben mantenerse las predicciones existentes durante más tiempo, pero debe estarse preparado para actualizar la estrategia y explorar otras posibilidades cuando el mundo parece más propenso a cambiar.

La curiosa observación que hicieron Jen y sus colegas fue que el Ritalin mejoraba esa adaptabilidad mental. Cuando el entorno se volvía más inestable, los participantes que habían tomado Ritalin eran más capaces de adaptarse a la volatilidad, de modo que cambiaban sus predicciones con más rapidez ante la primera señal de cambio.

Esto es en cierta medida lo opuesto al efecto aparente del propranolol. La ingesta de propranolol —y la reducción de los niveles de noradrenalina— hacía que los observadores se comportaran como si el mundo fuera más estable y predecible. Les impedía cambiar y los hacía quedarse con las creencias que ya tenían.

En contraste, la ingesta de Ritalin, que potencia las señales de noradrenalina, vuelve al cerebro más susceptible a la variabilidad de un mundo incierto, de modo que las predicciones se reemplazan con rapidez cuando el mundo parece menos fiable. Todo eso es coherente con la idea de que la noradrenalina en verdad desempeña un papel central en el equilibrio entre las expectativas previas y lo que el mundo nos dice en realidad. Puede que sea necesario revisar en algún momento esta historia sencilla sobre la noradrenalina. De hecho, aunque el Ritalin manipula los niveles de noradrenalina en el cerebro, también afecta a otros neuroquímicos como la dopamina.*

Pero incluso si los detalles precisos de la historia neuroquímica resultan ser más complejos, estos resultados ya indican algo importante. Las pastillas roja y azul de *Matrix* parecen un disparate de la ciencia ficción y, desde luego, dejemos en claro que *así lo son*. Pero en un sentido mucho más leve, ya tenemos algunas pastillas, que quizá incluso tengas en tu botiquín, con el potencial de manipular la maquinaria predictiva del cerebro. No parece descabellado especular que, a medida que crezcan los conocimientos científicos, será posible interferir con el proceso de elaboración de teorías de nuestro cerebro de formas cada vez más potentes. Pero si existiera un fármaco que pudiera alterar los procesos predictivos del cerebro, ¿querrías tomarlo? ¿Querrías tomar una pastilla que pudiera inflar tus convicciones en todas las cosas que ya crees saber? ¿O querrías tomar la pastilla que apagara las predicciones de tu cerebro, de modo que cambien los paradigmas de tu mente?

---

* En otros estudios realizados en el laboratorio de Jen Cook, se ha utilizado el mismo tipo de tareas de predicción y aprendizaje en combinación con fármacos como el haloperidol. Este fármaco afecta principalmente las señales de dopamina y deja los niveles de noradrenalina relativamente intactos. Estos fármacos, que actúan de forma más selectiva sobre la dopamina, tienen efectos interesantes sobre el aprendizaje, pero no parecen afectar de la misma manera las creencias sobre la estabilidad y la volatilidad, lo que podría indicar que el sistema noradrenérgico sí tiene un papel especial.

## ¿Depurar las puertas de la percepción?

Un motivo recurrente en diversas ideologías y filosofías es la idea de que la mente humana es una especie de jaula que nos impide ver la realidad tal como es. Como escribió William Blake: «Si se depurasen las puertas de la percepción, todo aparecería ante el hombre tal como es: infinito. Pues el hombre se ha encerrado en sí mismo hasta ver todo a través de estrechas rendijas de su caverna». [27]

Esta idea también es frecuente en las descripciones de experiencias místicas o espirituales que han tenido ciertas personas bajo la influencia de drogas psicodélicas. El mejor exponente del género es probablemente *The Doors of Perception*, [28] el libro que Aldous Huxley escribió en 1954, en el que cuenta cómo se transforma su mente durante una experiencia con mescalina. Donde normalmente vería un mundo de objetos conocidos y comprensibles, bajo los efectos de la droga siente que puede percibir la naturaleza esencial de las cosas, viendo por primera vez a través de un ojo inocente. Respecto de cuando miraba un jarrón en su escritorio, escribió: «Ya no estaba mirando un arreglo floral inusual. Estaba viendo lo que Adán había visto en la mañana de su creación: el milagro, momento a momento, de la existencia desnuda».

Ese contacto con la existencia desnuda parece profundo. Pero quizá no deberíamos tomarnos demasiado en serio el testimonio florido de un psiconauta. Al fin y al cabo, solo unas páginas más adelante, Huxley también describe que le parecía poder ver el rostro de Dios en el pliegue de sus pantalones.

Lo que Blake y Huxley tienen en común es una sensación de que la mente humana crea su propio velo, que nos oculta una realidad verdadera y nos separa de ella. Puede que pienses que ambos autores nos animarían a tomar una pastilla que sirviera para relajar los modelos de nuestra mente, de modo que el cerebro se sintonice con las señales «reales» del entorno y afloje el control sobre las teorías preconcebidas, permitiendo que cambie nuestro mundo interno. Deberíamos querer apartar el velo, salir arrastrándonos de la caverna y deshacernos de las ilusiones creadas por el cerebro.

Quizá ese impulso sea natural. Al fin y al cabo, te he dicho una y otra vez que, al sumirse en teorías útiles pero inexactas, el cerebro cae presa de percepciones erróneas y conceptos equivocados. Si vemos a través de un conjunto de filtros falsos, pueden generarse alucinaciones del mundo que se alejan de la verdad fundamental.

Pero eso no significa que debamos querer apagar las predicciones de nuestro cerebro. Después de todo, este capítulo nos ha dado una muestra de cómo sería nuestra vida mental si el cerebro descartara demasiado rápido sus teorías, y si los paradigmas de nuestra mente estuvieran en constante cambio.

Cuando Blake escribe que una mente depurada y despejada vería todo como «infinito», diagnostica el problema a la perfección. Somos criaturas limitadas que no podemos dar sentido a nuestro mundo ambiguo e incierto apoyándonos solo en la evidencia. Las señales que captamos del mundo que nos rodea son compatibles con un espacio infinito de posibilidades. Nuestra única esperanza de distinguir las señales en medio del ruido es ver el mundo a través de alguna especie de modelo.

Puede parecer deseable quitarnos las cadenas de los modelos preconcebidos, pero acechan peligros cuando nos desvinculamos muy fácilmente de las predicciones del cerebro. Es posible que queramos que la mente se adapte a un mundo inestable y cambiante. Pero si dejamos de aferrarnos a las teorías que ya tenemos, es posible que nuestro mundo interno se vuelva volátil. Si relajamos el control de las predicciones del cerebro, podemos empezar a creer cosas poco creíbles. Y de la misma manera, si descartamos con demasiada facilidad las predicciones e hipótesis del cerebro, parece que no nos encontramos en paz, en un estado sereno similar al nirvana. En cambio, si permitimos que los paradigmas de nuestra mente cambien de forma rápida y repentina, puede que quedemos sumidos en la ansiedad, a la deriva en una realidad aparentemente inestable que ya no podemos comprender con confianza. Quizá haya algo de verdad en lo que nos dicen escritores como Blake. Las puertas de nuestra percepción pueden estar sucias y con cierto tinte, coloreadas por las teorías y modelos en los que nos sume el cerebro. Pero algo que nos enseña la neurociencia de la volatilidad es que, por más que depuremos esos modelos, no veremos las cosas con más claridad. Puede que a veces veamos la realidad de forma difusa, a través de los filtros borrosos que crea la mente, pero no existe la percepción sin filtros: sin ellos, no percibiríamos nada.

# Conclusión

Al final, podríamos decir que hemos vuelto al punto de partida: tú estás dentro de ese escáner cerebral ensordecedor y yo, sentado cómodamente en la sala de control. Mi cerebro observa tu cerebro, buscando una teoría que explique cómo funciona y cómo funcionas tú.

La idea a la que hemos llegado es que tu cerebro podría estar haciendo con el *mundo* algo similar a lo que yo hago con *él*. Mientras estudio los pliegues intrincados de la materia gris de tu cabeza, intentando elaborar teorías sobre lo que ocurre dentro, tu cerebro también elabora las suyas. En todo momento, ese científico que tienes dentro del cráneo está elaborando sus propias hipótesis sobre el mundo y sobre sí mismo. Y esa constelación de hipótesis y expectativas se convierte en el paradigma a través del cual se percibe y comprende todo lo demás.

Si ves el cerebro como si fuera un científico, entonces tu mente comienza a cobrar más sentido, incluso las partes que en un principio parecen *carecer* de este. En la primera parte, vimos que el cerebro empieza a percibir y captar el mundo material formulando hipótesis para dar sentido a un entorno ambiguo. Pero ese mismo proceso puede llevarnos a alucinar cosas que esperamos encontrar o a malinterpretar lo que otros dicen, y puede dejarnos con una percepción distorsionada de lo que podemos controlar y lo que no. En la segunda parte, vimos que el talento del cerebro para elaborar teorías nos permite adentrarnos en el mundo mental de los demás y examinar nuestra propia mente. Pero esos mismos procesos también pueden dejarnos con modelos incompletos, lo que puede llevarnos a malinterpretar los sentimientos e ideas de otras personas y a formarnos una imagen distorsionada de cómo somos en realidad.

Sin embargo, hay cierta ironía en el hecho de que yo esté describiendo todas las trampas en las que cae tu cerebro al construir teorías imprecisas a partir de datos incompletos. Al fin y al cabo, he propuesto una teoría que supuestamente explica el funcionamiento de todos los cerebros del planeta Tierra, sobre la base de una pequeña muestra de estadounidenses y europeos que participaron en experimentos en laboratorios de neurociencia.

A veces los científicos han resistido este tipo de inquietudes recurriendo a la naturaleza básica o fundamental de los objetos de estudio. En esta línea de argumentación, se pretende hacernos pensar que está bien estudiar cosas como la percepción visual usando únicamente los cerebros de estudiantes universitarios WEIRD [1] * en laboratorios de psicología, porque los mecanismos y procesos son tan básicos, tan *biológicos*, que funcionarían de la misma manera dondequiera, cuandoquiera y en quienquiera que se examinen.

Anteriormente, este es un argumento que yo mismo me he sentido tentado de hacer. Me parece extraño que intentemos negar la existencia de algunas características fundamentales compartidas por todas las mentes y los cerebros humanos, y que podemos aprender sobre algunas de ellas incluso a partir de una muestra selectiva.

Sin embargo, dicho argumento empieza a tambalearse si el cerebro funciona como te he explicado. Hemos visto que incluso algunos de los aspectos más básicos del pensamiento y la percepción se ven sumamente alterados por las teorías elaboradas por nuestro cerebro. Trazar una línea divisoria, con las funciones «biológicas»

---

* Antes de que alguno de mis estudiantes se queje, por supuesto que no me refiero a la palabra «raros» en inglés, sino a la sigla de «occidental, educado, industrializado, rico y democrático».

de bajo nivel a un lado y las funciones «socioculturales» de alto nivel al otro, no parece sostenible. Son precisamente los detalles de bajo nivel de la biología del cerebro los que permiten que los modelos de nuestra realidad personal, social y cultural permeen en nuestra forma de pensar y percibir.

Entonces, este libro podría leerse como una descripción elaborada de lo que posibilita esta construcción individual y social de la realidad: una explicación general y universal de cómo cada uno de nosotros acaba en su propio mundo específico y particular.

Ya se ha dicho que la vida intelectual moderna está dividida en dos culturas enfrentadas. En una, representada por las ciencias duras y que se ocupa de los datos, los hechos y las cifras, se intenta comprender la realidad objetiva que existe ahí *fuera*. En la otra, más posmoderna, representada por las artes y las humanidades, se rechaza hablar de «objetividad» y se supone que la realidad es simplemente lo que nosotros como sujetos interpretamos de ella. Entonces, yo sería una especie de traidor intelectual: un científico que te dice que vives en una realidad que es, hasta cierto punto, producto de tu propia construcción personal. O quizá simplemente significa que esa dicotomía ya no tiene sentido, una vez que nos damos cuenta de que la propia ciencia dura explica lo blanda y maleable que puede ser nuestra realidad.

Todavía no sabemos hasta dónde puede llegar este tipo de «construcción». La imagen que he presentado aquí está repleta de ejemplos científicos minuciosamente elaborados, que muestran cómo las experiencias del pasado generan predicciones y expectativas que determinan nuestra visión del presente. Pero todavía queda mucho por descubrir: qué tipos de experiencias dejan huellas más duraderas en las teorías y los modelos del cerebro, y qué tan profundas son esas huellas.

Para entenderlo bien, quizá necesitemos ampliar la perspectiva. En la búsqueda de explicaciones cada vez mejores, los científicos como yo solemos sentirnos tentados de mirar cosas muy específicas: queremos centrarnos en los componentes cada vez más diminutos que conforman los mecanismos que estudiamos. En muchos casos, esa granularidad ayuda. Al fin y al cabo, ya te he adelantado la posibilidad de que entenderemos mejor los procesos de elaboración de teorías e hipótesis del cerebro si conseguimos comprender con más precisión los papeles que desempeñan los neuroquímicos a pequeña escala que nadan por el cráneo. Pero además de hacer zoom, quizá necesitemos alejar la imagen para pensar en las corrientes más grandes de experiencias personales y sociales en las que también nada nuestro cerebro y nadamos nosotros.

Me parece que estas no son corrientes que los científicos podamos explorar por nuestra cuenta. Tendremos que mirar con un poco más de humildad por encima de esa división entre las dos culturas, y prestar atención a los académicos, pensadores, terapeutas, artistas y autores: personas que ya saben cómo pueden llegar a definirnos las historias que nos cuentan y las que nos contamos a nosotros mismos.

Quizá no sería mala idea que esa humildad por nuestras teorías fuera un poco más profunda. Después de todo, mientras estoy sentado en la sala del escáner, con mi cerebro mirando el tuyo, sigo teniendo un pensamiento inquietante. Si dentro de *tu* cerebro está desarrollándose toda esa elaboración de teorías y proyección de predicciones, eso también estará desarrollándose dentro del *mío*. Cuando miro tu cerebro e intento entender cómo funciona tu mente, estaré viéndote a través de la lente de mi propia hipótesis. Estaré percibiéndote como mi teoría me dice que deberías ser. Pero ¿qué pasa si esa teoría no es la correcta? ¿Y si también estoy viéndote a ti y viendo a todos los demás cerebros a través de una hipótesis falsa?

Creo que no necesitamos preocuparnos, si los procesos en nuestra cabeza se desarrollan tal como lo hace la ciencia. Como vimos en la tercera parte, el cerebro no ve el mundo a través de teorías fijas e inamovibles. Tener un cerebro que se comporta como un científico nos deja con una curiosidad insaciable sobre el mundo que nos rodea y con la capacidad de reorganizar los patrones que hemos experimentado en formas de pensar nuevas de verdad. Al mismo tiempo, hemos visto cómo el científico que tienes en la cabeza puede escuchar el entorno e identificar cuándo es el momento de cambiar sus paradigmas.

Si la ciencia progresa pasando de un paradigma a otro, quizá nuestra mente también lo haga. En cualquier momento, podemos ver el mundo y a nosotros mismos a través de la lente de la mejor teoría que puede elaborar el cerebro, porque no parece que el mundo pudiera ser de otra manera. Pero seguimos abiertos a la posibilidad de que haya anomalías sorprendentes en el horizonte: posibilidades que, por definición, nunca podríamos predecir. Así que seguimos abiertos a ajustar, refinar o reemplazar las teorías en nuestra cabeza. Nos volvemos como el narrador en la biblioteca infinita de Borges, rebuscando entre los estantes la historia que haga que todo tenga sentido, aunque sepamos que quizá nunca la encontremos. Así sea fructífera o no, la búsqueda de un mejor modelo, una mejor teoría, siempre continúa.

Así que quizá deberíamos quedarnos tranquilos. Sí, la imagen de ti y de tu mente que hemos visto aquí es solo una teoría elaborada por un cerebro. Pero, por otra parte, todo lo demás también es así. Cada pensamiento, sentimiento, acción y decisión también surgen de esas teorías elaboradas por el cerebro sobre nuestro mundo y nosotros mismos. Y al igual que ocurre con la ciencia, no podemos saber de antemano cuáles de las teorías que hemos elaborado resistirán el paso del tiempo y cuáles serán reconfiguradas y revisadas por lo que depare el futuro. Al igual que la ciencia, tu mente es un trabajo en curso.

# Agradecimientos

Este libro debe su existencia a muchas personas además de mí. Le agradezco a mi agente Chris Wellbelove por animarme a emprender este proyecto y por continuar siendo una fuente constante de aliento y consejo. He aprendido enormemente trabajando en estrecha colaboración con mi editora Helen Conford. Tanto yo como el libro le debemos mucho a sus sugerencias incisivas y creativas, su claridad de pensamiento y su sentido del humor. También les agradezco a Vanessa Phan y al resto del equipo de Cornerstone, a Colin Dickerman, Ian Dorset y al equipo de Grand Central, y a Odhran O'Donoghue por su cuidadosa corrección. Y sin ánimos de sonar muy mercenario, gracias también a Laura Otal, Lisa Baker, Anna Hall y al resto del equipo de Aitken Alexander por todo su arduo trabajo para conseguir vender el libro.

Muchos amigos y colegas generosos dieron su opinión sobre diferentes partes del texto. Les agradezco en especial a Jen Cook por sus ideas sobre el aprendizaje, Matt Davis por sus ideas sobre el lenguaje, Rosy Edey por sus ideas sobre la interacción social, y Steph Henwood por sus ideas sobre la ansiedad. También le agradezco a Micha Heilbron por su asesoramiento sobre modelos de lenguaje grandes. Estoy en deuda con Chris Frith y Clare Press, que asumieron la tarea casi ingrata de leer todo el primer borrador y comentar el contenido una y otra vez, quizá más veces de las que esperaban.

Tuve la suerte de completar parte de este trabajo como investigador invitado del Instituto de Estudios Avanzados de París, con el generoso apoyo de FIAS y la Comisión Europea. Les agradezco a

Saadi Lahlou, Paulius Yamin y al personal y a los investigadores del IEA por un año maravilloso en París, y a Pascal Maubert por sus *îles flottantes*.

En su mayor parte, sin embargo, escribí este libro compaginándolo con mi trabajo diario en Birkbeck, parte de la Universidad de Londres. Le agradezco al departamento por apoyarme, y por todos los colegas pasados y presentes con los que he tenido la suerte de trabajar y de los que he aprendido, en especial los miembros actuales y anteriores de mi Laboratorio de la Incertidumbre. La investigación es siempre un trabajo en equipo, pero al reflexionar mientras preparaba este libro, he reforzado mi sensación de que Birkbeck es un lugar muy especial para hacer ciencia.

Gracias a los familiares y amigos que se han entusiasmado con este libro y me han apoyado al escribirlo. En especial, a Becca y Lorna, mis más fieles alentadoras. Un agradecimiento especial también para Heather Schiller, por ser la primera en animarme a escribir un libro como este y por desmitificar las artes oscuras de la edición literaria. Pete fue decididamente menos útil, pero compensó esa falta de experiencia con una fe ciega y un entusiasmo inquebrantable. Gracias a mamá, Jack y Chloe por su amor y apoyo infalibles, y por saber cuándo no decir: «¿Ya has terminado tu libro?».

Más que a nadie, sin embargo, este libro debe su existencia a mi esposa, Rosa. Las agonías de la autoría apenas se comparan con las de vivir con el autor. Has sido una caja de resonancia reflexiva para algunas de las ideas más extrañas, una hábil desenredadora de las más enmarañadas, y —como en todo lo demás— siempre fuiste mi norte cuando me preocupaba haberme perdido. No habría tenido la confianza en mí mismo ni la perseverancia para empezar ni terminar este libro sin tu amor al que volver a casa.

# Notas

## Introducción

1. La presentación de Popper de estas ideas —que él denominó mundo 1, mundo 2 y mundo 3— puede encontrarse en el texto de «Tres mundos», su conferencia pronunciada en 1978 en la Universidad de Míchigan, como parte del ciclo de conferencias Tanner Lectures on Human Values. Popper, K. (1978), «Three worlds». <https://tannerlectures.utah.edu/_resources/documents/a-to-z/p/popper80.pdf>.

## El mundo material

### Capítulo 1: Medir la realidad

1. El material y las citas de este capítulo se basan en la magnífica traducción de Anthony Bale. Bale, A. (2015), *The Book of Margery Kempe*, Oxford University Press, Oxford. [hay trad. cast.: *Libro de Margery Kempe*, Universidad de Valencia, Valencia, 2012].

2. *Ibid.*

3. Atkinson, C. W. (1983), *Mystic and Pilgrim: The Book and the World of Margery Kempe*, Cornell University Press, Ithaca; Freeman, P. R., Bogarad, C. R., & Sholomskas, D. E. (1990), «Margery Kempe, a new theory: the inadequacy of hysteria and postpartum psychosis as diagnostic categories», en *History of Psychiatry I*, pp. 169–190.

4. Esta idea se menciona en la introducción de Harman, G. (1973), *Thought*, Princeton, Nueva Jersey.

5. Kuhn, T. S. (1962), *The Structure of Scientific Revolutions*, University of Chicago Press, Chicago. [hay trad. cast.: *La estructura de las revoluciones científicas*, Fondo de Cultura Económica, México, 1975].

6. von Helmholtz, H.; Southall, J. P. C. (ed). (1924), *Helmholtz's treatise on physiological optics* (trad. de la 3.ª edición alemana), Optical Society of America, Washington D. C.

7. von Helmholtz, H.; Cahan, D. (ed). (1995), *Science and Culture: Popular and philosophical essays*, University of Chicago Press, Chicago.

8. Gregory, R. L. (1980), «Perceptions as hypotheses», en *Philosophical Transactions of The Royal Society B*, 290, pp. 181–97.

9. Bayes, T. (1763), «An essay towards solving a problem in the doctrine of chance. By the late Rev Mr Bayes, FRS communicated by Mr Price, in a letter to John Canton, AMFRS», en *Philosophical Transactions of the Royal Society*. <https://doi.org/10.1098/rstl.1763.0053>.

10. Friston, K. (2005), «A theory of cortical responses. Philosophical transactions of cortical responses», en *Philosophical Transactions of the Royal Society B*, 360, pp. 815–36; Friston, K. (2018), «Does predictive coding have a future?», en *Nature Neuroscience* 21, pp. 1019–1021.

11. Kok, P., de Lange, F. P. (2014), «Shape perception simultaneously up- and downregulated neural activity in the primary visual cortex», en *Current Biology* 24, pp. 1531–1535; Kok, P., *et al.* (2016), «Selective activation of the deep layers of the human primary visual cortex by top-down feedback», en *Current Biology* 26, pp. 371–376.

12. Grosof, D. H., Shapley, R. M., Hawken, M. J. (1993), «Macaque V1 neurons can signal 'illusory' contours» en *Nature* 365, pp. 550–552.

13. Smith, F. W., Muckli, L. (2010), «Nonstimulated early visual areas carry information about surrounding context», en *Proceedings of the National Academy of Sciences USA* 107, pp. 20099–20103.

14. Morgan, A. T., Petro, L. S., Muckli, L. (2019), «Scene representations conveyed by cortical feedback to early visual cortex can be described by line drawings», en *Journal of Neuroscience* 39, pp. 9410–9423.

15. Kok, P., Jehee, J. F. M., de Lange, F. P. (2012), «Less is more: expectation sharpens representations in the primary visual cortex», en *Neuron* 26, pp. 265–270; Yon, D., *et al.* (2023), «Stubborn predictions in primary visual cortex», en *Journal of Cognitive Neuroscience* 35, pp. 1133–1143.

16. Press C., Yon, D. (2019), «Perceptual prediction: rapidly making sense of a noisy world», en *Current Biology* 29, pp. 751–753; Summerfield, C., de Lange, F. P. (2014), «Expectation in perceptual decision making: neural and computational mechanisms», en *Nature Reviews Neuroscience* 15, pp. 745–756.

17. Yon, D., Gilbert, S. J., de Lange, F. P., Press, C. (2018), «Action sharpens sensory representations of expected outcomes», en *Nature Communications* 9, 4288.

18. Yon, D., Zainzinger, V., de Lange, F. P., Eimer, M., Press, C. (2021), «Action biases perceptual decisions toward expected outcomes», en *Journal of Experimental Psychology: General* 150, pp. 1225–1236.

19. Pinker, S. (1994), *The Language Instinct*, Penguin, Londres. [hay trad. cast.: *El instinto del lenguaje*, Alianza Editorial, Madrid, 2001].

20. Saffran, J. R., Aslin, R. N., Newport, E. L. (1996), «Statistical learning by 8-month-old infants», en *Science* 274, pp. 1926–1928.

21. Pressnitzer, D., *et al.* (2018), «Auditory perception: Laurel and Yanny together at last», en *Current Biology* 28, pp. 739–741. O bien, el lector curioso puede buscar en YouTube o TikTok las palabras clave «Yanny o Laurel», «alquiler o bicicleta» o «se tropezó su tío» para escuchar las demostraciones de primera mano.

22. Jacoby, L. L., *et al.* (1988), «Memory influences subjective experience: noise judgments», en *Journal of Experimental Psychology* 14, pp. 240–247.

23. Sohoglu, E., *et al.* (2012), «Predictive top-down integration of prior knowledge during speech perception», en *Journal of Neuroscience* 32, pp. 8443–8453.

24. Stivers, T., *et al.* (2009), «Universals and cultural variation in turn-taking in conversation», en *Proceedings of the National Academy of Sciences USA* 106, pp. 10587–10592.

25. Levelt, W. J., Roelofs, A., Meyer, A. S. (1999), «A theory of lexical access in speech production», en *Behavioural and Brain Sciences* 22, pp. 1–38.

26. Gagnepain, P., Henson, R. N., Davis, M. H. (2012), «Temporal predictive codes for spoken words in auditory cortex», en *Current Biology* pp. 22, 615–621.

27. Kutas, M., Hillyard, S. A. (1980), «Reading senseless sentences: brain potentials reflect semantic incongruity», en *Science* 207, pp. 203–205.

28. Wang, L., Kuperberg, G., Jensen, O. (2018), «Specific lexico-semantic predictions are associated with unique spatial and temporal patterns of neural activity», en *eLife* 7, pp. e39061.

29. Las dos imágenes utilizadas aquí se adaptaron de Davies, D. J., Teufel, C., Fletcher, P. C. (2018), «Anomalous perceptions and beliefs are associated with shifts toward different types of prior knowledge in perceptual inference», en *Schizophrenia Bulletin* 44, 1245–1253.

30. Teufel, C., *et al.* (2015), «Shift toward prior knowledge confers a perceptual advantage in early psychosis and psychosis-prone healthy individuals», en *Proceedings of National Academy of Sciences USA* 112, pp. 13401–13406.

31. Teufel, C., Dakin, S. C., Fletcher, P. C. (2018), «Prior object-knowledge sharpens properties of early visual feature-detectors», en *Scientific Reports* 8, 10853.

32. Teufel, C., *et al.* (2015), «Shift toward prior knowledge confers a perceptual advantage in early psychosis and psychosis-prone healthy individuals», en *Proceedings of National Academy of Sciences USA* 112, pp. 13401–13406.

33. Davies, D. J., Teufel, C., Fletcher, P. C. (2018), «Anomalous perceptions and beliefs are associated with shifts toward different types of prior knowledge in perceptual inference», en *Schizophrenia Bulletin* 44, 1245–1253.

34. Luhrmann, T. M., *et al.* (2015), «Differences in voice-hearing experiences of people with psychosis in the USA, India and Ghana: interview-based study», en *British Journal of Psychiatry* 206, pp. 41–44.

35. Powers, A. R., Mathys, C., Corlett, P. R. (2018), «Pavlovian conditioning-induced hallucinations result from overweighting of perceptual priors», en *Science* 357, pp. 596–600.

36. Corlett, P. R., Bansal, S., Gold, J. M. (2023), «Studying healthy psychosis-like experiences to improve illness prediction», en *JAMA Psychiatry* 80, pp. 515–527.

**Capítulo 2: Causa y efecto**

1. Chambers, R. (1864), *The Book of Days: A Miscellany of Popular Antiquities in Connection with the Calendar, Including Anecdote, Biography, & History, Curiosities of Literature and Oddities of Human Life and Character.*

2. Goldberg, G., Mayer, N. H., Toglia, J. U. (1981), «Medial frontal cortex infarction and the alien hand sign», en *Arch Neurol* 38, pp. 683–686.

3. Banks, G., *et al.* (1989), «The alien hand syndrome: clinical and postmortem findings», en *Arch Neurol* 46, pp. 456–459.

4. Ramachandran, V. S. (1996), «What neurological syndromes can tell us about human nature: some lessons from phantom limbs, Capgras syndrome, and anosognosia», en *Cold Spring Harbour Symposia on Quantitative Biology* 61, pp. 115–134.

5. Isham, L., *et al.* (2019), «Understanding, treating, and renaming grandiose delusions: a qualitative study», en *Psychology and Psychotherapy: Theory Research and Practice* 94, pp. 119–140.

6. Henslin, J. M. (1967), «Craps and magic», en *American Journal of Sociology* 73, n.° 3.

7. Moore, J. W. (2016), «What is the sense of agency and why does it matter?», en *Frontiers in Psychology* 7, 1272.

8. Alloy, L. B., Abramson, L. Y. (1979), «Judgment of contingency in depressed and nondepressed students: Sadder but wiser?», en *Journal of Experimental Psychology: General* 108, pp. 441–485.

9. Johnson, D. D. P., Fowler, J. H. (2011), «The evolution of overconfidence», en *Nature* 477, pp. 317–320.

10. Bandura, A. (2002), «Social cognitive theory in cultural context», en *Applied Psychology* 51, pp. 269–290.

11. Berry, C. R., Fowler, A. (2021), «Leadership or luck? Randomization inference for leader effects in politics, business, and sports», en *Science Advances* 7, eabe3404.

12. Yon, D., Bunce, C., Press, C. (2020), «Illusions of control without delusions of grandeur», en *Cognition* 205, 104459.

13. Boynton, J. (2012), «Facilitated communication – what harm it can do: confessions of a former facilitator», en *Evidence-based Communication Assessment and Intervention* 6, pp. 3–13.

14. Blackburne, G., Frith, C. D., Yon, D. (2025), «Communicated priors tune the perception of control», en *Cognition* 254, 105969.

15. Frith, C. (2013), «The psychology of volition», en *Experimental Brain Research* 229, pp. 289– 299; Frith, C. D., Haggard, P. (2018), «Volition and the brain – revisiting a classic experimental study», en *Trends in Neurosciences* 41, 405–407.

16. Bobzien, S. (2006), «Moral responsibility and moral development in Epicurus' philosophy», en Reis, B. (ed), *The Virtuous Life in Greek Ethics*, Cambridge University Press, Cambridge, pp. 206–229.

17. Arendt, H. (2006), *Eichmann in Jerusalem: A Report on The Banality of Evil*, Penguin Classics, Londres. [hay trad. cast.:

*Einchmann en Jerusalén: Un estudio sobre la banalidad del mal*, Debolsillo, Barcelona, 2019].

18. Milgram, S. (1963), «Behavioral study of obedience», en *Journal of Abnormal and Social Psychology* 67, pp. 371–378.

19. Caspar, E. A., *et al.* (2016), «Coercion changes the sense of agency in the human brain», en *Current Biology* 26, pp. 585–592.

20. Caspar, E. A., *et al.* (2020), «The effect of military training on the sense of agency and outcome processing», en *Nature Communications* 11, 4366.

### Interludio I: *Nullius in verba*

1. (2004), «Presidents of the Royal Society (1662–2006)», en *Oxford Dictionary of National Biography*, Oxford University Press, Oxford.

## El mundo mental

### Capítulo 3: Otras mentes

1. Besnier, N. (1993), «Reported speech and affect on Nukulaelae Atoll», en Hill, J., Irvine, J. (eds.), *Responsibility and Evidence in Oral Discourse*, Cambridge University Press, Cambridge, pp. 161–181; McKellin, W. (1990), «Allegory and inference: intentional ambiguity in Managalase negotiations», en Watson-Gegeo, K., White, G. (eds.), *Disentangling Conflict Discourse in Pacific Societies*, Stanford University Press, Redwood City, pp. 335–370; Schieffelin, B. B. (2008), «Speaking only on your own mind: reflections on talk, gossip and intentionality in Bosavi (PNG)», en *Anthropological Quarterly* 81, pp. 431–441.

2. Avramides, A. (2023), «Other Minds», en *The Stanford Encyclopedia of Philosophy*.

3. Sagan, C., *et al.* (1993), «A search for life on Earth from the Galileo spacecraft», en *Nature* 365, pp. 715–721.

4. Dael, N., Mortillaro, M., Scherer, K. R. (2012), «Emotion expression in body action and posture», *Emotion* 12, pp. 1085–1101.

301

5. Ada, M. S., Suda, K., Ishii, M. (2003), «Expressions of emotions in dance: relation between arm movement characteristics and emotion», en *Perceptual and Motor Skills* 97, pp. 697–708; Montepare, J. M., Goldstein, S. B., Clausen, A. (1987), «The identification of emotions from gait information», en *Journal of Nonverbal Behavior* 11, pp. 33–42; Roether, C. L., *et al.* (2009), «Critical features for the perception of emotion from gait», en *Journal of Vision* 9, pp. 1–32; Michalak, J., *et al.* (2009), «Embodiment of sadness and depression – gait patterns associated with dysphoric mood», en *Psychosomatic Medicine* 71, pp. 580–587; Pollick, F. E., *et al.* (2001), «Perceiving affect from arm movement», en *Cognition* 82, pp. 51–61.

6. Edey, R., Yon, D., Cook, J., Dumontheil, I., Press, C. (2017), «Our own action kinematics predict the perceived affective states of others», en *Journal of Experimental Psychology: Human Perception and Performance* 43, pp. 1264–1268.

7. Matsumoto, D., Yoo, S. H., Fontaine, J. (2008), «Mapping expressive differences around the world: the relationship between emotional display rules and individualism versus collectivism», en *Journal of Cross-Cultural Psychology* 39, pp. 55–74.

8. Edey, R., Yon, D., Dumontheil, I., Press, C. (2020), «Association between action kinematics and emotion perception across adolescence», en *Journal of Experimental Psychology: Human Perception and Performance* 46, pp. 657–666.

9. Baron-Cohen, S., Leslie, A. M., Frith, U. (1985), «Does the autistic child have a 'theory of mind'?», en *Cognition* 21, pp. 37–46.

10. Happe, F., *et al.* (1996), «'Theory of mind' in the brain. Evidence from a PET scan study of Asperger syndrome», en *Neuroreport* 8, pp. 197–201; Jolliffe, T., Baron-Cohen, S. (1999), «The strange stories test: a replication with high-function adults with autism or Asperger syndrome», en *Journal of Autism and Developmental Disorders* 29, pp. 395–406.

11. Heider, F., Simmel, M. (1944), «An experimental study of apparent behavior», en *American Journal of Psychology* 57, pp. 243–259.

12. Abell, F., Happe, F., Frith, U. (2000), «Do triangles play tricks? Attribution of mental states to animated shapes in normal and abnormal development», en *Cognitive Development* 15, pp. 1–16; White, S. J., *et al.* (2011), «Developing the Frith–Happe animations: a quick and objective test of theory of mind for adults with autism», en *Autism Research* 4, pp. 149–154; Livingston, L. A., *et al.* (2021), «Further developing the Frith–Happe animations: a quicker, more objective and web-based test of theory of mind for autistic and neurotypical adults», en *Autism Research* 14, pp. 1905–1912.

13. Cook, J. L., Blakemore, S. J., Press, C. (2013), «Atypical basic movement kinematics in autism spectrum conditions», en *Brain* 136, pp. 2816–2824.

14. Milton, D. E. M. (2012), «On the ontological status of autism: the 'double empathy problem'», en *Disability & Society* 27, pp. 883–887.

15. Edey, R., *et al.* (2016), «Interaction takes two: typical adults exhibit mind-blindness towards those with autism spectrum disorder», en *Journal of Abnormal Psychology* 125, pp. 879–885.

16. Heyes, C. (2018), *Cognitive Gadgets: The Cultural Evolution of Thinking*, Harvard University Press, Boston.

17. Dehaene, S., Cohen, L. (2007), «Cultural recycling of cortical maps», en *Neuron* 56, pp. 384–398; Dehaene, S., Cohen, L. (2011), «The unique role of the visual word form area in reading», en *Trends in Cognitive Sciences* 15, pp. 254–262.

18. Woo, B. M., Mitchell, J. P. (2020), «Simulation: a strategy for mindreading similar but not dissimilar others?», en *Journal of Experimental Social Psychology* 90, 104000.

19. Northoff, G., *et al.* (2006), «Self-referential processing in our brain – a meta-analysis of imaging studies of the self», en *Neuroimage* 31, pp. 440-457; Gallagher, H. L., Frith, C. D. (2003), «Functional imaging of 'theory of mind'», en *Trends in Cognitive Sciences* 7, pp. 77–83.

20. Mitchell, J. P., Macrae, C. N., Banaji, M. R. (2006), «Dissociable medial prefrontal contributions to judgments of similar and dissimilar others», en *Neuron* 18, pp. 655–663.

21. Ashton, M. C., *et al.* (2004), «A six-factor structure of personality-descriptive adjectives: solutions from psycholexical studies in seven languages», en *Journal of Personality and Social Psychology* 86, pp. 356–366.

22. Lee, K., Ashton, M. C. (2018), «Psychometric properties of the HEXACO-100», en *Assessment* 25, pp. 543-556.

23. Conway, J. R., Catmur, C., Bird, G. (2019), «Understanding individual differences in theory of mind via representation of minds, not mental states», en *Psychonomic Bulletin and Review* 26, pp. 798–812.

24. Conway, J. R., *et al.* (2020), «Understanding how minds vary relates to skill in inferring mental states, personality, and intelligence», en *Journal of Experimental Psychology: General* 149, pp. 1032–1047.

25. Sevi, L., Catmur, C., Bird, G. (2023), «Emotion inference depends on trait inference and trait-emotion models», en *January Meeting of the Experimental Psychology Society*, University College London.

26. Zhao, J., *et al.* (2017), «Men also like shopping: reducing gender bias amplification using corpus-level constraints», en *arXiv*, 1707.09457.

27. Hardt, M., Price, E., Srebro, N. (2016), «Equality of opportunity in supervised learning», en *arXiv*, 1610.02413.

28. Abid, A., Farooqi, M., Zou, J. (2021), «Large language models associate Muslims with violence», en *Nature Machine Intelligence* 3, pp. 461–463.

29. Vlasceanu, M., Amodio, D. M. (2022), «Propagation of societal gender inequality by internet search algorithms», en *Proceedings of the National Academy of Sciences USA* 119, e2204529119.

30. Hamilton, M. C. (1991), «Masculine bias in the attribution of personhood: people = male, male = people», en *Psychology of Women Quarterly* 15, pp. 393–402.

## Capítulo 4: Conocer nuestra mente

1. La Real Academia de Ciencias de Suecia (2008), Premio Nobel de Química: comunicado de prensa. <https://www.nobelprize.org/prizes/chemistry/2008/press-release/>.

2. Sherwell, P. (2008), «The scientist, the jellyfish protein, and the Nobel prize that got away», en *The Daily Telegraph*, 11 de octubre.

3. Sorensen, A. T. (2007), «Bestseller lists and product variety», en *The Journal of Industrial Economics* 55, pp. 715–738.

4. Bol, T., de Vaan, M., van de Rijt, A. (2018), «The Matthew effect in science funding», en *Proceedings of the National Academy of Sciences USA* 115, pp. 4887–4890.

5. Knotts, J. D., *et al.* (2019), «Subjective inflation: phenomenology's get-rich-quick scheme», en *Current Opinion in Psychology* 29, pp. 49–55.

6. Feldman Hall, O., *et al.* (2012), «What we say and what we do: the relationship between real and hypothetical moral choices», en *Cognition* 123, pp. 434–441.

7. Fleming, S. M., Dolan, R. J., Frith, C. D. (2012), «Metacognition: computation, biology and function», en *Philosophical Transactions of the Royal Society B* 367, pp. 1280–1286.

8. Bang, D., Fleming, S. M. (2018), «Distinct encoding of decision confidence in human medial prefrontal cortex», en *Proceedings of the National Academy of Sciences USA* 115, pp. 6082–6087; Fleming, S. M., *et al.* (2010), «Relating introspective accuracy to individual differences in brain structure», en *Science* 329, pp. 1541–1543; Fleming, S. M., Huijgen, J., Dolan, R. J. (2012), «Prefrontal contributions to metacognition in perceptual decision making», en *Journal of Neuroscience* 32, pp. 6117–6125; Rounis, E., *et al.* (2010), «Theta-burst transcranial magnetic

stimulation to the prefrontal cortex impairs metacognitive visual awareness», en *Cognitive Neuroscience* 1, pp. 165–175.

9. Yon, D., Frith, C. D. (2021), «Precision and the Bayesian brain», en *Current Biology* 31, pp. 1026–1032.

10. Geurts, L. S., *et al.* (2022), «Subjective confidence reflects representation of Bayesian probability in cortex», en *Nature Human Behaviour* 6, pp. 294–305.

11. Nietzsche, F. (1994), *Human, All Too Human* (trad. Faber, M., Lehman, S.), Penguin, Londres. [hay trad. cast.: *Humano, demasiado humano*, Edaf, Madrid, 1985].

12. Rouault, M., Dayan, P., Fleming, S. M. (2019), «Forming global estimates of self-performance from local confidence», en *Nature Communications* 10, 1141.

13. Rouault, M., Fleming, S. M. (2020), «Formation of global self-beliefs in the human brain», en *Proceedings of the National Academy of Sciences USA* 117, pp. 27268–27276.

14. Spearman, C. (1904), «'General intelligence,' objectively determined and measured», en *American Journal of Psychology* 15, pp. 201–292; Deary, I. J. (2012), «Intelligence», en *Annual Review of Psychology* 63, pp. 453–482.

15. Rouault, M., *et al.* (2018), «Psychiatric symptom dimensions are associated with dissociable shifts in metacognition but not task performance», en *Biological Psychiatry* 84, pp. 443–451; Seow, T. X. F., Gillan, C. M. (2020), «Transdiagnostic phenotyping reveals a host of metacognitive deficits implicated in compulsivity», en *Scientific Reports* 10, 2883; Seow, T. X. F., *et al.* (2021), «How local and global metacognition shape mental health», en *Biological Psychiatry* 90, pp. 436–446.

16. Yon, D., Frith C. D. (2021), «Precision and the Bayesian brain», en *Current Biology* 31, pp. 1026–1032.

17. Olawole-Scott, H., Yon, D. (2023), «Expectations about precision bias metacognition and awareness», en *Journal of Experimental Psychology: General* 152, pp. 2177–2189.

18. Van Marcke, H., *et al.* (2024), «Manipulating prior beliefs causally induces under- and overconfidence», en *Psychological Science* 35, pp. 358–375.

19. Schiff, G. D., *et al.* (2009), «Diagnostic error in medicine: analysis of 583 physician-reported errors», en *Archives of Internal Medicine* 169, pp. 1881–1887.

20. Berner, E. S., Graber, M. L. (2008), «Overconfidence as a cause of diagnostic error in medicine», en *American Journal of Medicine* 121, 2–3.

21. Cassam, Q. (2017), «Diagnostic error, overconfidence and self-knowledge», en *Palgrave Communications* 3, 17025.

22. Fleming, S. M., van der Putten, E. J., Daw, N. D. (2018), «Neural mediators of changes of mind about perceptual decisions», en *Nature Neuroscience* 21, pp. 617–624.

23. Rollwage, M., *et al.* (2020), «Confidence drives a neural confirmation bias», en *Nature Communications* 11, 2634.

24. Tsetsos, K., *et al.* (2016), «Economic irrationality is optimal during noisy decision making», en *Proceedings of the National Academy of Sciences USA* 113, pp. 3102–3107; Lefebvre, G., Summerfield, C., Bogacz, R. (2022), «A normative account of confirmatory biases during reinforcement learning», en *Neural Computation* 34, pp. 307–337; Rollwage, M., Fleming, S. M. (2021), «Confirmation bias is adaptive when coupled with efficient metacognition», en *Philosophical Transactions of the Royal Society B* 376, 20200131.

25. Rollwage, M., Dolan, R. J., Fleming, S. M. (2018), «Metacognitive failure as a feature of those holding radical beliefs», en *Current Biology* 28, pp. 4014–4021.

26. Alais, D., Burr, D. (2004), «The ventriloquist effect results from near-optimal bimodal integration», en *Current Biology* 14, pp. 257–262.

27. Frith, C. D. (2011), «Consciousness is for sharing», en *Cognitive Neuroscience* 2, pp. 117–118.

28. Shea, N., *et al.* (2014), «Supra-personal cognitive control and metacognition», en *Trends in Cognitive Sciences* 18, pp. 186–193.

29. Bahrami, B., *et al.* (2010), «Optimally interacting minds», en *Science* 329, pp. 1081–1085.

30. Bang, D., *et al.* (2017), «Confidence matching in group decision-making», en *Nature Human Behaviour* 1, 0117.

31. Hertz, U., *et al.* (2017), «Neural computations underpinning the strategic management of influence in advice giving», en *Nature Communications* 8, 2191.

32. Bang, D., *et al.* (2020), «Private-public mappings in human prefrontal cortex», en *eLife* 9, e56477.

33. Yon, D., Frith C. D. (2021), «Precision and the Bayesian brain», en *Current Biology* 31, pp. 1026–1032.

34. Andreassen, E., Frith, C., Yon, D. (2024), «Public communication alters private confidence», en *PsyArXiv*.

35. Niederle, M., Vesterlund, L. (2011), «Gender and competition», en *Annual Review of Economics* 3, pp. 601–630; Broihanne, M. H., *et al.* (2014), «Overconfidence, risk perception and the risk-taking behavior of finance professionals», en *Finance Research Letters* 11, pp. 64–73.

## Interludio II: La Biblioteca de Babel

1. Borges, J. L. (2000), *Labyrinths*. Penguin Modern Classics. [en cast. (1956), *Ficciones*, Emecé, Buenos Aires].

## El mundo de las ideas

### Capítulo 5: La necesidad de asombro

1. Los datos sobre la Universidad clandestina de Checoslovaquia se tomaron de Vaughan, D. (2010), «Roger Scruton and a special relationship», en *Radio Prague International*, 31 de octubre, <https://english.radio.cz/roger-scruton-and-a-special-relationship-8568924>; Vaughan, D. (2018), «Czechoslovakia's

secret Cambridge students», en *Radio Prague International*, 26 de noviembre, <https://english.radio.cz/czechoslovakias-secret-cambridge-students-8145021>; Polčáková, P. (2019), «The communist secret state police knew about me, but there was no time for fear», en *Universitas*, 21 de diciembre, <https://www.universitas.cz/en/people/4486-interview-with-barbara-day>; Lucas, E. (2020), «Smuggling Plato to Prague», en *The Critic*, junio, <https://thecritic.co.uk/issues/june-2020/smuggling-plato-to-prague>.

2. Platón (2007), *The Republic* (trad. Lee, D.), Penguin Classics, Londres [hay trad. cast.: *La República*, Penguin Clásicos, Madrid, 2025]; Freud, S. (2003), *Beyond the Pleasure Principle* (trad. Reddick, J.), Penguin Classics, Londres. [hay trad. cast.: *Más allá del principio del placer*, Ediciones Akal, Madrid, 2020].

3. Bjorklund, A., Dunnet, S. B. (2007), «Fifty years of dopamine research», *Trends in Neurosciences* 30, pp. 185–187; Meyer-Lindenberg, A., *et al.* (2005), «Midbrain dopamine and prefrontal function in humans: interaction and modulation by COMT genotype», en *Nature Neuroscience* 8, pp. 594–596.

4. Schultz, W. (2001), «Reward signalling by dopamine neurons», en *Neuroscientist* 7, pp. 293–302.

5. Knutson, B., *et al.* (2001), «Anticipation of increasing monetary reward selectively recruits nucleus accumbens», en *Journal of Neuroscience* 21, 159; O'Doherty, J. P., *et al.* (2002), «Neural responses during anticipation of primary taste reward», en *Neuron* 33, pp. 815–826; Kirsch, P., *et al.* (2003), «Anticipation of reward in a nonaversive differential conditioning paradigm and the brain reward system: an event-related fMRI study», en *Neuroimage* 20, pp. 1086–1095; Aharon, I., *et al.* (2001), «Beautiful faces have variable reward value: fMRI and behavioral evidence», en *Neuron* 32, pp. 537–551.

6. Paulus, F. M., *et al.* (2015), «Journal impact factor shapes scientists' reward signal in the prospect of publication», en *PLoS One* 10, e0142537.

7. Olds, J., Milner, P. (1954), «Positive reinforcement produced by electrical stimulation of septal area and other regions of rat brain», en *Journal of Comparative and Physiological Psychology* 47, pp. 419–427; Corbett, D., Wise, R. A. (1980), «Intracranial self-stimulation in relation to the ascending dopaminergic systems of the midbrain: a moveable electrode mapping study», en *Brain Research* 185, pp. 1–15; Routtenberg, A., Lindy, J. (1965), «Effects of the availability of rewarding septal and hypothalamic stimulation on bar pressing for food under conditions of deprivation», en *Journal of Comparative and Physiological Psychology* 60, pp. 158–161; Morgan, C. W., Mogenson, G. J. (1966), «Preference of water-deprived rats for stimulation of the lateral hypothalamus rather than water», en *Psychonomic Science* 6, pp. 337–338; Wise, R. A. (2002), «Brain reward circuitry: insights from unsensed incentives», en *Neuron* 36, pp. 229–240.

8. Schultz, W., Dayan, P., Montague, P. R. (1997), «A neural substrate of prediction and reward», en *Science* 275, pp. 1593–1599.

9. Pessiglione, M., *et al.* (2006), «Dopamine-dependent prediction errors underpin reward-seeking behaviour in humans», en *Nature* 442, pp. 1042–1045.

10. Villano, W. J., *et al.* (2020), «Temporal dynamics of real-world emotion are more strongly linked to prediction error than outcome», en *Journal of Experimental Psychology: General* 149, pp. 1755–1766.

11. Killingsworth, M. A., Kahneman, D., Mellers, B. (2023), «Income and emotional well-being: a conflict resolved», en *Proceedings of the National Academy of Sciences USA* 120, e2208661120.

12. Brickman, P., Coates, D., Janoff-Bulman, R. (1978), «Lottery winners and accident victims: is happiness relative?», *Journal of Personality and Social Psychology* 36, pp. 917–927.

13. Brydevall, M., *et al.* (2018), «The neural encoding of information prediction errors during non-instrumental information seeking», en *Scientific Reports* 8, 6134.

14. Blain, B., Rutledge, R. B. (2020), «Momentary subjective well-being depends on learning and not reward», en *eLife 9*, e57977.

15. Bromberg-Martin, E. S., Hikosaka, O. (2009), «Midbrain dopamine neurons signal preference for advance information about upcoming rewards», en *Neuron* 63, pp. 119–126.

16. Prinz, J. (2013), «How wonder works», en *Aeon*, 21 de junio, <https://aeon.co/essays/why-wonder-is-the-most-human-of-all-emotions>.

### Capítulo 6: La originalidad

1. Lemoine, B. (2023), «I worked on Google's AI. My fears are coming true», en *Newsweek*, 27 de febrero, <https://www.newsweek.com/google-ai-blake-lemoine-bing-chatbot-sentient-1783340>.

2. Lemoine, B. (2022), «Is LaMDA sentient? – an interview», en *Medium*, 11 de junio, <https://cajundiscordian.medium.com/is-lamda-sentient-an-interview-ea64d916d917>.

3. Levy, S. (2022), «Blake Lemoine says Google's LaMDA AI faces 'bigotry'», en *Wired*, 17 de junio, <https://www.wired.com/story/blake-lemoine-google-lamda-ai-bigotry/>.

4. *Ibid.*

5. Sparkes, M. (2022), «Has Google's LaMDA artificial intelligence really achieved sentience?», en *New Scientist*, 13 de junio, <https://www.newscientist.com/article/2323905-has-googles-lamda-artificial-intelligence-really-achieved-sentience/>.

6. Marcus, G. (2022), «Nonsense on stilts. Marcus on AI», 12 de junio, <https://garymarcus.substack.com/p/nonsense-on-stilts>.

7. Bender, E. M., *et al.* (2021), «On the dangers of stochastic parrots: can language models be too big?», en *Proceedings of the 2021 ACM Conference on Fairness, Accountability and Transparency*, pp. 610–623.

8. Brown, D. J., Normore, C. G. (2019), *Descartes and the Ontology of Everyday Life*, Oxford University Press, Londres.

9. Brown, D. J. (2018), «Animal souls and beast machines: Descartes' mechanical biology», en Adamson, P., Edwards, G. F. (eds.), *Animals. A History*, Oxford University Press, Londres, pp. 187–210.

10. Walker, J. (2017), «Wilhelm von Humboldt and dialogical thinking», en *Forum for Modern Language Studies* 53, pp. 83–94.

11. Descartes, R. (1649), *A Discourse on the Method, Parte V,* (trad. desconocido). [hay trad. cast.: *El discurso del método*, Ediciones Akal, Madrid, 2007].

12. Chomsky, N. (1966), *Cartesian Linguistics: A Chapter in the History of Rationalist Thought*, Harper & Row, Nueva York. [hay trad. cast.: *Lingüística cartesiana: Un capítulo de la historia del pensamiento racionalista*, Editorial Gredos, Barcelona, 1991].

13. Cowie, F. (2017), «Innateness and language», en *The Stanford Encyclopedia of Philosophy.*

14. Pinker, S. (1994), *The Language Instinct.* Penguin, Londres. [hay trad. cast.: *El instinto del lenguaje*, Alianza Editorial, Madrid, 2001].

15. Terrace, H. S., *et al.* (1979), «Can an ape create a sentence?», *Science* 206, pp. 891–902.

16. Kappala-Ramsamy, G. (2011), «Nim Chimpsky: the chimp they tried to turn into a human», en *The Observer*, 24 de julio, <https://www.theguardian.com/film/2011/jul/24/project-nim-chimpsky-chimpanzee-language>.

17. Rumelhart, D. E., McClelland, J. L. (1986), «On learning the past tenses of English verbs», en McClelland J. L., Rumelhart, D. E., PDP Research Group (eds.), *Parallel Distributed Processing: Explorations in the Microstructure of Cognition, Volumen 2: Psychological and Biological Models,* MIT Press, Massachusetts, pp. 535–551.

18. Pinker, S., Ullman, M. T. (2002), «The past and future of the past tense», en *Trends in Cognitive Sciences* 6, pp. 456–463; McClelland, J. L., Patterson, K. (2002), «'Word or rules' cannot

exploit the regularity in exceptions», en *Trends in Cognitive Sciences* 6, pp. 464–465.

19. Strubell, E., Ganesh, A., McCallum, A. (2019), «Energy and policy considerations for deep learning in NLP», en *ArXiv*, 1906.02243.

20. Heilbron, M., *et al.* (2022), «A hierarchy of linguistic predictions during natural language comprehension», en *Proceedings of the National Academy of Sciences USA* 119, e2201968119.

21. Doyle, A. C. (1892), *The Adventures of Sherlock Holmes*. [hay trad. cast.: *Las aventuras de Sherlock Holmes*, Booket, Barcelona, 2022].

22. La siguiente cita es una traducción de Catherine Walter de un fragmento de *Essais de Michel de Montaigne avec les notes de tous les commentateurs*, <https://blogs.it.ox.ac.uk/tii/2012/04/16/transform-your-writing-like-bees-transform-pollen/>.

23. Clark, C. E. (1968), «Seneca's letters to Lucilius as a source of some of Montaigne's imagery», en *Bibliothèque d'Humanisme et Renaissance* 30, pp. 249–266.

24. Campbell, D. T. (1974), «Evolutionary Epistemology», en Schilpp, P. A. (ed.), *The Philosophy of Karl R Popper*, Open Court, La Salle, pp. 413–463.

25. Campbell, D. T. (1960), «Blind variation and selective retentions in creative thought as in other knowledge processes», en *Psychological Review* 67, pp. 380–400.

26. Mesoudi, A., Whiten, A. (2008), «The multiple roles of cultural transmission experiments in understanding human cultural evolution», en *Philosophical Transactions of the Royal Society B* 363, pp. 3489–3501.

27. Bartlett, F. C. (1931), *Remembering: A Study in Experimental and Social Psychology*, Cambridge University Press, Cambridge.

28. Campbell, D. T. (1969), «Ethnocentrism of disciplines and the fish-scale model of omniscience», en Muzafer, S., Carolyn, W. S.

(eds.), *Interdisciplinary Relationships in the Social Sciences*, Aldine, Chicago, pp. 328–348.

29. Willms, A. R., Kitanov, P. M., Langford, W. F. (2017), «Huygens' clocks revisited», en *Royal Society Open Science* 4, 170777.

30. Moore, G. P., Chen, J. (2010), «Timings and interactions of skilled musicians», en *Biological Cybernetics* 103, pp. 401–414; Neda, Z., *et al.* (2000), «Physics of the rhythmic applause», en *Physical Review* E 61, 6987.

31. Lotka, A. J. (1920), «Analytical note on certain rhythmic relations in organic systems», en *Proceedings of the National Academy of Sciences USA* 6, pp. 410–415; Volterra, V. (1931), «Variations and fluctuations of the number of individuals in animal species living together», en Chapman, R. N. (ed.), *Animal Ecology*, McGraw-Hill, Nueva York, pp. 409–448; Marasco, A., Picucci, A., Romano, A. (2016), «Market share dynamics using Lotka-Volterra models», en *Technological Forecasting and Social Change* 105, pp. 49–62; Mohammed, W. W., *et al.* (2021), «An analytical study of the dynamic behavior of Lotka-Volterra based models of COVID-19», en *Results in Physics* 26, 104432.

32. Brooks, D. (1956), «The influence of African art on contemporary European art», en *African Affairs* 55, pp. 51–59.

## Capítulo 7: Cambios de paradigma

1. «Washington gunman motivated by fake news "Pizzagate" conspiracy», en *Guardian*, 5 de diciembre de 2016, <https://www.theguardian.com/us-news/2016/dec/05/gunman-detained-at-comet-pizza-restaurant-was-self-investigating-fake-news-reports>; Yuhas, A. (2017), «"Pizzagate" gunman pleads guilty as conspiracy theorist apologizes over case», en *Guardian*, 25 de marzo, <https://www.theguardian.com/us-news/2017/mar/25/comet-ping-pong-alex-jones>.

2. Bleakley, P. (2021), «Panic, pizza and mainstreaming the alt-right: a social media analysis of Pizzagate and the rise of the QAnon conspiracy», en *Current Sociology* 71, pp. 509–525.

3. Pilkington, E. (2021), «"Stand back and stand by": how Trumpism led to the Capitol siege», en *Guardian*, 6 de enero, <https://www. theguardian.com/us-news/2021/jan/06/donald-trump-armed-protest-capitol>; Vallejo, J. (2021), «QAnon Shaman: how Jacob Chansley went from storming the Capitol to turning against 'first love' Donald Trump», en *Independent*, 17 de noviembre, <https://www.independent.co.uk/ news/world/americas/qanon-shaman-capitol-riot-sentencing-b1958223. html>; Wolfe, J. (2022), «Man who brought "small armory" ahead of US Capitol riots gets almost four-year sentence», en *Reuters*, 1 de abril, <https://www.reuters.com/world/us/man-faces-sentencing-bringing-guns-molotov-cocktails-us-capitol-ahead-riot-2022-04-01/>.

4. Public Religion Research Institute (2022), «The persistence of QAnon in the post-Trump era: an analysis of who believes the conspiracies», Public Religion Research Institute, 24 de febrero, <https://www.prri.org/research/the-persistence-of-qanon-in-the-post-trump-era-an-analysis-of-who-believes-the-conspiracies/>.

5. Kuhn, T. S. (1962), *The Structure of Scientific Revolutions*, University of Chicago Press, Chicago. [hay trad. cast.: *La estructura de las revoluciones científicas*, Fondo de Cultura Económica de España, Madrid, 2006].

6. Penzias, A. A., Wilson, R. W. (1965), «A measurement of excess antenna temperature at 4080 Mc/s», en *Astrophysical Journal* 142, pp. 419–421.

7. Castelvecchi, D. (2014), «Einstein's lost theory uncovered», en *Nature* 506, pp. 418–419.

8. Dreifus, C. (2014), «How two pigeons helped scientists confirm the Big Bang theory», en *The Smithsonian*, 19 de febrero, <https://www. smithsonianmag.com/smithsonian-institution/how-scientists-confirmed-big-bang-theory-owe-it-all-to-a-pigeon-trap-180949741/>.

9. Press, C., Kok, P., Yon, D. (2020), «The perceptual prediction paradox», *Trends in Cognitive Sciences* 24, pp. 13–24.

10. Yon, D., de Lange, F. P., Press, C. (2019), «The predictive brain as a stubborn scientist», en *Trends in Cognitive Sciences* 23, pp. 6–8;

Yon, D., *et al.* (2023), «Stubborn predictions in primary visual cortex», en *Journal of Cognitive Neuroscience* 35, pp. 1133–1143.

11. Behrens, T. E. J., *et al.* (2007), «Learning the value of information in an uncertain world», en *Nature Neuroscience* 10, pp. 1214–1221.

12. van Prooijen, J. W., Douglas, K. M. (2017), «Conspiracy theories as part of history: the role of societal crisis situations», en *Memory Studies* 10, pp. 323–333.

13. Worobey, M., *et al.* (2004), «Contaminated polio vaccine theory refuted», en *Nature* 428, 820.

13. Uscinski, J. E., Parent, J. M. (2014), *American Conspiracy Theories*, Oxford University Press, Oxford; van Prooijen, J. W., Douglas, K. M. (2017), «Conspiracy theories as part of history: the role of societal crisis situations», en *Memory Studies* 10, pp. 323–333.

14. Suthaharan, P., *et al.* (2021), «Paranoia and belief updating during the COVID-19 crisis», en *Nature Human Behaviour* 5, pp. 1190–1202.

15. Chopra, S. (2018), «The usefulness of dread», en *Aeon*, 21 de febrero, <https:// aeon.co/essays/dread-accompanies-me-through-life-but-it-is-not-without-consolation>.

16. Browning, M., *et al.* (2015), «Anxious individuals have difficulty learning the causal statistics of aversive environments», en *Nature Neuroscience* 18, pp. 590–596.

17. Sloan, A. F., *et al.* (2024), «Belief updating, childhood maltreatment and paranoia in schizophrenia-spectrum disorders», en *Schizophrenia Bulletin*, sbae057.

18. Yon, D., Frith C. D. (2021), «Precision and the Bayesian brain», en *Current Biology* 31, pp. 1026–1032.

19. Jedlovszky, K., Corlett, P. R., Yon, D. (2024), «Subjective volatility, learning and paranoia», en PsyArXiv, <https://doi.org/10.31234/osf.io/sre9y>.

20. Mischel, W., Ebbesen, E. B. (1970), «Attention in delay of gratification», en *Journal of Personality and Social Psychology*, 16, pp. 329–337.

21. Shoda, Y., Mischel, W., Peake, P. K. (1990), «Predicting adolescent cognitive and self-regulatory competencies from preschool delay of gratification: identifying diagnostic conditions», en *Developmental Psychology*, 26, pp. 978–986.

22. Kidd, C., Palmeri, H., Aslin, R. N. (2013), «Rational snacking: Young children's decision-making on the marshmallow task is moderated by beliefs about environmental reliability», en *Cognition* 126, pp. 109–114.

23. Berridge, C. W., Waterhouse, B. (2003), «The locus coeruleus-noradrenergic system: modulation of behavioural state and state-dependent cognitive processes», en *Brain Research Reviews* 42, pp. 33–84.

24. Lawson, R. P., *et al.* (2021), «The computational, pharmacological and physiological determinants of sensory learning under uncertainty», en *Current Biology* 31, pp. 163–172.

25. Yon, D. (2021), «Prediction and learning: understanding uncertainty», *Current Biology* 31, pp. 23–25.

26. Cook, J. L., *et al.* (2019), «Catecholaminergic modulation of meta-learning», *eLife* 8, e51439.

27. Blake, W. (1975), *The Marriage of Heaven and Hell*, Oxford University Press, Oxford. [hay trad. cast.: *El matrimonio del cielo y el infierno*, Ediciones Cátedra, Madrid, 2002].

28. Huxley, A. (2017), *The Doors of Perception and Heaven and Hell*, Vintage Classics, Londres. [hay trad. cast.: *Las puertas de la percepción / Cielo e infierno*, Debolsillo, Barcelona, 2018].

### Conclusión

1. Henrich, J., Heine, S. J., Norenzayan, A. (2010), «The weirdest people in the world?», en *Behavioural and Brain Sciences* 33, pp. 61–83.